国家级一流本科专业建设成果教材

氧化铝
生产工艺与技术

金会心　主编

陈朝轶　吴复忠　副主编

化学工业出版社

·北京·

内容简介

《氧化铝生产工艺与技术》围绕氧化铝的生产工艺过程，系统阐述了拜耳法和碱石灰烧结法生产氧化铝的基础理论、基本工艺以及各生产环节的新技术、新方法、新设备及研究发展趋势。同时针对当前研究热点，讲述了生产氧化铝的其他方法、镓和钒的回收以及赤泥的综合利用。

本书内容丰富，理论、工艺与技术相结合，适用于冶金工程专业本科生和研究生学习参考，也可作为有色金属冶金和轻金属冶金行业科研人员和工程技术人员的参考书籍。

图书在版编目（CIP）数据

氧化铝生产工艺与技术/金会心主编；陈朝轶，吴复忠副主编. 一北京：化学工业出版社，2022.12（2025.5 重印）
 ISBN 978-7-122-42800-4

Ⅰ.①氧… Ⅱ.①金…②陈…③吴… Ⅲ.①氧化铝-生产工艺 Ⅳ.①TF821

中国版本图书馆 CIP 数据核字（2022）第 257041 号

责任编辑：任睿婷 杜进祥　　　　装帧设计：关 飞
责任校对：刘 一

出版发行：化学工业出版社
　　　　　（北京市东城区青年湖南街 13 号 邮政编码 100011）
印　　装：北京科印技术咨询服务有限公司数码印刷分部
787mm×1092mm 1/16 印张 12¾ 字数 314 千字
2025 年 5 月北京第 1 版第 3 次印刷

购书咨询：010-64518888　　　　售后服务：010-64518899
网　　址：http://www.cip.com.cn
凡购买本书，如有缺损质量问题，本社销售中心负责调换。

定　　价：49.00 元　　　　　　　版权所有　违者必究

前言

党的二十大从"实施科教兴国战略、人才强国战略、创新驱动发展战略，开辟发展新领域新赛道，不断塑造发展新动能新优势"的高度，把高质量发展确定为全面建设社会主义现代化国家的首要任务，而铝工业作为我国集资源、能源、资金、技术密集型特点的重要基础原材料产业，其高质量发展对创新型人才的需求更加迫切。氧化铝的生产是铝工业的重要组成部分，进入 21 世纪以来，我国氧化铝工业始终保持高速发展态势，氧化铝产量连续多年处于国际首位，生产工艺技术不断进步，对相关人才所具备的知识和水平提出了更高的要求。特别是在国家积极推动"新工科""双一流"建设的背景下，编写《氧化铝生产工艺与技术》教材对促进冶金工程一流专业和一流学科的建设具有重要意义。本书在氧化铝生产基础理论、基本工艺的基础上，进一步论述了各生产环节的新技术、新方法、新设备及研究发展趋势等相关知识，以适应新工科人才培养的需求。

本书主要介绍氧化铝生产概况，生产氧化铝的主要原料铝酸钠溶液的性质，拜耳法生产氧化铝和碱石灰烧结法生产氧化铝的基础理论、基本工艺等，同时讲解了生产氧化铝的其他方法、氧化铝生产过程中镓和钒的回收、赤泥的综合利用等现有氧化铝生产新技术及研究热点。

本书为贵州大学冶金工程专业国家级一流本科专业的建设成果教材，由金会心主编，陈朝轶、吴复忠副主编。王眉龙编写第 1 章，陈朝轶编写第 2 章，金会心编写第 3~6 章，张峰编写第 7 章、第 9 章，吴复忠编写第 8 章，金会心负责本书整体思路、结构与章节的规划和统稿。本书在编写过程中得到了贵州大学冶金工程教研室全体老师的大力支持，在此一并表示感谢！

由于编者水平有限，书中难免有不足或不当之处，敬请读者批评指正。

编者

2022 年 9 月

目录

第1章

氧化铝生产概况

1.1 氧化铝工业的发展

1.1.1 世界氧化铝工业的发展

世界氧化铝工业已有 160 多年的历史。法国萨林德厂被认为是氧化铝工业的诞生地,采用的是法国人勒·萨特里在 1858 年提出的铝土矿-苏打烧结法。由于在烧结过程中铝土矿中的 Al_2O_3、SiO_2 与苏打反应,生成不溶性的铝硅酸钠,造成氧化铝和苏打的大量损失。后来人们提出向苏打、铝土矿炉料中添加石灰石,使烧结过程不生成或少生成铝硅酸钠,可大大降低氧化铝和苏打的损失;后又改为添加石灰,以至发展成为今天的碱石灰烧结法。1889~1892 年奥地利人卡尔·拜耳发明了用苛性碱溶液直接浸出铝土矿生产氧化铝的拜耳法,为氧化铝的大规模生产和迅速发展开辟了道路。世界上第一个用拜耳法生产氧化铝的工厂投产于 1894 年,日产仅 1 吨多,经过 100 多年,氧化铝的生产已发展成为一个大型的工业,世界氧化铝产量也已从 1904 年的 1000 多吨发展到 2021 年的 1.36 亿吨。

图 1-1 给出了 2010~2021 年世界氧化铝的产量。

世界上生产氧化铝的国家有 27 个,其中欧洲 13 个(波黑、黑山、德国、法国、匈牙利、意大利、西班牙、罗马尼亚、乌克兰、俄罗斯、希腊、爱尔兰、土耳其);非洲 1 个(几内亚);亚洲 6 个(中国、印度、日本、伊朗、哈萨克斯坦、阿塞拜疆);美洲 6 个(巴西、牙买加、苏里南、委内瑞拉、美国、加拿大);大洋洲 1 个(澳大利亚)。表 1-1 为 2009~2021 年世界氧化铝产量分布情况(不完全统计)。

从 2009 年到 2021 年的十多年间,世界氧化铝产量呈现逐年缓步增长态势,亚洲地区氧化铝产量增长最为明显,十多年间增长了 6000 多万吨,而北美洲、南美洲、欧洲和大洋洲地区的氧化铝产量变化不大,十年间增幅或降幅为 100 万~250 万吨。

国外生产氧化铝绝大多数采用拜耳法,其次是烧结法和联合法,国外氧化铝生产在改革工艺流程、降低能耗、研制高效能与低消耗的大型专用设备、探索资源的综合利用、提高产品质量、增加产品品种、检测分析、操作控制自动化等方面都取得了很大进展。1980 年前后,随着发达国家氧化铝工业化的陆续完成,世界氧化铝生产区域也发生了转移,从经济发达国家转向有资源优势的国家和发展中国家。氧化铝产量增加的国家大多拥有丰富的铝土矿资源，如澳大利亚、巴西、印度和牙买加等，这样既可减少铝土矿的运输费用，又可延长产业链，将资源优势变为经济优势。

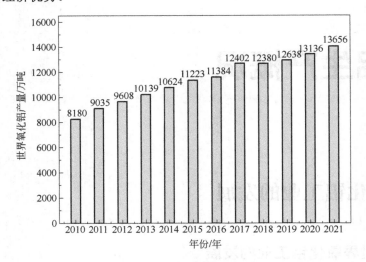

图 1-1　2010～2021 年世界氧化铝产量

表 1-1　世界氧化铝产量分布情况（2009～2021 年）　　　　单位：万吨

年份	非洲	大洋洲	北美洲	南美洲	亚洲	欧洲	合计
2009	53	1996	354	1316	2868	796	7383
2010	60	1979	445	1361	3452	883	8180
2011	57	1911	482	1481	4197	907	9035
2012	14	2107	523	1384	4691	889	9608
2013	0	2121	553	1308	5269	888	10139
2014	0	2022	517	1347	5860	878	10624
2015	0	1985	548	1271	6540	879	11223
2016	0	2037	313	1227	6936	871	11384
2017	0	2037	240	1208	8029	888	12402
2018	13	1986	222	974	8282	903	12380
2019	55	2049	241	1074	8225	994	12638
2020	59	2117	267	1178	8494	1021	13136
2021	62	2094	252	1211	9002	1035	13656

　　世界氧化铝工业技术的发展趋势是进一步强化生产过程，提高能源利用效率和氧化铝产出率，开发更高效节能的装备和工艺添加剂，最大限度地降低杂质对生产过程的影响，逐步达到赤泥无害化堆存与全部综合利用，从而实现氧化铝工业的绿色发展、循环发展、低碳发展等可持续发展。

　　世界氧化铝工业未来需要优先研发的六大领域：一是拜耳法工艺化学和可替代工艺；二是资源的高效利用；三是能源效率的提高；四是工艺及信息管理；五是赤泥的综合循环利用；六是安全、环保与健康。开发拜耳法的替代工艺，如直接还原法和非碱法流程等，是一个长期的、前瞻性的研发方向。

工业生产的氧化铝分为冶金级氧化铝和非冶金级氧化铝。冶金级氧化铝供电解炼铝用，占到氧化铝的90%。电解炼铝以外使用的氧化铝称为非冶金级氧化铝或多品种氧化铝。世界上非冶金级氧化铝的开发十分迅速，并在电子、石油、化工、军工、环境保护及医药等许多技术领域取得广泛的应用。

1.1.2　我国氧化铝工业的发展

20世纪50～70年代，我国先后建成了山东、河南、贵州三个氧化铝厂。在20世纪80年代国家优先发展铝的方针的指导下，又陆续建成了山西、中州、广西等重点氧化铝企业，后来遵循国家关于股份制改造的重大决策，这些氧化铝企业成为了中国铝业股份有限公司（简称中铝）具有代表性的六大氧化铝生产企业，表1-2是六大氧化铝企业2003年的基本情况。

表1-2　中国铝业股份有限公司六大氧化铝企业的基本情况（2003年）

公司名称	地点	生产方法	投产时间	产量/万吨	碱耗/（kg/t Al$_2$O$_3$）	综合能耗/（GJ/t Al$_2$O$_3$）
山东分公司	淄博	烧结法为主	1954年	95.03	81.2	36.66
河南分公司	郑州	混联法	1965年	137.50	63.0	29.38
贵州分公司	贵阳	混联法	1978年	75.21	68.1	38.16
山西分公司	河津	混联法	1987年	141.60	58.2	33.72
中州分公司	焦作	烧结法为主	1992年	85.10	62.3	40.12
广西分公司	平果	拜耳法	1995年	68.90	64.5	12.61
总计	—	—	—	603.34		

进入21世纪，氧化铝企业已发展成大型的集团企业，目前国内氧化铝产能排名前五的企业分别为中国铝业集团有限公司、山东魏桥创业集团有限公司、信发集团有限公司、杭州锦江集团有限公司和东方希望集团有限公司，它们也是世界十大氧化铝生产商之一，这五家氧化铝企业2021年氧化铝总产量5593万吨，在世界占比40%左右，国内占比72%。表1-3给出了世界产能排名前十的氧化铝企业。

表1-3　世界产能排名前十的氧化铝企业（按2021年产能排序）

排名	企业名称	国家	总产能/万吨
1	中国铝业集团有限公司	中国	1800
2	山东魏桥创业集团有限公司	中国	1650
3	美国铝业公司（ALCOA）	美国	1606
4	信发集团有限公司	中国	1580
5	俄罗斯铝业联合公司（UC RUSAL）	俄罗斯	1150
6	力拓加铝（RIO TINTO ALCAN）	英国	1004
7	杭州锦江集团有限公司	中国	770
8	南拓32有限公司（SOUTH32）	澳大利亚	710
9	东方希望集团有限公司	中国	650
10	挪威海德鲁公司（NORSK HYDRO ASA）	挪威	630

目前，我国已成为世界最大、最具活力的氧化铝生产、加工和消费市场，成为世界铝工业发展最活跃的推动力量，我国氧化铝产量连续多年居世界首位。图1-2为2010～2021年期间我国氧化铝产量及在世界的占比情况。2021年我国氧化铝产量达到7747.5万吨，占全世界氧化铝产量的56.73%。

图1-2　2010～2021年我国氧化铝产量及在世界的占比情况

从我国氧化铝行业区域分布情况来看，我国氧化铝行业主要分布在华东地区，氧化铝产量最高，占比达35.70%；其次为华北地区，氧化铝产量占比25.85%；华南地区、华中地区以及西南地区占比超10%，分别为14.63%、13.30%、10.52%。

2021年我国氧化铝产量排名前十的省份分别为山东省、山西省、广西壮族自治区、河南省、贵州省、重庆市、云南省、内蒙古自治区、江西省、四川省。其中，2021年山东省氧化铝产量排名第一，累计产量为2748.94万吨（表1-4）。

表1-4　我国各省份氧化铝产量情况（2016～2021年）

地区	产量/万吨					
	2016 年	2017 年	2018 年	2019 年	2020 年	2021 年
山东省	1849.84	2113.01	2561.91	2567.96	2800.77	2748.94
山西省	1414.13	1928.26	2024.45	1996.26	1812.38	1959.5
广西壮族自治区	906.00	1045.80	816.76	846.46	941.06	1133.45
河南省	1213.41	1156.05	1163.00	1095.83	1010.86	1030.37
贵州省	449.61	433.14	421.91	404.11	427.67	509.99
重庆市	60.00	68.49	73.60	132.87	136.64	151.99
云南省	103.45	92.39	139.31	150.48	130.54	139.3
内蒙古自治区	94.10	42.49	38.33	31.57	38.03	43.55
江西省	0.00	—	—	0.74	2.84	17.02
四川省	0.00	18.00	6.98	11.70	12.35	13.7

注：数据来源为中商产业研究院大数据库和产业信息网。

传统的利用铝土矿生产氧化铝的方法有：拜耳法、烧结法和拜耳-烧结联合法等。目前世界90%以上的氧化铝采用拜耳法生产。根据我国铝土矿特点，在最初建设的六大氧化铝厂中，除广西铝厂因广西壮族自治区矿石品位高而采用拜耳法外，其余五个氧化铝厂均采用烧结法和拜耳-烧结联合法。而近年来新建设的氧化铝厂，除中铝重庆分公司、山西鲁能晋北铝业有限责任公司采用拜耳-烧结串联法外，其他均采用拜耳法（包括选矿拜耳法、石灰拜耳法等）。目前，我国采用拜耳法工艺的氧化铝产量占总产量的80%以上，未来这个比例将继续提高。

我国氧化铝工业发展过程中具有代表性的新工艺、新技术包括以下几项。

（1）混联法工艺

同时用拜耳法处理高品位铝土矿、用烧结法处理低品位铝土矿，取得比采用单一拜耳法或单一烧结法生成氧化铝更好的经济效果。

（2）强化烧结工艺

强化烧结工艺是一种区别于传统碱石灰烧结法的新技术，用于处理中低品位的铝土矿。在强化烧结工艺中，熟料配方采用低碱比、低钙比的不饱和配方，通过改善烧结制度获得高品质熟料，熟料溶出采用高摩尔比（MR）溶出，溶出液 MR 为 1.35～1.45，粗液氧化铝浓度为 160g/L。同传统的烧结法相比，大幅度减小热耗，与传统烧结工艺相比，强化烧结工艺能耗可降低 25%以上。

（3）选矿拜耳法

我国铝土矿资源绝大部分属于高铝、高硅的一水硬铝石型，80%以上的铝土矿铝硅比（A/S）在 5～8 之间，因此在使用传统拜耳法处理该类资源的过程中，较低的铝硅比会增大矿物中铝的损失量。我国在 20 世纪 50 年代就开始研究选矿脱硅技术，以进一步提高我国一水硬铝石型铝土矿的品位，提高品位后的铝土矿再采用拜耳法生产氧化铝。

（4）石灰拜耳法

石灰拜耳法是处理我国中等品位（A/S=5～8）铝土矿生产氧化铝的一种重要手段。与混联法相比，石灰拜耳法工艺设备投资节省 24.7%。虽然每吨氧化铝的矿耗有少量增加，但优质煤及石灰石用量均明显减少，节电 50kW·h/t Al_2O_3 以上，生产能耗降低了 41.3%，经济效益显著。

（5）管道化加停留罐溶出技术

管道化加停留罐溶出技术是使矿浆在单管预热器中迅速加热到溶出温度，并在停留罐中充分溶出的技术。该技术利用了管式反应器容易实现高温溶出及高压釜（又称高压溶出器）能保证较长溶出时间的优点，又克服了纯管道化溶出时存在的管道过长、电耗大且结疤清洗困难的缺点。

（6）后加矿增溶溶出技术

后加矿增溶溶出技术是将易溶出的铝土矿磨制成矿浆直接泵入拜耳法溶出系统的末级溶出器或料浆自蒸发器中，利用高温溶出矿浆的余热溶出，进一步降低溶出液的摩尔比（MR）。该技术的主要优点是可以提高拜耳法系统的循环效率，提高氧化铝产量，降低生产成本。目前该技术已应用于中铝中州分公司、开曼铝业（三门峡）有限公司等氧化铝企业。

（7）流态化煅烧技术的引进

我国的氧化铝生产在 1993 年前一直采用回转窑进行氢氧化铝煅烧。从 1987 年开始，引进美国铝业公司（ALCOA）、丹麦史密斯公司（FLSMIDTH）、德国鲁奇公司（LURGI）的流态化煅烧炉工艺及装置。与回转窑相比，流态化煅烧热耗降低 20%～35%，煅烧出的氧化铝质量达到冶金级标准，且具有装置的机械化与自动化程度高、操作稳定、控制简单、设备简单、使用寿命长等优点。

（8）串联法氧化铝生产工艺

串联法氧化铝生产工艺是指在处理中低品位铝土矿过程中，先以较简单的拜耳法处理矿石，提取其中大部分氧化铝，然后再用烧结法回收拜耳法赤泥中的 Al_2O_3 和碱，所得铝酸钠溶液补入拜耳法系统。2010 年 4 月，我国首条串联法氧化铝生产线在山西鲁能晋北铝业有限责任公司成功投产运行，标志着我国氧化铝工业又迈上了一个新的台阶。

1.2 我国氧化铝生产技术大型化发展现状与趋势

我国氧化铝工业经过近 70 年的发展，经过几代人的艰苦奋斗，从无到有、从小到大、从弱到强，不但跻身世界第一生产大国，而且已进入世界初级强国行列，形成了技术水平世界领先、工艺技术及装备体系完整的以一水硬铝石型铝土矿为原料的氧化铝工业体系，为我国铝工业的发展、国民经济建设及世界氧化铝工业的科技进步做出了重要的贡献。

我国氧化铝工业的快速发展得益于生产规模大型化和主体装备大型化的良性互动发展。近年来，我国在处理一水硬铝石型铝土矿技术方面取得了巨大的进步，特别是采用拜耳法大型管道化溶出技术处理中低品位铝土矿，完成了主体核心技术装备及辅助装备大型化、国产化、短流程和集约化转变，从而实现了中低品位铝土矿的经济生产，主要技术和经济指标达到世界先进水平，一定程度上克服了处理一水硬铝石型铝土矿在成本方面的不足，其低成本特征在市场竞争中得到了世界氧化铝业界的认同。

1.2.1 我国氧化铝生产技术大型化

（1）核心技术大型化

我国铝土矿资源多以难磨、难溶、A/S 为 5～8 的一水硬铝石型铝土矿为主，经济高效地处理这部分低品位铝土矿一直是我国氧化铝行业面对的主要问题。近几年，在氧化铝高压溶出核心技术装置大型化方面取得了突破性进展，经历了从单线小规模、高能耗、低效率向单线大规模、低能耗、高效率发展的过程。从 2008 年至今，氧化铝单线 50 万～100 万 t/a 系列化一水硬铝石大型管道化加停留罐溶出拜耳法技术和大型全管道化溶出拜耳法技术发展迅速，目前已占我国总产能的 33%，该技术使低品位的一水硬铝石型铝土矿实现了经济生产，生产装置的大型化促成了投资成本和运行成本的大幅降低。特别是随着东北大学设计研究院

（NEUI）100万t/a大型管道化溶出拜耳法技术于2016年投产，氧化铝大型化技术的产能占比进一步提升。

我国一水硬铝石型铝土矿生产氧化铝技术的进步，也推动了近年以进口三水铝石矿为原料的氧化铝企业的技术进步。以三水铝石矿为原料的氧化铝主流系列是单线<40万t/a氧化铝系列技术，约占目前我国总产能的17%，主要采用单流法大型管道化溶出技术和新型两段分解生产砂状氧化铝技术。近年来，氧化铝单线50万t/a系列技术发展迅速，目前已占我国总产能的14%，主要采用单流法大型管道化加停留罐溶出拜耳法技术。

（2）辅助技术大型化

在实现氧化铝核心技术装备大型化的基础上，我国在配套辅助技术装备大型化方面也取得了高效进展，在溶出料浆沉降装备、铝酸钠溶液蒸发装备和氢氧化铝煅烧装备方面均取得了举世瞩目的成果。①高效深锥沉降槽成套技术，沉降槽从$\phi12m$发展到$\phi24m$、$\phi26m$；实施了分离粗液自流短流程技术、集成分离槽强制稀释技术、高效进料混合技术。比传统工艺节约占地25%，降低投资20%。②大型六效降膜蒸发器成套技术，从蒸水量200t/（h·套）、汽水比0.26发展到蒸水量400t/（h·套）、汽水比0.20～0.22。③大型旋流分离式两段七效降膜蒸发成套技术，从蒸水量200t/（h·套）、汽水比0.24发展到蒸水量400t/（h·套）、汽水比0.18～0.21。④大型气态悬浮煅烧炉成套技术，从煅烧氧化铝产能1350t/d、热耗3.18GJ/t Al_2O_3，发展到产能3500t/d、热耗2.85～3.01GJ/t Al_2O_3。

（3）区域融合、短流程、集约化生产技术

在实现氧化铝核心技术装备和辅助装备大型化的基础上，拜耳法技术进一步向区域融合、短流程、集约化技术方向发展，在拜耳法生产氧化铝的很多环节中得以实现。主要的区域融合、短流程、集约化生产技术包括：矿浆制备及预脱硅系统集约化、短流程技术；三水铝石矿磨矿进料系统短流程技术；晶种分解新型短流程、集约化技术；综合过滤系统集成一体化节能新技术；大型落地式流态化氧化铝储仓短流程输送新技术；无挡墙氢氧化铝仓及自动进取料技术。

（4）非铝土矿资源提取氧化铝大型化

我国铝土矿保有储量较低，人均占有量仅为世界平均水平的1.5%。然而，我国拥有丰富的高铝粉煤灰、拜耳法赤泥等非铝土矿资源，这为我国氧化铝工业的可持续发展提供了强有力的支撑。2013年，内蒙古大唐国际再生资源开发有限公司将预脱硅碱石灰烧结法处理高铝粉煤灰生产氧化铝技术成功应用于生产铝硅钛合金示范项目，生产冶金级氧化铝20万t/a，消耗高铝粉煤灰52万t/a，是世界首个商业化运行高铝粉煤灰提取氧化铝的企业。以高铝粉煤灰综合利用为代表的非铝土矿综合利用技术持续成熟和完善，对缓解我国天然铝土矿资源短缺具有战略示范意义。

我国开发的非铝土矿资源提取氧化铝综合利用技术主要包括：预脱硅碱石灰烧结法处理高铝粉煤灰提取氧化铝及其综合利用技术；创新石灰烧结法处理低品位含铝资源提取氧化铝及其综合利用技术；高铝粉煤灰烧结水热法生产硅酸钙粉体及氧化铝技术；粉煤灰盐酸法生产氧化铝技术；亚熔盐法处理粉煤灰提取氢氧化铝技术；低温低钙烧结法粉煤灰综合利用技术；霞石矿烧结法生产氧化铝及其综合利用技术。

1.2.2　我国氧化铝生产技术大型化发展存在的主要问题

尽管我国氧化铝的产能、产量和我国自主研发的大型管道化溶出拜耳法系列技术和管道化加停留罐溶出拜耳法系列技术在容量和能耗等部分技术经济指标处于世界领先水平，但我国的氧化铝行业仍处于需要"持续强化"的状态，行业的可持续发展仍然需要核心技术的进一步突破。

我国氧化铝核心技术与国外一流技术相比，主要差距如下所述。

① 单系列产能　目前，国外氧化铝单系列生产规模已达到 150 万 t/a，而国内仅达到 100 万 t/a。

② 氧化铝核心技术　由于我国一水硬铝石型铝土矿和国外三水铝石矿理化特性的差异，我国氧化铝生产普遍采用高温高碱单流法管道化溶出技术，而国外普遍采用低温低碱单流法列管溶出技术和双流法列管溶出技术。列管溶出技术与管道化溶出技术相比，具有单系列产能大 2 倍、占地面积少 30%、综合造价低 35%、运营成本低 20%以上等优势。双流法列管溶出技术相比以上两种单流法技术，更是具有巨大优势，由于采用了母液、矿浆单独加热技术，可以有效避免系统结疤，可提高热利用率约 50%，同时大幅缩短清理检修周期（达到 6 个月），大幅提高了劳动生产率。

③ 分解技术　目前国内主要采用一段分解生产氧化铝技术，产品多为中间状氧化铝，而国外普遍采用两段分解生产技术，氧化铝理化指标优于国内产品，为铝电解电流效率的提高创造了条件。

④ 难以加工处理　我国一水硬铝石型铝土矿的理化特性决定了拜耳法生产氧化铝溶出技术必须采用高温高碱条件，这既提高了生产能耗和投资成本，也加大了我国氧化铝单系列生产规模大型化的难度。

⑤ 全员劳动生产率严重偏低　国外氧化铝企业全员劳动生产率是我国企业平均水平的 3 倍以上。

⑥ 综合能耗高　国外氧化铝企业处理三水铝石型铝土矿，综合能耗一般在 7.0~8.0GJ/t Al_2O_3；而国内氧化铝企业由于处理一水硬铝石型铝土矿的先天劣势，综合能耗一般在 8.0~9.5GJ/t Al_2O_3。

因此，尽管近年国内大型管道化加停留罐溶出拜耳法技术、大型全管道化溶出拜耳法技术等大型化、短流程、集约化技术研发成功，迅速在市场上得到推广和持续创新，有效降低了投资和运行成本，但从综合技术经济指标和长期运行结果看，我国氧化铝技术仍然落后于国外先进技术水平。同时，我国氧化铝企业在健康、安全、环保等方面，与国外氧化铝企业相比仍然有很大的差距。

巨大的市场容量、较高的能源价格以及较低的劳动力成本，促使我国氧化铝行业工作者把注意力均集中在企业规模的持续扩展、节能降耗、单系列产能持续大型化等方面，围绕这些目标进行了广泛深入的研究和探索，并取得了值得骄傲的成就。但同时，也应注意到，我国氧化铝技术起步较晚，初期技术基本都是在引进国外技术的基础上进行消化吸收再创新，在新技术开创方面虽然取得了一定成就，但未来在核心技术的巨大突破上仍然有漫长的艰辛之路。同样，由于受到一次性投资能力的制约以及对投资与总体运营成本关系的把握不合理，乃至对健康、安全和环保重视不够，致使企业建设的选材质量较低，整体装备水平较低，健康、安全和环保投入较小，未来我国的氧化铝行业仍然具有不断完善的巨大空间。

1.2.3　我国氧化铝生产技术大型化的发展趋势

近几年，我国进入转型升级发展时期，基础原材料工业必将向资源、能源、物流和人力资源等成本要素具有竞争力的地区进行有序转移，这种转移势必伴随着整体技术装备水平的升级，以支撑行业良好的可持续发展。我国目前处于产能转移或产能替代的起步阶段，部分企业对整体技术装备水平升级逐步明确了认识，在重视成本要素、资源要素优势的同时也在逐步追求技术装备水平的升级；但也不乏在短时间出现大规模、技术同质化的重复建设现象。这种追求短期效益的行为无益于氧化铝行业的可持续健康发展，相反，氧化铝行业的可持续健康发展应依赖于成本要素整体优化和整体技术装备水平持续改进。

从技术经济层面分析，我国氧化铝单系列产能大型化和国际综合一流技术还有较大差距，同时在综合能耗和全员劳动生产率等方面还有较大发展空间，无论是理论计算还是实践都表明，在氧化铝单系列 200 万 t/a 级别上的系列产能大型化和规模大型化还能持续发挥降低单位产能投资和提高生产效率的作用，从这方面来看，我国氧化铝技术进一步大型化还有较大空间。未来氧化铝技术升级将体现在以下几个方面：

① 通过进一步优化升级以管道化溶出技术为标志的大型化一水硬铝石生产氧化铝系列技术，以及升级开发以双流法列管溶出技术为标志的大型化三水铝石生产氧化铝系列技术，采用超大型管道化和列管加热装备技术与节能型闪蒸系统，以实现氧化铝系列产能大型化、能量利用高效化。

② 采用新型氧化铝两段分解生产工艺，使氧化铝理化指标达到国际标准，为铝电解电流效率的提高创造条件。

③ 通过研发、生产、运营、主体装备制造等多领域技术人员的密切合作，应用信息化技术，实现工艺操作机械化、工艺过程控制智能化、运营管理信息化，从而大幅提高劳动生产率。

④ 在工程建设方面，牢固树立"以人为本"的观念，按国际标准进行健康、安全和环保（HSE）设施建设，加大 HSE 的投资力度。

1.3　氧化铝及其水合物的分类与性质

氧化铝水合物是铝土矿中的主要矿物。从铝土矿或其他含铝原料中生产氧化铝，实质上是将矿石中的 Al_2O_3 与 SiO_2、Fe_2O_3、TiO_2 等杂质分离的过程。氧化铝水合物和杂质的性质是确定生产方法和作业条件的基本依据。因此，研究氧化铝水合物的性质对掌握氧化铝生产的工艺是十分重要的。

1.3.1　氧化铝及其水合物分类

根据氧化铝水合物在加热时互相转变的情况，哈伯（F.Haber）在 1925 年曾经将氧化铝

及其水合物分成 γ 和 α 两个系列，见表 1-5。

表 1-5　氧化铝及其水合物分类

γ 系列	α 系列	分子式
三水铝石	—	$Al(OH)_3$ 或 $Al_2O_3 \cdot 3H_2O$
拜耳石	—	$Al(OH)_3$ 或 $Al_2O_3 \cdot 3H_2O$
一水软铝石	一水硬铝石	$AlOOH$ 或 $Al_2O_3 \cdot H_2O$
γ-Al_2O_3	α-Al_2O_3（刚玉）	Al_2O_3

氧化铝水合物实际上是由 OH^-、O^{2-} 和 Al^{3+} 构成的，其中并不存在水分子。三水铝石、拜耳石、诺耳石是 $Al(OH)_3$（习惯上常写成 $Al_2O_3 \cdot 3H_2O$）的同质异构体。一水软铝石和一水硬铝石则是 $AlOOH$（常写成 $Al_2O_3 \cdot H_2O$）的同质异晶体，它们的结构与物理化学性质都不相同。氧化铝水合物加热时只在本系列内转变，而不易转变为另一系列的氧化铝水合物。

美国铝业公司对氧化铝水合物的命名，按照惯例用 α 表示自然界含量最多的那种水合物，而将一水软铝石和一水硬铝石的符号分别定为 α-$AlOOH$ 和 γ-$AlOOH$，正好与哈伯的表示方法相反。我国及本书中采用哈伯的命名法。

在自然界中 Al_2O_3-H_2O 系的结晶化合物有三水铝石、一水软铝石、一水硬铝石和刚玉等矿物，这些化合物也都可以用人工的方法制得，其他形态的氧化铝及其水合物在自然界中很少发现。在工业生产条件下，铝酸钠溶液在进行结晶分解和碳酸化分解时能生成拜耳石，但它是不稳定的产物，在分解的最终产物中仍是三水铝石，拜耳石的含量很少，甚至完全没有。

氢氧化铝在空气中加热脱水是一个复杂的相变过程，从三水铝石脱水到最终变为 α-Al_2O_3，中间经过一系列的变化，存在着一系列过渡物相。在工业生产中为了获得具有一定 α-Al_2O_3 含量、灼减较低并且吸湿性差的氧化铝，同时加速煅烧过程，氢氧化铝是在 1100℃ 左右或更高（约 1200℃）的温度下进行煅烧的。因为低温下煅烧的产物及其中间物相的吸湿性较强，而 α-Al_2O_3 不具有吸湿性。α-Al_2O_3 的含量实际上标志着煅烧的程度。

1.3.2　氧化铝及其水合物的物理化学性质

氧化铝及其水合物的结构和形态不同，其物理性质和化学活性也不尽相同。物理性质体现在折射率、密度和硬度等；化学活性指在酸和碱溶液中的溶解度及溶解速度不同。

（1）物理性质

常见的几种铝矿物的折射率、密度和硬度是按下列次序递增的：

三水铝石→一水软铝石→一水硬铝石→刚玉

它们重要的结晶状态及其物理性质见表 1-6。

（2）化学活性

铝元素位于周期表第三周期第三主族，氧化铝及其水合物是典型的两性化合物，它们不溶于水，但可溶于酸和碱，因此氧化铝生产既可用碱法也可用酸法。

表 1-6　氧化铝及其水合物的物理性质

矿物名称	三水铝石 Al(OH)₃	拜耳石 Al(OH)₃	一水软铝石 AlOOH	一水硬铝石 AlOOH	刚玉 α-Al₂O₃
晶石	单斜晶系（假六方晶系）	单斜晶系	斜方晶系	斜方晶系	斜方六面体
密度（平均）/(g/cm³)	2.39	2.53	3.04	3.40	4.04
折射率（平均）	1.57	1.58	1.66	1.72	1.77
莫氏硬度	2.5～3.5		3.5～4.0	6.5～7.0	9.0

不同形态的氧化铝及其水合物的化学活性，在酸和碱溶液中的溶解度及溶解速度是不同的。三水铝石与拜耳石化学活性最大，最易溶，一水软铝石次之，一水硬铝石和刚玉最难溶。因为刚玉（α-Al₂O₃）具有最坚固和完整的晶格，晶格能大，化学活性最差，即使在 300℃ 的高温下与酸或碱的反应速率也极慢。γ-Al₂O₃ 的化学活性较强，在低温下煅烧获得的 γ-Al₂O₃ 的化学活性与三水铝石相近。

同一种形态的氧化铝及其水合物，由于生成条件不同，化学活性也存在一定差异。例如，在 500℃ 左右煅烧一水硬铝石得到的 α-Al₂O₃，与在 1200℃ 煅烧氢氧化铝所得到的 α-Al₂O₃ 及自然界中的刚玉相比，前者的化学活性要大得多。因此，在适当的温度下煅烧一水硬铝石型铝土矿，能够加速溶出过程，提高氧化铝的溶出率。因为在较低温度下煅烧得到的 α-Al₂O₃，晶格处于一种尚未完善的过渡状态，晶粒很细，表现出较高的化学活性，同时由于水的脱除，产生了较多的空隙，有利于碱溶液的渗透。但随着煅烧温度的升高，α-Al₂O₃ 的晶格越来越完善，强度越来越高，其化学活性也急剧下降。

1.4　电解炼铝对氧化铝的质量要求

电解炼铝对氧化铝的质量要求有两个方面：一是氧化铝的纯度，二是氧化铝的物理性质。

1.4.1　氧化铝的纯度

工业氧化铝中通常含有 98.5%Al₂O₃ 以及少量的 SiO₂、Fe₂O₃、TiO₂、Na₂O、CaO 和 H₂O。在电解过程中，那些电位正于铝的元素的氧化物杂质，如 SiO₂ 和 Fe₂O₃，在电解过程中会优先于铝离子在阴极析出，析出的硅、铁进入铝内，从而降低原铝的品位；而那些电位负于铝的元素的氧化物杂质，如 Na₂O 和 CaO，会分解冰晶石，使电解质组成发生改变并增加氟化盐消耗量。根据计算，氧化铝中 Na₂O 含量每增加 0.1%，每生产 1t 原铝需多消耗价格昂贵的氟化铝 3.8kg。氧化铝中残存的结晶水以灼减表示，它也是有害杂质，因为水与电解质中的 AlF₃ 作用生成 HF，造成了氟化盐的损失，并且污染了环境。此外，当灼减高或吸湿后的氧化铝与高温熔融的电解质接触时，会引起电解质爆溅，危及操作人员的安全。P₂O₅ 则会降低电流效率。所以铝工业对于氧化铝的化学纯度提出了严格的要求。例如，$w(V_2O_5)<0.003\%$，$w(P_2O_5)<0.003\%$，$w(ZnO)<0.005\%$，$w(TiO_2)<0.005\%$。

　　氧化铝质量与生产方法有关，拜耳法生产氧化铝的纯度要高于烧结法。

　　我国冶金级氧化铝的行业质量标准列于表1-7。

表1-7　我国冶金级氧化铝的行业质量标准

等级	化学成分（质量分数）/%				
	$Al_2O_3 \geqslant$	杂质$\leqslant$			
		SiO_2	Fe_2O_3	Na_2O	灼减
一级	98.6	0.02	0.02	0.45	1.0
二级	98.5	0.04	0.02	0.55	1.0
三级	98.4	0.06	0.03	0.65	1.0

　　注：摘自有色金属行业标准 YS/T 803—2012。

1.4.2　氧化铝的物理性质

　　铝电解生产用氧化铝除对化学成分有严格要求外，还要求氧化铝能够较快地溶解在冰晶石熔体中，减少铝电解槽槽底沉淀和加料时的飞扬损失，并且能够严密地覆盖在阳极炭块上，防止阳极在空气中氧化。当氧化铝覆盖在电解质结壳上时，可起到良好的保温作用。在气体净化中，要求它具有足够大的比表面积，从而能够有效地吸收 HF 气体。这些物理性能取决于氧化铝晶体的安息角、α-Al_2O_3 含量、密度、粒度、比表面积、磨损系数等。

　　（1）安息角

　　是指物料在光滑平面上自然堆积的倾角。安息角较小的氧化铝在电解质中较易溶解，在电解过程中能够很好地覆盖于电解质结壳上，飞扬损失也较小。

　　（2）α-Al_2O_3含量

　　α-Al_2O_3 含量反映了氧化铝的煅烧程度，煅烧程度越高，α-Al_2O_3 含量越多，氧化铝的吸湿性随着 α-Al_2O_3 含量增多而变小。

　　（3）密度

　　氧化铝的密度是指在自然状态下单位体积的物料质量。通常密度小有利于氧化铝在电解质中的溶解。

　　（4）粒度

　　氧化铝的粒度是指粗细程度。氧化铝的粒度必须适当，过粗在电解质中溶解速度慢，甚至会形成槽底沉淀，过细则容易飞扬损失。工业上采用的氧化铝粒度一般在 $40\sim50\mu m$，但有一部分更细的颗粒，这部分应该低于 10%，以减少加料时的飞扬损失。

　　（5）比表面积

　　氧化铝的比表面积是指单位质量物料的外表面积与内孔表面积之和，是表示物质活性高低的一个重要指标。比表面积大的氧化铝在电解质中溶解性能好，活性大，但易吸湿。

（6）磨损系数

所谓磨损系数是指氧化铝在控制一定条件下的流化床上磨撞后，试样中粒级含量改变的百分数，是氧化铝强度的一项物理指标。

按照氧化铝的物理特性，可将其分为砂状、中间状和面粉状氧化铝。见表1-8。

表1-8　不同类型氧化铝的物理性质

物理性质	氧化铝类型		
	面粉状	砂状	中间状
≤44μm 的微粒含量/%	20～50	10	10～20
平均直径/μm	50	80～100	50～80
安息角/（°）	>45	30～35	30～40
比表面积/（m²/g）	<5	>35	>35
密度/（g/cm³）	3.90	≤3.70	≤3.70
堆积密度/（g/cm³）	0.95	>0.85	>0.85

砂状氧化铝具有较小的密度，较大的比表面积，略小的安息角，含较少量的 $\alpha\text{-}Al_2O_3$，颗粒粒度较粗且均匀，强度较高，很好地满足了电解炼铝对氧化铝物理性质的要求。面粉状氧化铝则有较大的密度，小的比表面积，含有较多的 $\alpha\text{-}Al_2O_3$，粒度较细，强度差。中间状氧化铝的物理性质介于二者之间。

目前，国际上广泛采用大型中间下料预焙铝电解槽和干法烟气净化系统，对砂状氧化铝的需求日趋增加。因为砂状氧化铝具有流动性好、溶解快、对氟化氢气体吸附能力强等优点，正好满足大型中间下料预焙铝电解槽和干法烟气净化系统的要求。

1.5　生产氧化铝的资源

1.5.1　铝土矿

铝在地壳中的平均含量为 8.7%（折成氧化铝为 16.4%），仅次于氧和硅而居于第三位，在金属元素中则位居第一。由于铝的化学性质活泼，所以其在自然界中仅以化合物状态存在。地壳中的含铝矿物有 250 多种，其中约 40%是各种铝硅酸盐。

铝矿物极少以纯的状态形成工业矿床，基本都是与各种脉石矿物共生在一起的。在世界许多地方蕴藏着大量的铝硅酸盐矿石，其中，最主要的含铝矿物列于表 1-9 中。

铝土矿是目前氧化铝生产中最主要的矿石资源，同时也是制取刚玉磨料、耐火材料及水泥的重要矿产资源。世界上 90%以上的氧化铝是用铝土矿为原料生产的。

（1）铝土矿的组成及分类

① 铝土矿的化学组成　铝土矿是一种组成复杂、化学成分变化很大的含铝矿物。主要化学成分有：Al_2O_3、SiO_2、Fe_2O_3、TiO_2；少量的 CaO、MgO、硫化物以及微量的 Ga、V、

Cr、P等。Al_2O_3含量变化很大，低的不足20%，高者可达80%以上。

表1-9　主要含铝矿物

名称与化学式	含量（质量分数）/%			密度/ (g/cm³)	莫氏硬度
	Al_2O_3	SiO_2	Na_2O+K_2O		
刚玉 Al_2O_3	100.0	—	—	3.98~4.10	9.0
一水软铝石 $Al_2O_3 \cdot H_2O$	85.0	—	—	3.01~3.06	3.5~4.0
一水硬铝石 $Al_2O_3 \cdot H_2O$	85.0	—	—	3.3~3.5	6.5~7.0
三水铝石 $Al_2O_3 \cdot 3H_2O$	65.4	—	—	2.35~2.42	2.5~3.5
蓝晶石 $Al_2O_3 \cdot SiO_2$	63.0	37.0	—	3.56~3.68	4.5~7.0
红柱石 $Al_2O_3 \cdot SiO_2$	63.0	37.0	—	3.15~3.17	7.0~7.5
硅线石 $Al_2O_3 \cdot SiO_2$	63.0	37.0	—	3.23~3.25	7.0
霞石(Na，K)$_2$O $\cdot Al_2O_3 \cdot 2SiO_2$	32.3~36.0	38.0~42.3	19.6~21.0	2.60~2.65	5.5~6.0
长石(Na，K)$_2$O $\cdot Al_2O_3 \cdot 6SiO_2 \cdot 2H_2O$	18.4~19.3	65.5~69.3	1.0~11.2	2.5~2.7	6.0~6.5
白云母 $K_2O \cdot 3Al_2O_3 \cdot 6SiO_2 \cdot 2H_2O$	38.5	45.2	11.8	2.5~3.0	2.8~3.1
绢云母 $K_2O \cdot 3Al_2O_3 \cdot 6SiO_2 \cdot 2H_2O$	38.5	45.2	11.8	2.6~3.1	2.0~3.0
白榴石 $K_2O \cdot Al_2O_3 \cdot 4SiO_2$	23.5	55.0	21.5	2.45~2.50	5.0~6.0
高岭石 $Al_2O_3 \cdot 2SiO_2 \cdot 2H_2O$	39.5	46.4	—	2.58~2.60	2.0~2.5
明矾石(Na，K)$_2SO_4 \cdot Al_2(SO_4)_3 \cdot 4Al(OH)_3$	37.0		11.3	2.60~2.80	3.5~4.0
丝钠铝石 $Na_2O \cdot Al_2O_3 \cdot 2CO_2 \cdot 2H_2O$	35.4	—	21.5	—	—

② 铝土矿的矿物组成　铝土矿是以氧化铝水合物为主要成分的复杂铝硅酸盐矿石。主要矿物有三水铝石、一水软铝石和一水硬铝石；还含有其他杂质矿物，如赤铁矿、针铁矿、水赤铁矿、黄铁矿、菱铁矿、高岭石、鲕绿泥石、石英、锐钛矿、金红石等。表1-10给出了主要矿物的物性参数。

表1-10　三水铝石、一水软铝石、一水硬铝石物性参数

项目	三水铝石	一水软铝石	一水硬铝石
化学分子式	$Al_2O_3 \cdot 3H_2O$ 或 $Al(OH)_3$	$Al_2O_3 \cdot H_2O$ 或 $AlOOH$	$Al_2O_3 \cdot H_2O$ 或 $AlOOH$
氧化铝含量/%	65.4	85.0	85.0
化合物水含量/%	34.6	15.0	15.0
晶系	单斜晶系	斜方晶系	斜方晶系
莫氏硬度	2.5~3.5	3.5~4.0	6.5~7.0
密度/ (g/cm³)	2.35~2.42	3.01~3.06	3.3~3.5

③ 铝土矿类型　铝土矿按其氧化铝水合物的类型可分为三水铝石型、一水软铝石型、一水硬铝石型和各种混合型，如三水铝石与一水软铝石混合型、一水软铝石与一水硬铝石混合型。

（2）铝土矿质量

铝土矿的质量主要取决于其中氧化铝存在的矿物形态和有害杂质含量，不同类型的铝土矿其溶出性能差别很大。衡量铝土矿质量，一般考虑以下几个方面。

① 铝土矿的铝硅比　铝硅比是指矿石中 Al_2O_3 含量与 SiO_2 含量的质量比，一般用 A/S 表示。含硅矿物是碱法（特别是拜耳法）生产氧化铝过程中最有害的杂质，所以铝土矿的 A/S 越高越好。目前工业生产氧化铝用铝土矿的 A/S 要求不低于 3.0～3.5。

② 铝土矿的品位　指铝土矿中氧化铝含量的高低。铝土矿中氧化铝含量越高，对生产氧化铝越有利。

③ 铝土矿的矿物类型　铝土矿的矿物类型对氧化铝的溶出性能影响很大。其中，三水铝石型铝土矿中的氧化铝最容易被苛性碱溶液溶出，一水软铝石型次之，而一水硬铝石型的溶出则较难。另外，铝土矿类型对溶出以后各湿法工序的技术经济指标也有一定的影响。因此，铝土矿的类型与溶出条件及氧化铝生产成本有密切关系。

在实际应用中，评价铝土矿质量的指标，对三水铝石型铝土矿而言，主要是其中的有效氧化铝（available alumina）和活性氧化硅（reactive silica）的含量。有效氧化铝是指在一定的溶出条件下能够从矿石中溶出到溶液中的氧化铝。活性氧化硅是指在生产过程中能与碱反应而造成 Al_2O_3 和 Na_2O 损失的氧化硅。因为这两种氧化物可以各种各样的矿物形态存在于矿石中，在一定的溶出条件下，有些矿物能够与碱溶液反应，有些则不能，所以有效氧化铝和活性氧化硅的含量与矿石中总的氧化铝含量和总的氧化硅含量在实际生产中是不相同的。例如一水硬铝石在溶出三水铝石矿的条件下不与碱溶液反应，是无法溶出的，即使它的含量高，也不能计入有效氧化铝的含量。同样，矿石中以石英形态存在的氧化硅，在此溶出条件下则是不与碱溶液反应的惰性氧化硅，也不计入活性氧化硅之内。对一水铝石型矿而言，通常是以其 Al_2O_3 含量和铝硅比来判别其质量。因为在一水铝石矿溶出条件下，铝土矿中 Al_2O_3 可全部看成是有效的，而 SiO_2 可全部看成是活性的。氧化铁一般对拜耳法生产的影响不大，主要是增加了赤泥量；但红土型三水铝石及一水软铝石矿中的铁矿物一部分是以针铁矿和铝针铁矿的形态存在，对溶出率、赤泥沉降性能以及碱损失都有不利影响。矿石中其他有害杂质如硫、碳酸盐及有机物等，其含量越低越好。

（3）铝土矿矿石结构特点

铝土矿矿床按其成因，可分为红土型、岩溶型和齐赫文型三种主要的地质类型。红土型铝土矿在其形成过程中，其母岩首先要经过红土化作用，进而沉积风化或经搬运-沉积再风化。红土型铝土矿在世界铝土矿储量中占的比例较大，并且，大多数红土型铝土矿为地表矿床，容易露天开采，大多为三水铝石型铝土矿，其开采利用率较高。岩溶型铝土矿的形成主要是含铝的岩石被含有 SO_4^{2-} 或 CO_3^{2-} 等具有较强的腐蚀分解作用的溶液分解，使岩石中的不同元素随溶液的流动而沉积到不同的方位，经风化等形成铝土矿床。地下开采的铝土矿主要属岩溶型铝土矿。齐赫文型矿床全部由搬运了的铝土矿物组成，沉积于铝硅酸盐岩石的表面，其形成过程在沉积和保留等方面需要许多有利条件的配合，所以只能形成小型的铝土矿区。

铝土矿由于其成分不同及其生成地质条件的变化，具有各种颜色和结构形状，常见的有以下几种。

① 粗糙状（土状）铝土矿　其特点是表面粗糙，一般常见颜色有灰色、灰白色、浅

黄色等。

② 致密状铝土矿　其特点是表面光滑致密，断口呈贝壳状，颜色多为灰色、青灰色，其中高岭石含量较高，铝硅比较低。

③ 豆鲕状铝土矿　其特征是表面呈鱼子状或豆状，胶结物主要是粗糙状铝土矿，其次为致密状铝土矿，颜色多为深灰色、灰绿色、红褐色或灰白色。豆粒或鲕粒在矿石中的比例各地不同。鲕粒的构造比较复杂，一般由2～7层以上的同心圆组成，这些同心圆可为同一矿物，也可以是不同的矿物。鲕心的成分也不相同，如河南铝土矿鲕心为水云母，山西则为一水硬铝石，而广西则为一水软铝石，此外，也有为高岭石及石英碎屑的，这种矿石品位一般较低。

一般来说，矿石越粗糙，铝硅比越高；相反，矿石越致密，铝硅比也就越低。豆鲕状质地坚硬的矿石，铝硅比也较高。

铝土矿中的铝矿物在微观结构方面也具有不同的特征，即所谓的多晶性和特殊性，在铝土矿中一种矿物可以有不同的结晶度和微观结构。溶出过程一般是按结晶度的好坏渐进的，结晶度差的氧化铝水合物总是更快地溶出。结晶度包括晶体大小和结晶完整程度，即与晶格中的位错和类质同晶替代作用的程度有关。

铝土矿的结构特征不同，加之其脉石含量、形态和分布状态的不同，造成了铝土矿性能的不同，铝土矿的结构特征对溶出动力学有很大的影响。

（4）铝土矿资源概况

世界铝土矿成矿带主要分布在非洲、大洋洲、南美洲及东南亚。从国家分布来看，铝土矿主要分布在几内亚、澳大利亚、越南、巴西、牙买加五个国家，这五个国家已探明的铝土矿储量之和约占世界铝土矿总储量（约320亿吨）的72.51%。从世界铝土矿资源储量角度来看，我国不属于铝土矿资源丰富的国家，铝土矿储量为9.8亿吨，仅占世界铝土矿储量的3.13%。

图1-3给出了世界铝土矿资源储量分布情况。表1-11为世界铝土矿矿石类型及化学成分。

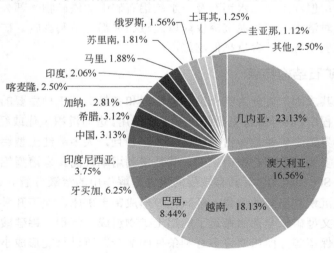

图1-3　世界铝土矿资源储量分布情况（2021年）

世界铝土矿资源特点：①资源储量有限。按目前开采规模3.9亿t/a左右计算，已查明铝土矿储量仅满足全球市场82年左右需求。②分布集中。几内亚、澳大利亚和越南三个国家就占到世界铝土矿储量的 **57.82%**。③以易溶的三水铝石和一水软铝石为主。几内亚、澳大利亚、巴西、苏里南、牙买加等有大量新生代三水铝石型矿，占世界三水铝石型铝土矿总储量的 **80%**。法国、匈牙利等国家有中生代一水软铝石型铝土矿。

表 1-11　世界铝土矿矿石类型及化学成分

国家	化学成分（质量分数）/%					主要矿物矿石类型
	Al_2O_3	SiO_2	Fe_2O_3	TiO_2	LOI（灼减）	
澳大利亚	25～58	0.5～38	5～37	1～6	15～28	三水铝石，一水软铝石
几内亚	40～60.2	0.8～6	6.4～30	1.4～3.8	20～32	三水铝石，一水软铝石
巴西	32～60	0.95～25.8	1.0～58.1	0.6～4.7	8.1～32	三水铝石
中国	50～70	9～15	1～13	2～3	13～15	一水硬铝石
越南	44.4～53.2	1.6～5.1	17.1～22.3	2.6～3.7	24.5～25.3	三水铝石，一水硬铝石
牙买加	45～50	0.5～2	16～25	2.4～2.7	25～27	三水铝石，一水软铝石
印度	40～80	0.3～18	0.5～25	1～11	20～30	三水铝石
圭亚那	50～60	1～8	17～26	2.5～3.5	13～27	三水铝石
希腊	35～65	0.9～9.3	7～40	1.2～3.1	19.3～27.3	一水硬铝石，一水软铝石
苏里南	37.3～61.7	1.6～3.5	2.8～19.7	2.8～4.9	29～31.3	三水铝石，一水软铝石
委内瑞拉	35.5～60	0.9～9.3	7～40	1.2～3.1	19.3～27.3	三水铝石
匈牙利	50～60	1～8	15～20	2～3	13～20	一水软铝石，三水铝石
美国	31～57	5～24	2～35	1.6～6	16～28	三水铝石，一水铝石
法国	50～55	5～6	4～25	2～3.6	12～16	一水硬铝石，一水软铝石
印度尼西亚	38.1～59.7	1.5～13.9	2.8～20	0.1～2.6		三水铝石
加纳	41～62	0.2～3.1	15～30			三水铝石
塞拉利昂	47～55	2.5～30				三水铝石

我国铝土矿资源分布比较集中，查明资源储量主要分布在山西、广西、贵州、河南、重庆以及云南，见图 1-4。其中，山西查明资源储量占比全国第一，为 **34.50%**，山西、广西、贵州和河南 4 省区的铝土矿资源储量占全国的 **90%** 以上。

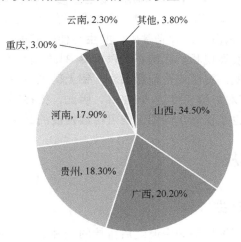

图 1-4　我国铝土矿储量分布

我国主要地区的铝土矿平均品位见表 1-12。

表 1-12　我国主要地区的铝土矿平均品位

地区	化学成分（质量分数）/%			A/S
	Al_2O_3	SiO_2	Fe_2O_3	
山西	62.35	11.58	5.78	5.38
贵州	65.75	9.04	5.48	7.27
河南	65.32	11.78	3.44	5.54
广西	54.83	6.43	18.92	8.53
山东	55.53	15.80	8.78	3.61

我国铝土矿资源具有如下特点：

① 铝土矿矿床有古风化壳沉积型、堆积型和红土型三大类型。其中，古风化壳沉积型铝土矿是最主要的类型，储量占比高于 80%，广泛分布于山西、河南、贵州和广西等多个省份；其次是堆积型铝土矿矿床，主要分布于广西和云南 2 个省区；红土型铝土矿矿床最少，主要分布于广西中南部、海南北部和广东南部。

② 相较其他铝土矿资源丰富的国家，我国铝土矿矿床规模小，矿山产能规模均在 1000 万 t/a 以下，并且适合露天开采的矿床比例小，据统计只占全国总储量的 34%，且具有矿体薄、采矿难度大、矿石品位变化大和竞争力比较低等特点。

③ 铝土矿石质量较差，大部分都是加工困难、耗能高的一水硬铝石，占比高达 90% 以上。我国铝土矿普遍高铝、高硅、低铁、难溶，但含硅矿物形态复杂，铝硅比偏低，各级储量中铝硅比 4～6 的占 49%，大于 8 的较少。矿石 Al_2O_3 品位在 40%～60%。

④ 高硫型铝土矿在我国铝土矿资源中占比较大，已探明的高硫型铝土矿储量超过 8 亿吨，主要分布在河南、贵州、重庆、广西和山东等地，高硫型铝土矿的开发利用可缓解我国资源短缺的问题。

⑤ 共生和伴生组分多，可综合开发利用。铝土矿多与耐火黏土、石灰岩和铁矿等矿产共生，伴生组分主要有铌、钽、镓、钒、锂、钛和钪等有用元素。

⑥ 我国铝土矿资源较为匮乏，并且贫矿、共生与伴生矿多，富矿少。

根据目前我国铝工业发展现状，我国正在以世界 3% 的储量生产着世界 25% 左右的铝土矿，铝土矿资源保障程度低，资源安全问题凸显，铝土矿进口量逐年增加，对外依存度不断提高，2021 年我国铝土矿对外依存度达 55.82%。因此，挖掘国内潜力、加快海外矿投资成为我国必须解决的难题，也是保障我国铝工业可持续发展的必由之路。

1.5.2　高铝粉煤灰

1.5.2.1　粉煤灰的产生

粉煤灰是燃煤在火电厂燃煤锅炉中燃烧后排放的一种工业固体废物。燃煤颗粒中的伊利石、高岭石、蒙脱石、混层黏土、斜长石、方解石、白云母、黄铁矿、磁黄铁矿等无机矿物质在经历高温骤冷后，发生了复杂的物理化学变化，原有晶体结构被破坏，形成了多种矿相嵌布、夹裹且粒度细、弥散的颗粒。这些颗粒在引风机的抽引作用下，随炉中烟气一同排出锅炉，经过除尘设备捕获收集，即得到粉煤灰。燃煤在燃煤锅炉中燃烧后，粉煤灰含量占燃煤灰渣总量的80%。粉煤灰形成过程示意如图1-5所示。

图1-5 粉煤灰的形成过程示意

粉煤灰的形成受很多因素的影响，不同粉煤灰的性质差异很大。按电厂锅炉燃烧方式，粉煤灰可分为煤粉炉粉煤灰、循环流化床粉煤灰、块煤粉煤灰。目前大型锅炉产生的粉煤灰中，以煤粉炉粉煤灰和循环流化床粉煤灰为主，占比达到95%以上。

1.5.2.2 高铝粉煤灰的资源概况

近年来，随着我国铝土矿资源逐渐匮乏，高铝粉煤灰已成为我国提取氧化铝的潜在资源。

通常将氧化铝含量超过40%的粉煤灰称为高铝粉煤灰，主要由我国西北地区一种高铝煤炭燃烧后产生。高铝煤炭主要形成于晚石炭世至早二叠世之间，含煤地层主要为上石炭统太原组与下二叠统山西组。煤燃烧后粉煤灰中氧化铝含量高的主要原因是该地区特殊的古地理位置，使得煤种伴生大量富含铝的矿物，如高岭石和勃姆石。在地理上，高铝煤炭主要分布于阳山南麓的内蒙古自治区、宁夏回族自治区和山西省的部分地区，如内蒙古自治区的准格尔煤田、桌子山煤田、大青山煤田，山西省的大同煤田、宁武煤田的北部，宁夏回族自治区的贺兰山煤田、乌达煤田等。

目前，准格尔煤田高铝煤炭已探明储量为554亿吨（远景储量约1000亿吨），鄂尔多斯盆地的乌兰格尔、桌子山、东胜煤田的高铝煤炭储量合计1000多亿吨，宁武煤田平朔矿区200多亿吨，总储量约2200亿吨。若所产煤炭经粉末化燃烧后全部成为高铝粉煤灰，按原煤平均灰分15%计算，粉煤灰总产量可达330亿吨；以高铝粉煤灰平均氧化铝含量40%计，总氧化铝含量可达132亿吨，相当于我国已探明铝土矿储量的13倍多。就我国内蒙古中西部地区来看，该地区每年产生高铝粉煤灰超过2000万吨，且已堆存数亿吨，这些粉煤灰中氧化铝含量高达50%，同时还含有约40% SiO_2 和少量的钙、铁、钛等有色金属，以及微量的锂、镓等稀有金属元素。如能有效地分离利用其中蕴含的矿物成分，则既解决了高铝粉煤灰引起的系列环境污染问题，同时还能弥补我国这些矿产资源短缺的问题，具有重要的开采利用价值。

1.5.2.3 高铝粉煤灰特性

高铝粉煤灰的化学成分以 Al_2O_3 和 SiO_2 为主，二者之和一般高于85%。以我国内蒙古准格尔地区（高铝煤炭的重要产地）产生的典型高铝粉煤灰为例，Al_2O_3 含量高达50%，SiO_2 含量接近40%，同时还含有总量10%左右的 CaO、Fe_2O_3、TiO_2、MgO 等杂质。与普通粉煤灰相比，高铝粉煤灰具有低杂、高铝、低硅的特点。我国高铝粉煤灰与普通粉煤灰化学成分的比较见表1-13。

表 1-13　我国高铝粉煤灰与普通粉煤灰化学成分比较

名称	化学成分（质量分数）/%							A/S
	Al_2O_3	SiO_2	Fe_2O_3	CaO	TiO_2	MgO	LOI	
内蒙古高铝粉煤灰 1#	49.50	42.25	2.31	1.35	1.78	0.49	2.44	1.17
内蒙古高铝粉煤灰 2#	47.13	34.85	1.98	7.98	1.86	0.21	3.81	1.35
山西高铝粉煤灰 1#	38.44	48.34	2.55	1.76	1.19	0.44	4.03	0.80
国内普通粉煤灰	27.10	50.60	7.10	2.80	—	1.20	8.20	0.54

高铝粉煤灰的物相组成与燃烧方式有关。煤粉炉粉煤灰主要是由莫来石、石英、刚玉以及部分玻璃相（无定形的铝硅酸盐与二氧化硅）组成；而循环流化床粉煤灰主要以无定形的玻璃相为主，其次含有石英、硫酸钙、方解石以及少量的硅酸二钙等。

玻璃相主要是由煤炭燃烧后骤冷使其所含的黏土矿物逐级脱硅所产生的非晶态及其他少量 Al_2O_3、Fe_2O_3、CaO 和 TiO_2 等氧化物未来得及结晶便以非晶态形式保存下来的熔体相组成。

莫来石和刚玉是燃煤的次生矿物，是高铝粉煤灰中常见的物相，主要由高铝煤炭中富含氧化铝的矿物（高岭石和勃姆石）转化而来，燃烧转化过程如下：

$$Al_2Si_2O_5(OH)_4（高岭石）\xrightarrow{450\sim600℃} Al_2O_3 \cdot SiO_2（偏高岭石）+SiO_2+2H_2O \qquad (1-1)$$

$$3Al_2O_3 \cdot SiO_2（偏高岭石）\xrightarrow{约950℃} 3Al_2O_3 \cdot 2SiO_2（莫来石）+SiO_2 \qquad (1-2)$$

$$2\gamma\text{-}AlO(OH)（勃姆石）\xrightarrow{500\sim600℃} \gamma\text{-}Al_2O_3+H_2O \qquad (1-3)$$

$$3\gamma\text{-}Al_2O_3+2SiO_2 \xrightarrow{约1200℃} 3Al_2O_3 \cdot 2SiO_2（莫来石） \qquad (1-4)$$

$$\gamma\text{-}Al_2O_3 \xrightarrow{1000\sim1200℃} \alpha\text{-}Al_2O_3（刚玉） \qquad (1-5)$$

因化学组成及产生条件的不同，不同种类的高铝粉煤灰颜色差异较大，有黄褐色、灰黑色或灰白色等，一般与碳含量、含水率及颗粒大小有关。通常含水率高、粒径大、碳含量高的高铝粉煤灰颜色较深，同时铁含量的增加也会使颜色变深，而铝、钙含量的增加会使粉煤灰颜色变浅。高铝粉煤灰具有铝含量高且杂质含量低的特点，粒度大小不均，颜色浅，呈现灰白色。

1.5.3　其他炼铝资源

除铝土矿和高铝粉煤灰外，可用于生产氧化铝的其他资源还有明矾石、霞石、高岭土、黏土、长石、页岩、丝钠铝石、硫磷铝锶矿等。

（1）明矾石矿

明矾石矿主要矿物为明矾石 $[(Na,K)_2SO_4 \cdot Al_2(SO_4)_3 \cdot 4Al(OH)_3]$，其含量为 30%～70%，杂质主要为石英。明矾石是综合提取氧化铝、硫酸、硫酸钾和稀有金属（铷、铯和镓）的原料。

我国明矾石矿储量很丰富，主要分布在浙江、安徽及福建等省，目前以浙江平阳和安徽庐江两地储量最大，而且还以钾明矾石矿为主，是我国铝工业和化学工业的一项重要资源。

苏联、美国及伊朗都拥有丰富的明矾石矿，苏联研究出十多种从明矾石矿中生产氧化铝的方法，并建立了以明矾石为原料的基洛瓦巴德铝厂。人们也研究成功明矾石的选矿技术，使明矾石的含量由原矿的 20%提高为精矿的 90%左右。

（2）霞石矿

霞石［(Na，K)$_2$O·Al$_2$O$_3$·2SiO$_2$］常与长石、磷灰石等矿物伴生。经选矿后得到的霞石精矿氧化铝含量虽低，但可综合利用得到氧化铝、苏打、碳酸钾、水泥和稀有金属。我国云南个旧市和四川南江县发现了霞石资源，前者储量巨大，后者质量较好。为了烧结过程的正常进行，霞石中的 Fe$_2$O$_3$ 不应超出 5%，氧化铁含量高的矿石应予以选矿处理。

（3）高岭土、黏土矿

高岭土和黏土是分布最广泛的含铝原料，其主要成分为高岭石（Al$_2$O$_3$·2SiO$_2$·2H$_2$O）。但黏土中杂质（如氧化铁、氧化钙、氧化镁和石英等）含量较高岭石高。

（4）硫磷铝锶矿

我国四川的某些磷矿中伴生有一定量的硫磷铝锶矿。硫磷铝锶矿可以综合利用以生产磷肥及氧化铝等产品。

1.6 生产氧化铝的基本方法

由于氧化铝的两性化合物属性，既可以用碱性溶液也可以用酸性溶液将含铝矿物中的氧化铝溶出。氧化铝生产方法大致可分为碱法、酸法、酸碱联合法和热法。针对铝土矿生产氧化铝，目前用于工业生产的几乎全部采用碱法。针对高铝粉煤灰提取氧化铝，酸法已有工业应用。

1.6.1 碱法生产氧化铝

碱法生产氧化铝的基本过程如图 1-6 所示。

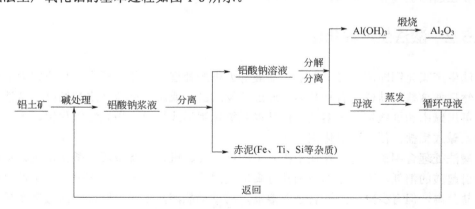

图 1-6 碱法生产氧化铝基本过程

碱法生产氧化铝，是用碱（NaOH 或 Na$_2$CO$_3$）来处理铝矿石，使矿石中的氧化铝转变成铝酸钠溶液。矿石中的铁、钛等杂质和绝大部分的硅则成为不溶解的化合物，将不溶解的残渣（由于含氧化铁而呈红色，故称为赤泥）与溶液分离，经洗涤后弃去或综合利用（以回收其中的有用组分）。纯净的铝酸钠溶液分解析出氢氧化铝，经与母液分离、洗涤后进行煅烧，得到氧化铝产品。分解母液可循环使用，处理下一批矿石。

碱法生产氧化铝又分为拜耳法、碱石灰烧结法和拜耳-烧结联合法等多种流程。

（1）拜耳法

拜耳法是直接利用含有大量游离苛性碱的循环母液处理铝土矿，溶出其中的氧化铝得到铝酸钠溶液，往铝酸钠溶液中加入氢氧化铝晶种，经过长时间搅拌便可析出氢氧化铝结晶。分解母液经蒸发后再用于溶出下一批铝土矿。拜耳法适于处理低硅铝土矿，尤其是在处理三水铝石型铝土矿时，具有其他方法所无可比拟的优点。目前，全世界生产的氧化铝和氢氧化铝，有90%以上是采用拜耳法生产的。

（2）碱石灰烧结法

碱石灰烧结法是在铝土矿中配入石灰石或石灰、纯碱，在高温下烧结得到含有固态铝酸钠的熟料，用水或稀碱溶液溶出熟料得到铝酸钠溶液。铝酸钠溶液脱硅净化后，通入二氧化碳气体便可分解析出氢氧化铝晶体。碱石灰烧结法适合于低 A/S 矿，A/S=3～6，流程复杂、能耗高、成本高，产品质量较拜耳法低。

（3）拜耳-烧结联合法

拜耳-烧结联合法兼具拜耳法和烧结法的优点，具有比单一的方法更好的经济效益，同时可以更充分利用铝矿资源。联合法又有并联、串联和混联等基本流程。

国外铝土矿资源以优质的三水铝石矿为主，因此氧化铝生产基本采用拜耳法。而我国铝土矿以难处理的中低品位一水硬铝石矿为主，从新中国成立到20世纪末，在很长一段时期内我国氧化铝生产以碱石灰烧结法或拜耳-烧结联合法为主，产品质量和综合能耗等在国际上均不具有竞争力。进入21世纪后，随着我国氧化铝工业技术的进步，开发出了处理中低品位一水硬铝石矿的拜耳法生产工艺和技术，逐渐取代了碱石灰烧结法或拜耳-烧结联合法，我国氧化铝工业在国际上起着越来越重要的作用。

1.6.2 酸法生产氧化铝

酸法生产氧化铝即用硝酸、硫酸、盐酸等无机酸处理含铝原料而得到相应铝盐的酸性水溶液。然后使这些铝盐或水合物晶体（通过蒸发结晶）或碱式铝盐（水解结晶）从溶液中析出，亦可用碱中和这些铝盐水溶液，使其以氢氧化铝形式析出。煅烧氢氧化铝、各种铝盐的水合物或碱式铝盐，便得到氧化铝。

用酸法处理含铝矿石时，存在于矿石中的铁、钛、钒、铬等杂质与酸作用进入溶液中，这不但引起酸的消耗，而且它们与铝盐分离比较困难。二氧化硅绝大部分成为不溶物进入残渣与铝盐分离，但有少量成为硅胶进入溶液，所以铝盐溶液还需要脱硅，而且需要昂贵的耐酸设备。

用酸法处理分布很广的高硅低铝矿（如黏土、高岭土、煤矸石和粉煤灰）在原则上是合理的，在铝土矿资源缺乏的情况下可以采用此法。

高铝粉煤灰盐酸法生产氧化铝在我国已进行工业化推广应用。神华集团有限责任公司与吉林大学联合开发的一步酸溶法提取工艺是盐酸法中比较具有代表性的工艺方法。具体参见7.2.2 节。

1.6.3　酸碱联合法生产氧化铝

酸碱联合法主要利用铝和硅在酸碱溶液中的不同溶解特性实现铝、硅分离，同时获得铝和硅的高提取率。先用酸法从高硅铝矿中制取含铁、钛等杂质的不纯氢氧化铝，然后再用碱法（拜耳法）处理。其实质是用酸法除硅，碱法除铁。

酸碱联合法利用酸法和碱法提铝的优点进行工序整合，能耗低，可以获得较高的 Al_2O_3 和 SiO_2 提取率，但该工艺工序较长，酸碱消耗量大，物料循环效率较低，距工业化应用仍有一定距离。

1.6.4　热法生产氧化铝

热法适合于处理高硅高铁的含铝矿物，其实质是在电炉或高炉内还原熔炼矿石，同时获得硅铁合金（或生铁）与含铝酸钙炉渣，二者借密度差分离后，含铝酸钙炉渣再用碱法处理，从中提取氧化铝。热法同样存在工艺流程长、能耗高、成本高等问题，工业推广应用难度大。

 思考题

1．分析我国氧化铝工业的现状及发展趋势。
2．我国铝土矿资源的特点是什么？如何评价铝土矿质量的好坏？
3．高铝粉煤灰的来源及其特性有哪些？
4．按氧化铝水合物的分类可将铝土矿分为哪些主要类型？
5．根据氧化铝的两性化合物属性，生产氧化铝的基本方法有哪些？
6．针对铝土矿生产氧化铝，目前有哪些方法用于工业生产？

第 2 章

铝酸钠溶液

2.1 铝酸钠溶液特性参数

碱法是目前工业上生产氧化铝的主要方法。在碱法中，铝酸钠溶液是重要的中间产物，通常表示为 $NaAl(OH)_4$ 或 $NaAlO_2$。铝酸钠溶液的特性参数有溶液的浓度、摩尔比和硅量指数。

2.1.1 铝酸钠溶液的浓度

在工业上，铝酸钠溶液中各个溶质的浓度是用单位体积的溶质质量（g/L）来表示的。工业铝酸钠溶液中的 Na_2O，除结合成铝酸钠（$NaAlO_2$）和 NaOH 的形态存在外，还以 Na_2CO_3、Na_2SO_4 形态存在。以 $NaAlO_2$ 和 NaOH 形态存在的 Na_2O 称为苛性碱（$Na_2O_苛$ 或 Na_2O_K，在本书中就以 Na_2O 表示）；以 Na_2CO_3 形态存在的 Na_2O 称为碳酸碱（以 $Na_2O_碳$ 或 Na_2O_C 表示）；以 Na_2SO_4 形态存在的 Na_2O 称为硫酸碱（以 $Na_2O_硫$ 或 Na_2O_S 表示）。以苛性碱和碳酸碱形态存在的碱的总和称为全碱（$Na_2O_全$、$Na_2O_总$ 或 Na_2O_T）。在科学研究中它们多以质量分数表示。这两种表示方法互相换算公式如下：

$$v(Na_2O) = (1000 \times \rho) \times \frac{w(Na_2O)}{100} \tag{2-1}$$

$$v(Al_2O_3) = (1000 \times \rho) \times \frac{w(Al_2O_3)}{100} \tag{2-2}$$

式中　　$w(Na_2O)$ ——溶液中 Na_2O 浓度，%；

　　　　$w(Al_2O_3)$ ——溶液中 Al_2O_3 浓度，%；

　　　　$v(Na_2O)$ ——溶液中 Na_2O 浓度，g/L；

　　　　$v(Al_2O_3)$ ——溶液中 Al_2O_3 浓度，g/L；

　　　　ρ ——溶液的密度，g/cm^3。

铝酸钠溶液的密度可按经验公式近似地求出

$$\rho = \rho_N + 0.009w(Al_2O_3) + 0.00425w(Na_2O_C) \tag{2-3}$$

式中　　ρ_N ——Na_2O 浓度与铝酸钠溶液中 Na_2O_T 浓度相等的纯 NaOH 溶液的密度，g/cm^3；

$w(Al_2O_3)$, $w(Na_2O_C)$ ——分别为铝酸钠溶液中 Al_2O_3 和 Na_2CO_3 （以 Na_2O_C 表示）的浓度，%。

2.1.2　铝酸钠溶液的摩尔比

摩尔比（以符号 MR 表示）是铝酸钠溶液的一个重要特性参数，也是氧化铝生产中一项常用的技术指标，可以用来表示铝酸钠溶液中氧化铝的饱和程度以及溶液的稳定性。它是铝酸钠溶液中 Na_2O 与 Al_2O_3 的摩尔比。

$$MR = \frac{n(Na_2O)}{n(Al_2O_3)} \tag{2-4}$$

当铝酸钠溶液中 Al_2O_3 或 Na_2O 浓度以质量分数或质量浓度（g/L）表示时：

$$MR = 1.645 \times \frac{[Na_2O]}{[Al_2O_3]} \tag{2-5}$$

式中　1.645 —— Al_2O_3 和 Na_2O 的分子量比值；
　　　$[Na_2O]$ ——溶液中 Na_2O 浓度，%或 g/L；
　　　$[Al_2O_3]$ ——溶液中 Al_2O_3 浓度，%或 g/L。

对于这一比值，不同国家的表示方法不尽相同。比较普遍采用的是铝酸钠溶液中的 Na_2O 与 Al_2O_3 的物质的量之比，一般写作 $n(Na_2O):n(Al_2O_3)$，另有不同国家采用 Al_2O_3 与 Na_2O 的质量分数比，一般写作 $w(Al_2O_3):w(Na_2O)$。我国采用 $n(Na_2O):n(Al_2O_3)$ 摩尔比表示铝酸钠溶液中 Na_2O 与 Al_2O_3 的比值。

2.1.3　硅量指数

硅量指数是指铝酸钠溶液中 Al_2O_3 与 SiO_2 含量的比值，以符号"A_{aq}/S_{aq}"表示。

$$A_{aq}/S_{aq} = \frac{[Al_2O_3]}{[SiO_2]} \tag{2-6}$$

式中　$[Al_2O_3]$ ——溶液中 Al_2O_3 浓度，%或 g/L；
　　　$[SiO_2]$ ——溶液中 SiO_2 浓度，%或 g/L。

硅量指数表示溶液中 SiO_2 杂质含量的高低，即溶液的纯度。当溶液中 Al_2O_3 浓度一定时，硅量指数越高，则溶液中 SiO_2 含量越低，溶液的纯度越高。

2.2　$Na_2O\text{-}Al_2O_3\text{-}H_2O$ 系

2.2.1　$Na_2O\text{-}Al_2O_3\text{-}H_2O$ 系平衡状态图的绘制

纯的铝酸钠溶液包含在 $Na_2O\text{-}Al_2O_3\text{-}H_2O$ 系之中，研究 $Na_2O\text{-}Al_2O_3\text{-}H_2O$ 系平衡状态图的目的是：

① 研究铝酸钠溶液的物理化学性质；

② 掌握氧化铝在氢氧化钠溶液的溶解度以及其随氢氧化钠浓度、温度的变化规律；

③ 判断在一定条件下反应进行的方向和进行的最大限度；

④ 判断反应在不同条件下的平衡固相；

⑤ 为氧化铝生产提供理论依据。

$Na_2O\text{-}Al_2O_3\text{-}H_2O$ 系平衡状态图是碱法生产 Al_2O_3 的重要理论依据。它是根据 Al_2O_3 在 NaOH 溶液中的溶解度的精确测定结果绘制的。Al_2O_3 的溶解度按下面两种方式同时测定：

① 在一定温度下将过量的 Al_2O_3 及其水合物加入一定浓度的 NaOH 溶液中使之达到饱和；

② 在一定温度下使 Al_2O_3 含量过饱和的铝酸钠溶液分解，使之达到饱和（平衡）。

通过实验可以测出 Al_2O_3 在不同温度、不同浓度的 NaOH 溶液中的溶解度，以及与溶液保持平衡固相的化学组成和物相组成，即可据此绘出在某一温度下的 $Na_2O\text{-}Al_2O_3\text{-}H_2O$ 系平衡状态图。

对于 $Na_2O\text{-}Al_2O_3\text{-}H_2O$ 系平衡状态图，国内外已有很多研究，体系平衡状态图可以用直角坐标表示，也可以用等边三角形表示。以直角坐标表示的 $Na_2O\text{-}Al_2O_3\text{-}H_2O$ 系平衡状态图，其横轴表示 Na_2O 浓度，纵轴表示 Al_2O_3 浓度，原点表示 100% 的水，通过原点的任一直线为等摩尔比线。在这条直线上的任何一点溶液的摩尔比都相等。铝酸钠溶液蒸发浓缩或用水稀释时，溶液的组成点都沿着等摩尔比线变化。

在任何较高温度或高苛性碱浓度下制得的平衡或接近平衡的铝酸钠溶液，当进行冷却或稀释时，溶液都处于过饱和状态。

2.2.2 30℃下的 $Na_2O\text{-}Al_2O_3\text{-}H_2O$ 系平衡状态图

用直角坐标表示的 30℃ 下的 $Na_2O\text{-}Al_2O_3\text{-}H_2O$ 系平衡状态等温截面如图 2-1 所示。图中的点和线将其分成若干个区域。这些点、线、区域的具体含义如下所述。

OB 线：是三水铝石（$Al_2O_3 \cdot 3H_2O$）在 NaOH 溶液中的溶解度曲线。随着 NaOH 溶液浓度的增加，三水铝石在其中的溶解度越来越大，在 *B* 点达到最大值。与 *OB* 线的溶液保持平衡的固相是三水铝石。

BC 线：是水合铝酸钠（$Na_2O \cdot Al_2O_3 \cdot 2.5H_2O$）在 NaOH 溶液中的溶解度曲线。水合铝酸钠在 NaOH 溶液中的溶解度随溶液中 NaOH 浓度的增加而降低。与 *BC* 线上的溶液保持平衡的固相是水合铝酸钠。*B* 点上的溶液同时与三水铝石和水合铝酸钠保持平衡，因此 *B* 点为无变量点，自由度为 0。

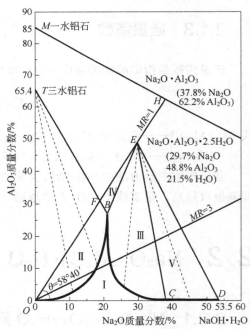

图 2-1 30℃下的 $Na_2O\text{-}Al_2O_3\text{-}H_2O$ 系平衡状态图

CD 线：是 $NaOH \cdot H_2O$ 在铝酸钠溶液中的溶解度曲线。C 点的平衡固相是水合铝酸钠和一水氢氧化钠（$NaOH \cdot H_2O$），也是无变量点。D 点是 $NaOH \cdot H_2O$（53.5% Na_2O，46.5% H_2O）的组成点。

E 点是 $Na_2O \cdot Al_2O_3 \cdot 2.5H_2O$ 的组成点，其成分是 48.8% Al_2O_3，29.7% Na_2O，21.5% H_2O。在 DE 线上及其右上方皆为固相区，不存在液相。

图中 OE 线上任一点的 $n(Na_2O):n(Al_2O_3)$ 都等于 1。实际的铝酸钠溶液的 $n(Na_2O):n(Al_2O_3)$ 是没有小于或等于 1 的，所以，其组成点都应位于 OE 连线的右下方，即只可能存在于 OED 区域的范围内。

当状态图上的横坐标和纵坐标采用相同的度量时，OE 连线的斜率为

$$\tan\theta = \frac{w(Al_2O_3)}{w(Na_2O)} = \frac{1.645}{MR} = 1.645 \tag{2-7}$$

所以，$\theta = \tan^{-1} 1.645 = 58°40'$。

T 点、M 点分别为三水铝石和一水铝石的组成点。

溶解度等温线和图上某些特征点的连线将状态图分成以下几个区域。

区域 I：即位于 $OBCD$ 溶解度等温线下方的区域。该区域的溶液对于 $Al(OH)_3$ 和水合铝酸钠来说，处于未饱和状态，具有溶解这两种物质的能力。当溶解 $Al(OH)_3$ 时，溶液的组成将沿着原溶液的组成点与 T 点（$Al_2O_3 \cdot 3H_2O$ 含 Al_2O_3 65.4%，H_2O 34.6%）的连线变化，直到连线与 OB 线的交点为止，即这时溶液已达到溶解平衡浓度。原溶液组成点离 OB 线越远，其未饱和程度越大，达到饱和时，所能够溶解的 $Al(OH)_3$ 量越多。当其溶解固体铝酸钠时，溶液的组成则沿着原溶液组成点与铝酸钠的组成点 E 点的连线变化（如果是无水铝酸钠则是 H 点，H 点为无水铝酸钠的组成点，$Na_2O \cdot Al_2O_3$ 含 Al_2O_3 62.2%，Na_2O 37.8%）直到与 BC 线的交点为止。

区域 II：即 $OBFO$ 区，该区域为 $Al(OH)_3$ 过饱和的铝酸钠溶液区，在此区域内的溶液具有可以分解析出三水铝石结晶的特性，并力图达到平衡状态。在分解过程中，溶液的组成沿原溶液的组成点与 T 点（三水铝石组成点）的连线变化，直到与 OB 线的交点为止［即达到 $Al(OH)_3$ 在溶液中的平衡溶解度］。原溶液组成点离 OB 线越远，其过饱和程度越大，能够析出的三水铝石越多，分解速度也越快。

区域 III：即 $BCEB$ 区，该区为水合铝酸钠过饱和的铝酸钠溶液区，处于该区的溶液具有能够析出水合铝酸钠结晶的特性，在析出过程中，溶液的组成则沿着原溶液组成点与 E 点（水合铝酸钠的组成点）连线变化，直到与 BC 线的交点为止，不再析出水合铝酸钠。原溶液的组成点离 BC 线越远，其过饱和程度越大，能够析出的水合铝酸钠越多。

区域 IV：即 $BEFB$ 区，该区为同时过饱和 $Al(OH)_3$ 和水合铝酸钠溶液区。处于该区的溶液具有同时析出三水铝石和水合铝酸钠结晶的特性。在析出过程中，溶液的组成则沿着原溶液的组成点与 B 点（溶液与三水铝石、水合铝酸钠同时平衡点）连线变化，直到 B 点为止，不再析出三水铝石和水合铝酸钠。

区域 V：即 $CDEC$ 区，该区为同时过饱和水合铝酸钠和一水氢氧化钠的溶液区，处于该区的溶液具有同时析出水合铝酸钠和一水氢氧化钠结晶的特性，在析出结晶过程中，溶液的组成则沿着原溶液的组成点与 C 点（溶液与水合铝酸钠和一水氢氧化钠同时平衡点）连线变化，直到 C 点为止，不再析出这两种固相。

在氧化铝生产过程中，铝酸钠溶液的组成位于平衡状态图的Ⅰ、Ⅱ区域内。

2.2.3　其他温度下的 Na₂O-Al₂O₃-H₂O 系平衡状态图

许多研究者通过对不同温度下的 Na₂O-Al₂O₃-H₂O 系平衡状态的研究，得出在不同温度下的 Na₂O-Al₂O₃-H₂O 系平衡状态等温截面图，其特征基本与 30℃ 下的 Na₂O-Al₂O₃-H₂O 系的特征相似。60～350℃ 下的 Na₂O-Al₂O₃-H₂O 系平衡状态等温截面图如图 2-2 所示。

从图 2-2 中可以看出，不同温度下的溶解度等温线都包括两条线段，左支线随 Na₂O 浓度增大，Al₂O₃ 的溶解度呈增加趋势，右支线则随 Na₂O 浓度的增大，Al₂O₃ 溶解度下降。这两个线段的交点，即在该温度下 Al₂O₃ 在 Na₂O 溶液中的溶解度达到最大的点。这是由于 Na₂O-Al₂O₃-H₂O 系在不同温度下，随着溶液成分的变化，与溶液平衡的固相组成发生了变化的结果。

随着温度的升高，溶解度等温线的曲率逐渐减小，在 250℃ 以上时曲线几乎成为直线，并且由两条溶解度等温线所构成的交角逐渐增大，从而使溶液的未饱和区域扩大，溶液溶解固相的能力增大，同时溶解度的最大点也随温度的升高向较高的 Na₂O 浓度和较大的 Al₂O₃ 浓度方向推移。

2.2.4　Na₂O-Al₂O₃-H₂O 系平衡固相

不同条件下的 Na₂O-Al₂O₃-H₂O 系，其平衡固相也相应改变。在苛性碱原始浓度相同的溶液中溶解三水铝石，绘制的 Na₂O-Al₂O₃-H₂O 系的溶解度变温曲线如图 2-3 所示。曲线在 100～150℃ 之间是不连续的，这说明 Na₂O-Al₂O₃-H₂O 系在 100℃ 以上，三水铝石不再是稳定相，这是由于 Al(OH)₃ 转变为 AlOOH 的结果。如将右侧线段向低温外推，与左侧曲线的交点即为 Al(OH)₃→AlOOH 的近似转变温度。

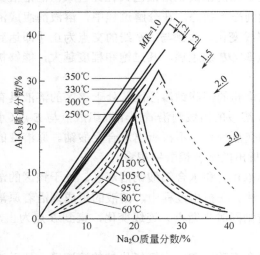

图 2-2　不同温度下的 Na₂O-Al₂O₃-H₂O 系
平衡状态等温截面图

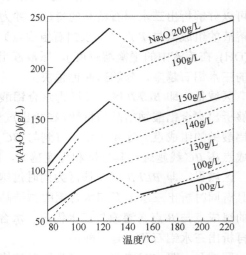

图 2-3　Na₂O-Al₂O₃-H₂O 系溶解度变温曲线

注：实线为金诗伯和弗立格的数据；虚线为鲍尔梅斯特和富尔达的数据。

过去的研究认为，在 $Na_2O-Al_2O_3-H_2O$ 系中三水铝石约在 130℃ 以上转变为一水软铝石，但根据对 $Al_2O_3-H_2O$ 系状态图的研究证明，一水软铝石在较低温度范围内处于介稳状态，其稳定相是一水硬铝石，只是由于动力学上的原因，一水软铝石向一水硬铝石转变的速度极慢，所以它仍然能够在固相中存在。

为确定 $Na_2O-Al_2O_3-H_2O$ 系中三水铝石-一水硬铝石稳定区界线，魏菲斯（K.Wefers）曾利用等量的三水铝石和一水硬铝石的混合物为固相原料进行了溶解试验。当混合物中存在大量的稳定相作为晶种时，则不致生成过饱和溶液；如果两种固相中有一相在所研究的温度、浓度范围内是不稳定的，它就会被溶解消耗（转变为稳定相），而其中稳定的化合物则相对增多，直至建立溶解平衡为止。在等温零变量点处，这两种固相的作用相同。

$Na_2O-Al_2O_3-H_2O$ 系中三水铝石-一水硬铝石稳定区界线和溶解度变温线如图 2-4 所示。当稳定区分界线外延至 Na_2O 浓度为零时，则可看出转变温度与 $Al_2O_3-H_2O$ 系中相应的转变温度相当一致。

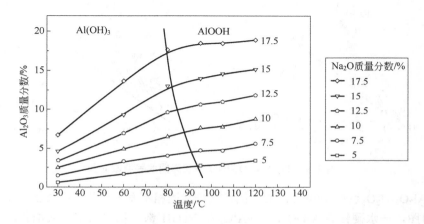

图 2-4　三水铝石-一水硬铝石的稳定区界线和溶解度变温线

随着碱浓度的提高，分界线向低温方向移动，即其转变温度降低。在 Na_2O 浓度为 20%～22% 的溶液中，三水铝石向一水硬铝石的转变温度约为 70～75℃。这时平衡溶液中的 Al_2O_3 含量约为 23%，溶液的组成位于溶解度等温线的最大点处。所以可以认为，$Na_2O-Al_2O_3-H_2O$ 系等温线左侧线段溶液的平衡固相，在 75℃ 以下是三水铝石，在 100～175℃ 之间，低碱浓度时溶液与三水铝石处于平衡，高碱浓度下则与一水硬铝石平衡。在 $Na_2O-Al_2O_3-H_2O$ 系等温线右侧线段，溶液的平衡固相为水合铝酸钠 $Na_2O·Al_2O_3·2.5H_2O$。

水合铝酸钠在其饱和溶液中，在 130℃ 以下是稳定的化合物，高于 130℃ 时发生脱水，以无水铝酸钠 $NaAlO_2$ 形式作为平衡固相出现。

利用等边三角形表示的 $Na_2O-Al_2O_3-H_2O$ 系状态图的等温截面图如图 2-5 所示，可以更清楚地表示不同温度下的溶解度及其平衡固相的变化。

在构成此三元系的 Na_2O-H_2O 二元系中，存在下列化合物：$NaOH·2H_2O$（<28℃）、$NaOH·H_2O$（<65℃）、$NaOH$（321℃ 熔化）。

三水铝石在浓碱溶液中，当温度在 75℃ 以下时才具有最大的溶解度，而且也是在此温度下才保持为平衡固相，大于 75℃ 则出现一水硬铝石作为平衡固相。在 75～100℃ 之间的三元系，左侧线段的某一溶液可以同时与两个固相处于平衡，形成零变量体系［图2-5（a）］。

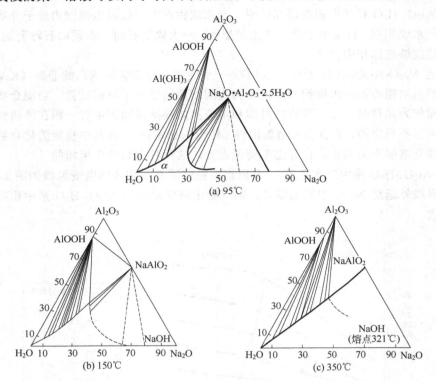

图2-5　Na_2O-Al_2O_3-H_2O 系状态图的等温截面图

Na_2O-Al_2O_3-H_2O 系在 140~300℃之间，其平衡固相不发生变化，图2-5（b）为150℃时的等温截面图，一水硬铝石 $AlOOH$、$NaAlO_2$ 和 $NaOH$ 都是稳定固相，未饱和溶液区（即溶解区）随温度的升高而扩大，到321℃以上时，三元系的平衡固相又发生变化。在321℃ $NaOH$ 熔化，在330℃，该体系中发现新的零变量点，一水硬铝石和刚玉同时与组成为20%Na_2O 和25%Al_2O_3 的溶液处于平衡。

350℃时，一水硬铝石、刚玉和溶液的零变量点已推至12% H_2O、15% Na_2O 和25%Al_2O_3 处。这说明随温度的升高，一水硬铝石的稳定区迅速变小［图2-5（c）］。如果将零变量点位置外推到 Na_2O 0%时，则可得出由一水硬铝石到刚玉的转变温度为360℃。在360℃以上，在 Na_2O-Al_2O_3-H_2O 系整个浓度范围内的稳定固相就只有刚玉、无水铝酸钠和氧化钠。

应当指出，在以一水软铝石为原始固相的研究中，在相同的温度（如 200℃以上）和低碱浓度条件下，一水软铝石的溶解度大于一水硬铝石。根据相律，在此条件下只能有一种平衡固相，即一水硬铝石，一水软铝石的溶解度应该认为是介稳溶解度。由于一水软铝石转变为一水硬铝石的速度相当慢，介稳平衡的溶液变为平衡溶液的速度也极慢，所以一水软铝石溶解度的测定仍具有实际意义。

拜耳法生产氧化铝就是根据 Na_2O-Al_2O_3-H_2O 系平衡状态等温截面图的溶解度等温线的上述特点，使铝酸钠溶液的组成总是处于Ⅰ、Ⅱ区内，即氢氧化铝处于未饱和状态及过饱和状态。利用较高浓度的苛性碱溶液在较高温度下溶出铝土矿中的氧化铝，然后，再经稀释和冷却，使氧化铝处于过饱和而结晶析出。

2.3 铝酸钠溶液的性质及结构

2.3.1 铝酸钠溶液的稳定性

铝酸钠溶液的稳定性是一个重要而又相当特殊的性质，对氧化铝的生产过程有着重要的意义。铝酸钠溶液的稳定性是指从过饱和的铝酸钠溶液开始分解析出氢氧化铝所需时间的长短。制成后立即开始分解或经过短时间后即开始分解的溶液，称为不稳定的溶液，而制成后存放很久仍不发生明显分解的溶液，称为稳定的溶液。

从过饱和铝酸钠溶液中析出 $Al(OH)_3$，在热力学上是一个不可逆的过程，即由不平衡趋向平衡的过程。理论上，过饱和度越大，溶液的稳定性越低。但由于铝酸钠溶液特殊的结构性质，过饱和铝酸钠溶液中的 Al_2O_3 可以相当长时间过饱和地存在于溶液中而不结晶析出。例如 Na_2O 265.0g/L、Al_2O_3 256.1g/L（$MR=1.70$）的高浓度铝酸钠溶液和 Na_2O 25.0g/L、Al_2O_3 24.2g/L（$MR=1.70$）的低浓度铝酸钠溶液，不加晶种可长时间放置（3 年）而不析出 $Al(OH)_3$。

铝酸钠溶液的稳定性对生产过程有重要影响，如赤泥分离洗涤过程要求铝酸钠溶液保持足够的稳定性，以避免溶液的自发分解造成 Al_2O_3 的损失，并减轻 $Al(OH)_3$ 在槽壁和管道上的结疤。而铝酸钠溶液晶种分解工序则需要破坏铝酸钠溶液的稳定性，以加速和加深溶液的分解，提高单位体积铝酸钠溶液中 Al_2O_3 的产出率，增进经济效益。因此生产适当稳定性的铝酸钠溶液对碱法生产氧化铝具有重要的意义。

影响铝酸钠溶液稳定性的主要因素如下所述。

（1）铝酸钠溶液的摩尔比

在其他条件相同时，溶液的摩尔比越低，其过饱和程度越大，溶液的稳定性越低。如图 2-6 所示。

对于同一个 Al_2O_3 浓度，当摩尔比为 MR_1 时，溶液处于未饱和状态，尚能溶解 Al_2O_3，而当摩尔比降低变为 MR_2 时，溶液则处于平衡状态，而当摩尔比再降低为 MR_3 时，溶液处于过饱和状态，溶液呈不稳定状态，将析出 $Al(OH)_3$。随着摩尔比增大，溶液开始析出固相所需的时间也相应延长。这种分解开始所需的时间称为"诱导期"。通常摩尔比大于 3 的铝酸钠溶液可作较长时间的保存而不分解。

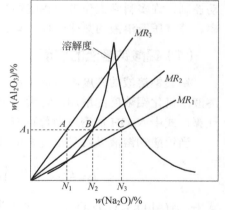

图 2-6 溶液摩尔比与其稳定性的关系

（2）铝酸钠溶液的浓度

铝酸钠溶液的浓度与其稳定性的关系比较复杂。由 $Na_2O\text{-}Al_2O_3\text{-}H_2O$ 系平衡状态等温截面图可知，对摩尔比一定、Al_2O_3 含量过饱和的溶液而言，当浓度很低时（接近原点），在连接溶液组成点与 $Al(OH)_3$ 组成点的连线上，组成点与等温线的距离很小，溶液接近平衡，因而稳定。随着浓度的增加，这一距离增大，过饱和度增大，稳定性降低。但进一步提高溶液的浓度，其组成点与等温线的距离又趋于缩短，溶液的稳定性又有了提高。综上所述，中等浓度的铝酸钠溶液稳定性最小，其诱导期最短。

（3）铝酸钠溶液的温度

当铝酸钠溶液摩尔比不变时，溶液的稳定性随温度的降低而降低。但当溶液温度低于 30℃ 后，由于溶液黏度增大，稳定性反而增高。

（4）铝酸钠溶液中的杂质

铝酸钠溶液中含有的杂质不同，对溶液的稳定性影响不同。普通的铝酸钠溶液中含有某些固体杂质，如氢氧化铁和钛酸钠等，极细的氢氧化铁粒子经胶凝作用长大，结晶成纤铁矿结构，它与一水软铝石极为相似，因而起到了氢氧化铝结晶中心的作用。而钛酸钠是表面极发达的多孔状结构，极易吸附铝酸钠，使其表面附近的溶液摩尔比降低，氢氧化铝析出并沉积于其表面，因而起到结晶种子的作用。这些杂质的存在，降低了溶液的稳定性。而净化后的铝酸钠溶液（如采用超速离心机将铝酸钠溶液作离心处理，将溶液含有的直径大于 20mm 的粒子除去），其稳定性将明显提高。然而工业铝酸钠溶液中的多数杂质，如 SiO_2、Na_2SO_4、Na_2S 及有机物等，却使工业铝酸钠溶液的稳定性有不同程度的提高。SiO_2 在溶液中能形成体积较大的铝硅酸根络合离子，而使溶液黏度增大。碳酸钠能增大 Al_2O_3 的溶解度。有机物不但能增大溶液的黏度，而且易被晶核吸附，使晶核失去作用。因此，这些杂质的存在，又使铝酸钠溶液的稳定性增大。

2.3.2 铝酸钠溶液的其他物理化学性质

多年来，为了探索铝酸钠溶液的结构和满足生产、设计的需要，便于实现生产过程的自动控制，许多科学工作者对铝酸钠溶液的物理化学性质，如铝酸钠溶液的密度、黏度、电导率、蒸气压及溶液的热化学性质等进行了研究测定。

（1）铝酸钠溶液的密度

铝酸钠溶液的密度随溶液苛性碱浓度、氧化铝浓度、温度等因素的变化而不同，通常随溶液中氧化铝浓度的增加而增大。当铝酸钠溶液以质量分数（%）表示时，密度可以按式（2-3）计算，式中 NaOH 的密度数值可查有关的手册。

当铝酸钠溶液以质量浓度表示时，则密度计算公式为：

$$\rho = \frac{\rho_N}{2} + \sqrt{\left(\frac{\rho_N}{2}\right)^2 + 0.0009v(Al_2O_3) + 0.000425v(Na_2O_C)} \qquad (2\text{-}8)$$

式中 $v(Al_2O_3)$，$v(Na_2O_C)$ ——分别为铝酸钠溶液中 Al_2O_3 和 Na_2O_C 的浓度，g/L。

由以上计算式求出的结果为 20℃下的密度，可以通过 $\rho_T = k\rho_{20℃}$ 换算为其他温度下的密度。不同温度下的系数 k 的数值可从表 2-1 中选取。

表 2-1　不同温度下的系数 k 的数值

T/℃	30	40	50	60	70	80	90	100
k	0.995	0.991	0.986	0.981	0.976	0.971	0.966	0.960

（2）铝酸钠溶液的电导率

铝酸钠溶液的电导率随溶液中 Al_2O_3 浓度的增加、摩尔比的降低而降低。图 2-7 表明了铝酸钠溶液电导率与其组成的关系，可以看出苛性碱浓度对于其电导率起着主导作用。当铝酸钠溶液的 Al_2O_3 的浓度和温度一定时，电导率与 Na_2O 浓度关系为：当苛性碱浓度较低时，电导率随着苛性碱浓度的增加而增大；而苛性碱浓度较高时，电导率随苛性碱浓度的增加而减小；在某一 Na_2O 浓度下，有一最大值。

通过试验表明，当苛性碱浓度和温度一定时，溶液中 Al_2O_3 浓度和电导率呈直线关系，电导率随着 Al_2O_3 浓度的提高而降低。

（3）铝酸钠溶液的饱和蒸气压

铝酸钠溶液的饱和蒸气压主要取决于铝酸钠溶

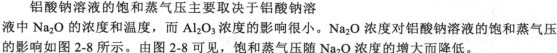

图 2-7　电导率与苛性碱浓度的关系

液中 Na_2O 的浓度和温度，而 Al_2O_3 浓度的影响很小。Na_2O 浓度对铝酸钠溶液的饱和蒸气压的影响如图 2-8 所示。由图 2-8 可见，饱和蒸气压随 Na_2O 浓度的增大而降低。

温度对饱和蒸气压的影响如图 2-9 所示。温度与饱和蒸气压呈抛物线性关系，并且在所研究的温度范围内，蒸气压随温度的升高而增大。

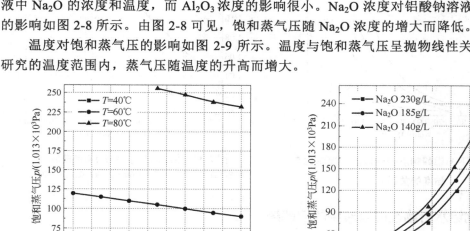

图 2-8　饱和蒸气压与苛性碱浓度的关系　　　　**图 2-9　饱和蒸气压与温度的关系**

（4）铝酸钠溶液的黏度

铝酸钠溶液的黏度比一般电解质溶液要高得多。黏度大小受苛性碱浓度、氧化铝浓度、温度等因素影响。无论溶液的组成如何，溶液的黏度随氧化铝浓度的提高而增大，随苛性碱浓度的提高而增大。随着溶液浓度的提高、摩尔比的降低，溶液黏度急剧升高，高浓度的溶液尤为显著。铝酸钠溶液的浓度和摩尔比与溶液黏度的关系变化见图 2-10。溶液中的 Na_2O_C 浓度的提高又使黏度在一定程度上增大。铝酸钠溶液的黏度的对数与热力学温度的倒数呈直线关系：

$$\lg \mu = f\left(\frac{1}{T}\right) \tag{2-9}$$

（5）铝酸钠溶液的比热容

铝酸钠溶液的比热容决定于溶液的组成，铝酸钠溶液的体积比热容 C_V 与溶液 Na_2O 浓度的关系可写成 $C_V = f(N)$ 的形式，式中 N 为铝酸钠溶液中的 Na_2O 浓度（kg/m^3）。不同摩尔比的铝酸钠溶液的 C_V 与 N 的关系曲线如图 2-11 所示。图中曲线数据取自 90℃，曲线 1 摩尔比相当于循环母液的摩尔比，曲线 2 摩尔比相当于一水硬铝石或一水软铝石型铝土矿的高压溶出过程铝酸钠溶液摩尔比的变化。从图中可以看出，铝酸钠溶液随 Na_2O 浓度增加，其体积比热容增加，说明体积相同、浓度不同的铝酸钠溶液升高或降低相同温度，高 Na_2O 浓度的铝酸钠溶液要吸收或放出更多的热量。

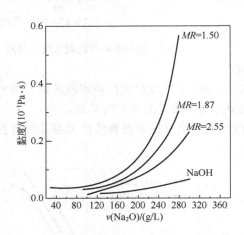

图 2-10　30℃下的铝酸钠溶液的浓度和摩尔比与黏度的关系

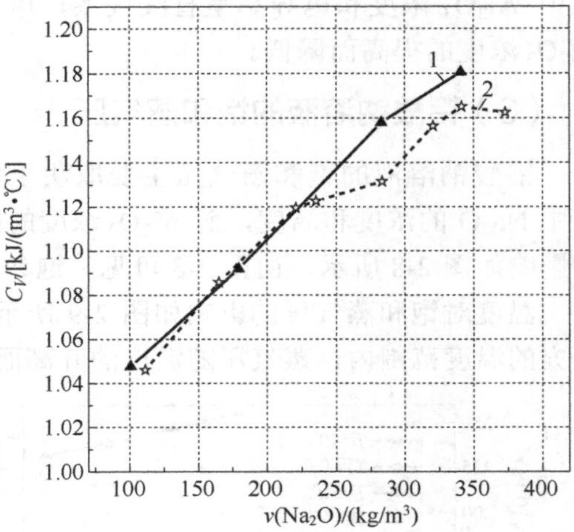

图 2-11　溶液的 $C_V = f(N)$ 关系曲线
摩尔比：1—3.48；2—1.69～2.49；温度：90℃

（6）氧化铝水合物在碱溶液中的溶解热

根据 $Na_2O\text{-}Al_2O_3\text{-}H_2O$ 系溶解度等温线数据和溶解过程的反应式，求得反应平衡常数，绘制出 $K = f(N)$ 曲线，用作图法外推至 Na_2O 浓度为零处，得到不同温度下的 K 值，溶解反应热可用以下公式计算：

$$\lg K = \frac{\Delta H}{4.575T} + C \qquad\qquad (2\text{-}10)$$

式中　ΔH——溶解热，kJ/mol；
　　　C——常数；
　　　T——温度，K。

由上述公式可计算出氧化铝水合物的平均溶解热：三水铝石 602.1kJ/kg Al_2O_3；拜耳石 429.7kJ/kg Al_2O_3；一水软铝石 390.4kJ/kg Al_2O_3；一水硬铝石 640.2kJ/kg Al_2O_3。

铝酸钠溶液的物理化学性质与一般溶液相比，具有许多特殊性，这与铝酸钠溶液在不同条件下所具有的溶液结构不同有关。

2.3.3　铝酸钠溶液的结构

铝酸钠溶液结构及其性质是碱法生产氧化铝的重要理论基础，贯穿溶出、沉降、种分和蒸发等多个单元过程，关于铝酸钠溶液结构的基础研究也一直是国内外氧化铝行业科研工作者们研究的重点和热点。

早在 20 世纪 30 年代，人们就开始对铝酸钠溶液结构问题进行研究，但铝酸钠溶液的结构和性质与许多常见电解质溶液有很大差别，如密度、黏度、电导率和饱和蒸气压等与组成的关系线都具有明显的特殊性，而且其离子种类和结构具有复杂多变性，难以得到完全一致的结论。近年来，在传统的电化学、物理化学等常规测试手段外，又采用了大量的现代化研究方法，如红外吸收光谱、紫外吸收光谱、拉曼光谱、核磁共振、X 射线和超声波谱法以及配合量子化学计算方法等，对铝酸钠溶液结构的研究取得了重大进展。

根据研究结果，溶液中的铝酸钠实际上完全离解为钠离子和铝酸阴离子，而本节所说的铝酸钠溶液的结构，指的正是铝酸阴离子的组成及结构。目前取得的研究结果主要有：

① 在中等浓度的铝酸钠溶液中，铝酸根离子以 $Al(OH)_4^-$ 形式的单核一价络离子存在，它具有配位数为 4 的典型四面体结构，其中三个 OH^- 以正常价键与中心离子 Al^{3+} 结合，第四个 OH^- 则是以配位键与 Al^{3+} 结合。

② 在较高浓度的铝酸钠溶液中或温度较高时，发生 $Al(OH)_4^-$ 脱水，形成 $[Al_2O(OH)_6]^{2-}$ 二聚离子；在 150℃ 以下，这两种形式的离子可同时存在。

③ 在稀的铝酸钠溶液中且温度较低时，以水化离子 $[Al(OH)_4^-](H_2O)_x$ 形式存在。

④ 铝酸钠溶液也是一种缔合型电解质溶液，在碱浓度较高时，溶液中将存在大量缔合离子对，且浓度越高，越有利于缔合离子对的形成。形成的缔合离子对有以下几种形式：

$$Na^+ + Al(OH)_4^- \Longleftrightarrow Na^+Al(OH)_4^- \tag{2-11}$$

$$nNa^+ + [Al(OH)_4]_n^{n-} \Longleftrightarrow Na_n^{n+}[Al(OH)_4]_n^{n-} \tag{2-12}$$

这种缔合离子对很坚固，是一种外球型络合物，只在高碱铝酸盐溶液中形成，并伴随吸热效应，因此，提高浓度有利于形成缔合离子对。

⑤ 铝酸钠溶液的分解经历脱水、缩合、释放氢氧根等一系列反应，其间存在铝酸根离子由四面体向八面体转化的过程。

 思考题

1. 什么是铝酸钠溶液的摩尔比？如何根据摩尔比判断铝酸钠溶液中氧化铝的饱和程度以及溶液的稳定性？

2. 铝酸钠溶液中的主要组分有哪些？碱分为几类？苛性碱包括哪两类碱？

3. 什么是铝酸钠溶液的硅量指数？硅量指数的高低说明了什么？

4. 纯的铝酸钠溶液包含在 $Na_2O\text{-}Al_2O_3\text{-}H_2O$ 系之中，研究 $Na_2O\text{-}Al_2O_3\text{-}H_2O$ 系平衡状态图的目的是什么？

5. 分析 30℃ 下的 $Na_2O\text{-}Al_2O_3\text{-}H_2O$ 系平衡状态等温截面图中点、线、区域的具体含义。

6. 根据不同温度下的 $Na_2O\text{-}Al_2O_3\text{-}H_2O$ 系平衡状态等温截面图，说明其如何用于指导氧化铝的实际生产。

7. 什么是铝酸钠溶液的稳定性？生产适当稳定性的铝酸钠溶液对碱法生产氧化铝有什么重要意义？

8. 影响铝酸钠溶液稳定性的主要因素有哪些？

第3章

铝土矿的拜耳法溶出与赤泥的
分离洗涤

3.1 拜耳法的原理和基本工艺流程

3.1.1 拜耳法的原理

（1）拜耳法的基本原理

拜耳法是由奥地利化学家卡尔·拜耳（Karl Josef Bayer）在 1889～1892 年发明的。拜耳法用在处理低硅铝土矿，特别是处理三水铝石型铝土矿时，流程简单、产品质量好，因而得到广泛的应用。目前全世界生产的氧化铝和氢氧化铝有 90% 以上是用拜耳法生产的。

拜耳法的基本原理有两条：

① 分解过程　用 NaOH 溶液溶出铝土矿所得到的铝酸钠溶液在添加晶种、不断搅拌的条件下，溶液中的氧化铝变成氢氧化铝析出。

② 溶出过程　分解得到的母液，经蒸发浓缩后在高温下可用来溶出新的一批铝土矿。

溶出和分解两个过程交替进行，就能够一批批地处理铝土矿，得到纯的氢氧化铝产品，构成所谓的拜耳法循环。

拜耳法的实质就是使以下反应在不同的条件下朝不同的方向交替进行：

$$Al_2O_3 \cdot (1 \text{ 或 } 3)H_2O + NaOH + aq \underset{\text{种分}}{\overset{\text{溶出}}{\rightleftharpoons}} NaAl(OH)_4 + aq \qquad (3\text{-}1)$$

首先是在高温高压溶出器中以 NaOH 溶液溶出铝土矿，将其中的氧化铝水合物溶出到溶液中，使反应向右进行得到铝酸钠溶液，杂质则进入赤泥中。向彻底分离赤泥后的铝酸钠溶液中添加晶种，在不断搅拌的条件下进行晶种分解，使反应向左进行析出氢氧化铝，氢氧化铝经煅烧后便得到产品氧化铝。分解后的母液经蒸发浓缩后再返回用以溶出下一批铝土矿。

从 Na_2O-Al_2O_3-H_2O 系中的拜耳法循环图也可清楚地看出拜耳法的实质。

（2）Na_2O-Al_2O_3-H_2O 系中的拜耳法循环图

拜耳法生产 Al_2O_3 的工艺流程是由许多工序组成的，其中铝土矿的溶出、溶出液的稀释、晶种分解和分解母液蒸发是四个主要的工序，在这四个工序中铝酸钠溶液的温度、浓度、摩尔比都不相同。将各个工序铝酸钠溶液的组成分别标记在 Na_2O-Al_2O_3-H_2O 系等温线图上并将所得到的各点依次用直线连接起来就构成了一个封闭的拜耳法循环图，如图 3-1 所示。

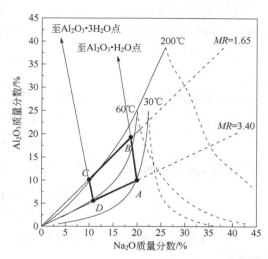

图 3-1　Na_2O-Al_2O_3-H_2O 系中的拜耳法循环图

以溶出一水硬铝石为例，拜耳法循环从铝土矿的溶出开始，溶出初温为 30℃，终温为 200℃。在此温度范围内实现溶出、稀释、分解、蒸发过程。用来溶出铝土矿的铝酸钠溶液（即循环母液）的组成相当于 A 点，它位于 200℃等温线的下方，即循环母液在该温度下是未饱和的，具有溶解氧化铝水合物的能力。随着 Al_2O_3 的溶解，溶液中 Al_2O_3 的浓度逐渐升高，当不考虑矿石中杂质造成的 Na_2O、Al_2O_3 损失时，溶液的组成应沿着 A 点与 Al_2O_3·H_2O 的组成点的连线变化，直到饱和为止，溶出液的最终成分在理论上可以达到这条线与溶解度等温线的交点。在实际生产过程中，由于溶出时间的限制，溶出过程在 B 点便结束。B 点为溶出液的组成点，其摩尔比比平衡液的摩尔比要高 0.15～0.2。AB 直线叫作溶出线。为了从溶出液中析出氢氧化铝需要使溶液处于过饱和区，为此用赤泥洗液将其稀释，溶液中 Na_2O 和 Al_2O_3 的浓度同时降低，故其成分由 B 点沿等摩尔比线变化到 C 点，BC 直线叫作稀释线（实际上由于稀释沉降过程中发生少量的水解现象，溶液的摩尔比稍有增大）。分离赤泥后，降低温度（如降低为60℃），溶液的过饱和程度进一步提高，加入氢氧化铝晶种，便发生分解反应析出氢氧化铝。在分解过程中溶液组成沿着 C 点与 Al_2O_3·$3H_2O$ 的组成点的连线变化。如果溶液在分解过程中最后冷却到 30℃，种分母液的成分在理论上可以达到连线与 30℃ 等温线的交点。在实际生产中，分解过程是在溶液中 Al_2O_3 仍然过饱和的情况下结束的。CD连线叫作分解线。如果 D 点的摩尔比与 A 点相同，那么通过蒸发，溶液组成又可以恢复到 A 点。DA 连线为蒸发线。由此可见，组成为 A 点的溶液经过一次作业循环，便可以从矿石中提取一批氧化铝。在实际生产过程中，由于存在 Al_2O_3 和 Na_2O 的化学损失和机械损失，溶出时蒸汽冷凝水使溶液稀释，添加的晶种也带入母液使溶液摩尔比有所提高，它与理想过程有所差别，因此各个线段都会偏离图中所示位置。在每一次作业循环之后，必须补充损失的碱，母液才能恢复到循环开始时的 A 点成分。

从以上分析可见，在拜耳法生产氧化铝的过程中，最重要的是在不同的工序控制一定的溶液组成和温度，使溶液具有适当的稳定性。

（3）拜耳法的循环效率和循环碱量

循环效率是指 1t Na_2O 在一次拜耳法循环中所产出的 Al_2O_3 的量（吨），用 E 表示。E的数值愈高说明碱的利用率愈大。

假定在生产过程中不发生 Al_2O_3 和 Na_2O 的损失，$1m^3$ 循环母液中的苛性碱（Na_2O）含量为 N 吨，Al_2O_3 含量为 A_m 吨，则循环母液的摩尔比为$(MR)_m$：

$$(MR)_m = 1.645 \times \frac{N}{A_m} \qquad (3-2)$$

$1m^3$ 的循环母液溶出铝土矿，经过一次拜耳循环后，溶出液的苛性碱（Na_2O）含量仍为 N 吨，Al_2O_3 含量增加到 A_a 吨，此时溶出液的摩尔比为 $(MR)_a$：

$$(MR)_a = 1.645 \times \frac{N}{A_a} \qquad (3-3)$$

$1m^3$ 的循环母液经过一次拜耳循环后产出的 Al_2O_3 量为 A 吨：

$$A = A_a - A_m = 1.645 \left[\frac{N}{(MR)_a} - \frac{N}{(MR)_m} \right] = 1.645N \left[\frac{(MR)_m - (MR)_a}{(MR)_m \times (MR)_a} \right] \qquad (3-4)$$

因为 $1m^3$ 循环母液中含有 N 吨 Na_2O，所以循环效率为：

$$E = 1.645 \left[\frac{(MR)_m - (MR)_a}{(MR)_m \times (MR)_a} \right] (t\ Al_2O_3 / t\ Na_2O) \qquad (3-5)$$

生产 1t Al_2O_3 在循环母液中所必须含有的碱量（不包括碱损失）称为循环碱量，它是 E 的倒数：

$$N = \frac{1}{E} = 0.608 \left[\frac{(MR)_m \times (MR)_a}{(MR)_m - (MR)_a} \right] (t\ Na_2O / t\ Al_2O_3) \qquad (3-6)$$

在实际生产中存在碱的损失，设其量为 $N_损 (t\ Na_2O / t\ Al_2O_3)$，由于循环母液中含有 Al_2O_3，Al_2O_3 本身要结合一部分碱，因此循环母液中的碱含量应等于 $\left[N + N_损 \dfrac{(MR)_a}{(MR)_m - (MR)_a} \right]$。

提出循环效率和循环碱量的目的，在于说明拜耳法作业的效率与母液及溶出液的摩尔比有很大关系，由此可见，循环母液摩尔比 $(MR)_m$ 愈大，溶出液摩尔比 $(MR)_a$ 愈小，循环效率愈高，而生产 1t Al_2O_3 所需的循环碱量愈小。所以，循环效率是分析拜耳法的作业效果和寻找改革途径的重要指标。

3.1.2 拜耳法的基本工艺流程

拜耳法的基本流程如图 3-2 所示。每个工厂由于条件不同，可能采用的工艺流程会稍有不同，但原则上没有本质的区别。基本流程包括原矿浆制备，高压溶出，溶出矿浆的稀释及赤泥的分离和洗涤，晶种分解，氢氧化铝的分离与洗涤，氢氧化铝煅烧，母液蒸发及一水碳酸钠苛化等过程。

铝土矿经破碎后，与石灰和种分蒸发母液（循环母液）磨制成原矿浆，然后高温下将矿石中的 Al_2O_3 溶出，得到铝酸钠溶液和不溶残渣（赤泥）组成的溶出矿浆。矿浆用赤泥洗液进行稀释，再在沉降槽中将铝酸钠溶液和赤泥分离，赤泥经洗涤后排往赤泥堆场。净化后的铝酸钠溶液加入氢氧化铝晶种进行分解，析出氢氧化铝。氢氧化铝与母液分离后，洗净煅烧即得成品氧化铝。母液和洗液经过蒸发浓缩返回溶出下一批铝土矿。在母液蒸发时有一定量的 $Na_2CO_3 \cdot H_2O$ 从母液结晶析出，将其分离出来用 $Ca(OH)_2$ 苛化成 $NaOH$ 溶液，与蒸发母液一同送往湿磨配料。

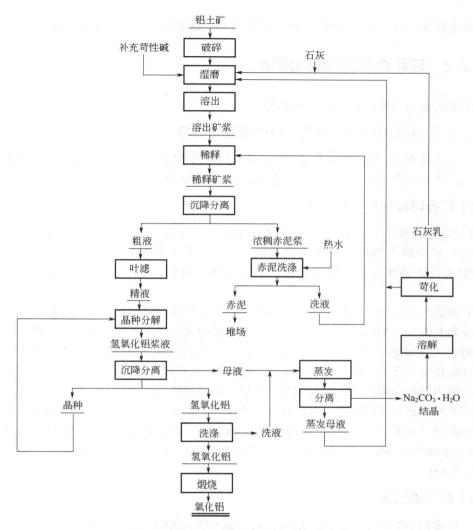

图 3-2 拜耳法生产氧化铝的基本工艺流程

3.2 原矿浆的制备

3.2.1 原矿浆制备的特点

原矿浆的制备就是把拜耳法生产氧化铝所用的原料，如铝土矿、石灰、循环母液等按一定的比例配制出化学成分、物理性能都符合溶出要求的原矿浆。原矿浆的制备是氧化铝生产的第一道工序，也是重要的工序，影响着氧化铝的溶出率、赤泥沉降性能、种分分解率以及氧化铝产量等技术经济指标。原矿浆制备的要求：①参与化学反应的物料要有一定细度；②参与化学反应的物质之间要有一定的配比；③参与化学反应的物质之间要混合均匀。因此，原矿浆的制备主要包括铝土矿石破碎、配矿、入磨配料、湿磨等过程，是以物理加工为主的工序。

3.2.2　原矿浆制备的影响因素

原矿浆制备的主要影响因素如下所述。

（1）矿石 A/S 和 Al_2O_3 质量分数的稳定和均匀

矿石 A/S 和 Al_2O_3 质量分数的稳定和均匀，是确保 Al_2O_3 溶出率和产量的重要因素。一般工厂规定，矿石均化技术指标为：A/S 波动小于 0.5，Al_2O_3 含量波动小于 1%。

（2）矿石磨细程度（细度）

溶出过程是多相反应，溶出反应及扩散过程均在相界面进行，溶出速度与相界面面积成正比，矿石磨得越细，溶出速度越快。另外，矿石磨细后，才能使原来被杂质包裹的氧化铝水合物暴露出来，增加矿粒内部的裂缝，缩短毛细管长度，也能促进溶出过程的进行。

矿石磨细程度对溶出过程影响的大小与矿石的矿物化学组成和结构密切相关，如松散、含杂质少的易溶三水铝石型铝土矿，由于本身缝隙很多，便于扩散，矿石不必磨得很细，而结构致密的一水硬铝石型铝土矿，要求磨得细些。但并不是越细越好，过磨无助于氧化铝溶出率的继续提高，反而会增大动力消耗、降低产能，还不利于溶出后赤泥的沉降分离与洗涤。此外，在溶出过程中物料还会自动细化，故矿石磨细粒度可稍粗些。

原矿浆的合适粒度可根据各粒级对溶出率影响的试验结果和工厂生产实践来确定，并且由磨机的研磨介质配比与填充率、磨矿浓度、球料比、旋流器进料压力与沉砂口尺寸等来保证。通常一水硬铝石型铝土矿溶出要求原矿浆细度：100%小于 500μm，99%小于 315μm，70%~75%小于 63μm。

（3）石灰添加量

对一水硬铝石型铝土矿来说，添加石灰不仅可使氧化铝溶出速度加快，溶出率上升，而且赤泥中的含碱量下降。因此，工业上处理一水硬铝石型铝土矿和处理一水软铝石型铝土矿时普遍添加石灰，石灰添加量一般为干矿量的 3%~8%，有的高达 8%~12%。但是，当石灰添加量超过一定量时，氧化铝的溶出率便从最高点慢慢下降。因此，对氧化铝溶出率来说，石灰添加量有一个最佳值。

还应指出，在溶出一水硬铝石型铝土矿时，要求添加活性石灰（又称快消化石灰，是一种性能活泼，反应能力很强的软烧石灰、新鲜的石灰）。其气孔率在 50%以上，密度小（1.5~1.7g/cm³），比表面积大（约为 1~1.5m²/g），晶粒小。储存时间长的、活性低的石灰，其 CaO 变成了 $Ca(OH)_2$，对一水硬铝石溶出几乎不起促进作用。

（4）配料摩尔比

配料摩尔比是指在铝土矿溶出时按配料比预期达到的溶出液摩尔比，其数值越高，即对单位质量的矿石配入的碱量也越多，矿浆固含量越少。这时，由于在溶出过程中溶液始终保持着很大的不饱和度，致使溶出速度很快。但是，这会使碱的循环效率降低，物料流量增大。

3.2.3 原矿浆的配料计算

铝土矿溶出前，为了得到预期的溶出效果，须通过配料计算确定铝土矿、石灰和循环母液的比例，以制取合格的原矿浆。

（1）配料摩尔比的选择

配料计算涉及配料摩尔比。溶出时，单位质量的铝土矿所应配入的循环母液量就是据此计算的。显然提高配料摩尔比，在溶出过程中溶液可以始终保持着大的不饱和度，使溶出速度加快，达到高的溶出率。但是它会使分解速度减慢，分解率降低，并且使循环效率降低，物料流量增大。

提高循环母液的摩尔比也可以降低循环碱量，但是其效果不如降低配料摩尔比显著。因此为了保证高的循环效率，应采取尽可能低的配料摩尔比。通常配料摩尔比要比在此条件下的平衡摩尔比高出 $0.2\sim0.3$。随着溶出温度的提高，这个差值可以适当缩小。由于铝酸钠溶液含有各种杂质，平衡摩尔比与 $Na_2O\text{-}Al_2O_3\text{-}H_2O$ 系等温线所示数值有所差别，实际的平衡摩尔比需通过实验来确定。它是按照生产中的溶出条件，应用实际的循环母液，在足够的溶出时间内溶出过量的矿石，使溶出的铝酸钠溶液与矿石中未溶出的氧化铝水合物保持平衡。溶出液的摩尔比即为所处理铝矿石在该生产条件下的平衡摩尔比。

在生产实际中，一般是通过试验和技术经济比较，确定最适宜的配料摩尔比。然后根据矿石的组成以及循环母液的成分进行原矿浆的配料计算。

（2）循环母液配入量计算

假设矿石组成为：$w(Al_2O_3)$ 为 $A_{矿}(\%)$，$w(SiO_2)$ 为 $S_{矿}(\%)$，$w(TiO_2)$ 为 $T_{矿}(\%)$，$w(CO_2)$ 为 $C_{矿}(\%)$。循环母液中 Na_2O 和 Al_2O_3 的浓度分别为 n_k 和 a kg/m^3；石灰添加量为干矿石的 $W(\%)$，石灰中 $w(CO_2)$ 为 $C_{灰}(\%)$，$w(SiO_2)$ 为 $S_{灰}(\%)$，$w(CaO)$ 为 $C_{石灰}(\%)$。由于添加了石灰，赤泥中 $w(Na_2O)$：$w(SiO_2)$ 为 b；Al_2O_3 的实际溶出率为 η_A；配料摩尔比为 MR。

当用循环母液来溶出铝土矿时，因为循环母液中含有一定量的氧化铝，这部分氧化铝已与部分苛性碱结合成铝酸钠，所以在溶出时循环母液中的这部分苛性碱不能参与溶出铝土矿中氧化铝的反应，这部分苛性碱称为惰性碱（$n_{k惰}$）。把参与溶出反应的苛性碱称为有效苛性碱（$n_{k效}$）。

由于循环母液中的氧化铝在溶出后也要达到溶出液的摩尔比，所以，每立方米循环母液的惰性碱量为：

$$n_{k惰} = \frac{a \times MR}{1.645} \tag{3-7}$$

因此有效的苛性碱为：

$$n_{k效} = n_k - n_{k惰} = n_k - \frac{a \times MR}{1.645} \tag{3-8}$$

溶出后的赤泥中，SiO_2 带走的 Na_2O 为：

$$(S_{矿} + S_{灰} \times W) \times b \tag{3-9}$$

溶出过程中由于 CO_2 造成的转化成碳酸碱的苛性碱量为：

$$1.41(C_{矿} + C_{灰} \times W) \tag{3-10}$$

其中，1.41 为 Na_2O 与 CO_2 的分子量比值。

溶出过程中，处理 1t 铝土矿中氧化铝需要的苛性碱为：

$$0.608 \times A_{矿} \times \eta_A \times MR \tag{3-11}$$

所以溶出过程中，1t 铝土矿需要的苛性碱为：

$$0.608 \times A_{矿} \times \eta_A \times MR + (S_{矿} + S_{灰} \times W) \times b + 1.41(C_{矿} + C_{灰} \times W) \tag{3-12}$$

则每吨铝土矿需要的循环母液量 $V(m^3)$ 为：

$$V = \frac{[0.608 \times A_{矿} \times \eta_A \times MR + (S_{矿} + S_{灰} \times W) \times b + 1.41(C_{矿} + C_{灰} \times W)] \times 1000}{n_k - \dfrac{a \times MR}{1.645}} \tag{3-13}$$

（3）石灰配入量计算

拜耳法配料配入的石灰量也可以用铝土矿中所含二氧化钛（TiO_2）消耗的石灰来确定，以 $n(CaO):n(TiO_2)=2$ 来计算石灰配入量，因此 1t 铝土矿需配入的石灰量为：

$$w = 2.0 \times \frac{56}{80} \times \frac{T_{矿}}{C_{石灰}} = 1.4 \times \frac{T_{矿}}{C_{石灰}}$$

式中　w——1t 铝土矿需配入的石灰量，t；

56, 80——分别为 CaO 和 TiO_2 的摩尔质量，g/mol。

（4）矿浆液固比的计算

如果矿石、石灰和母液的计算很准确，配碱操作就可根据下料来控制母液加入量。在实际生产过程中也可以利用矿浆的液固比来进行配料计算。同位素密度计自动检测原矿浆液固比，再根据原矿浆液固比的波动来调节加入母液量。

液固比（L/S）是指原矿浆中液相质量（L）与固相质量（S）的比值。

$$L/S = \frac{V\rho_l}{1+W} \tag{3-14}$$

式中　V——每吨铝土矿应配入的循环母液量，m^3/t；

ρ_l——循环母液的密度，t/m^3；

W——石灰添加量占铝土矿的质量分数，%。

原矿浆的液固比又是其密度 ρ_p 的函数

$$\rho_p = \frac{L+S}{\dfrac{L}{\rho_l} + \dfrac{S}{\rho_s}} \tag{3-15}$$

$$L/S = \frac{\rho_l(\rho_s - \rho_p)}{\rho_s(\rho_p - \rho_l)} \tag{3-16}$$

式中　ρ_p——原矿浆的密度，t/m^3；

ρ_s——固相的密度，t/m^3。

由放射性同位素密度计测定出原矿浆的密度，便可求出 L/S，进而可控制配料操作。

3.2.4　原矿浆制备的基本工艺和设备

3.2.4.1　原矿浆制备的基本工艺流程

氧化铝厂由于条件不同，采用的原矿浆制备的工艺流程不尽相同，但其在原则上没有本质的区别。图 3-3 为拜耳法生产氧化铝的原矿浆制备基本工艺流程。

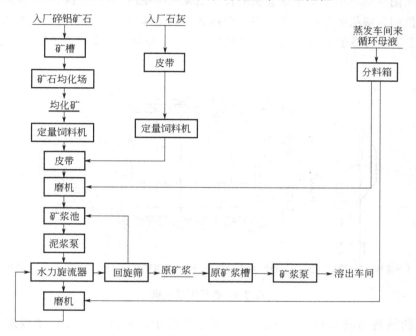

图 3-3　原矿浆制备主要工艺流程

有些氧化铝厂的原矿浆制备车间还包括石灰乳的制备，即用石灰与热水进行苛化反应 $[CaO+H_2O \!=\!\!=\! Ca(OH)_2]$ 制备合格的石灰乳，然后用泵送至赤泥沉降的叶滤工序和蒸发车间的一水碳酸钠苛化工序使用。

矿石均化的目的是保证进原料磨机的铝土矿石成分稳定，一般采用平铺垂直截取矿石法来达到。品位不均的碎矿石，从原矿堆场送到均化布料皮带上，经其上的布料小车均速来回一层一层地均匀布料，使不同品位铝土矿石分层平铺重叠起来，堆成 100 多米长、10 米高的矿堆。饲料机取料时，则采用从横向截面来回切取的取料方式，使每批取出送至原料磨机的矿石都是所有参与堆存的不同品位铝土矿的均匀混合矿，从而达到平铺截取均化作业、进一步保证矿石成分稳定的目的。

3.2.4.2　原矿浆制备的主要设备

氧化铝厂矿石原料的粉碎是为了使原料能达到要求的粒度，但又不过细以达到节约能耗的目的。所用矿石粉碎设备种类繁多，按照粉碎设备使用的粒度范围，可将其分为碎矿机和磨矿机两大类。

碎矿机又分为粗碎机、中碎机及细碎机。按照破碎方法及机械特征，碎矿机又分为颚式破碎机、锤式破碎机、圆锥破碎机、辊式破碎机和冲击式破碎机。目前氧化铝厂所需铝土矿都是要进行矿石破碎的，多用锤式破碎机，某些工厂则采用颚式破碎机及圆锥破碎机，后者常用于两段破碎。

磨矿机包括球磨机、棒磨机。铝土矿、石灰加循环母液制备原矿浆的湿磨作业，都用球磨机（介质为钢球或铸铁球）和棒磨机（介质为钢棒），并且广泛采用配有螺旋分级机或水力旋流器的短筒球磨机两段磨矿流程。一般来说，短筒球磨机产品粒度较粗，长筒球磨机产品粒度较细。在闭路循环中，如果球磨机的长度或直径不足而不能获得某一要求粒度的均匀产品时，可以控制分级机的返砂量来调整，但是其分级效率低，已被水力旋流器和旋流细筛所代替。有的工厂采用格子型球磨机磨制生料浆。格子型球磨机（简称格子磨）的结构如图3-4所示。

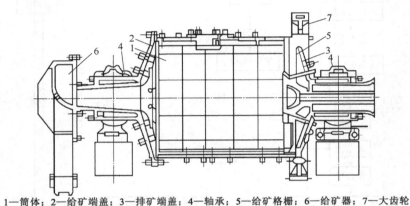

1—筒体；2—给矿端盖；3—排矿端盖；4—轴承；5—给矿格栅；6—给矿器；7—大齿轮

图 3-4　格子型球磨机

棒磨机的结构与球磨机基本相同，主要区别在于，棒磨机不用格子板进行排矿，而采用开口型、溢流型或周边型的排矿装置。棒磨机采用的介质为较筒体长度短10%～15%的圆形钢棒，为了防止钢棒在棒磨机内产生倾斜，其筒体两端的端盖衬板通常制成与棒磨机轴线垂直的平直端面，且棒磨机筒体的长径比应保持 1.5～2.0。棒磨机多采用波形或梯形等非平滑衬板，排矿端中空轴颈的直径较同规格溢流型球磨机大得多，目的是加快矿浆通过棒磨机的速度。棒磨机运转时筒体内钢棒之间是线接触，首先粉碎粒度较大的物料。当钢棒被带动上升时，粗大颗粒常被夹持在棒与棒之间，而细小颗粒易随矿浆从棒的缝隙中漏下，故棒与棒之间还有一种"筛分分级"作用，使棒磨机具有较强的"选择性磨碎"特性。

球磨机的产能是以单位时间内所能磨出的平均物料量来表示的。每一种类型球磨机的产能都应单独确定。然而，采用两段磨矿流程时，第一段磨矿可采用一种类型的球磨机，而第二段可采用另一种类型的球磨机，这时应按两种类型球磨机的平均产能来确定。

目前，工业生产的螺旋分级机有两种类型：非浸没式螺旋分级机（螺旋的下部分高于浆液的溢流面）和浸没式螺旋分级机（螺旋的下部分靠近溢流堰完全浸没于浆液之中）。这两种类型的分级机均可能是单螺旋或双螺旋。通常，浸没式螺旋分级机用于较细粒级浆液（不大于0.1mm）的分级。螺旋分级机的效率和产能取决于壳体的倾斜角度、螺旋转速、返砂的粒度组成和浆液的液固比。螺旋分级机与耙式分级机相比，其优点是结构简单，不卸砂就可停车或启动，分级区比较稳定，有助于获得均匀的溢流。螺旋分级机的结构简图如图 3-5 所示。

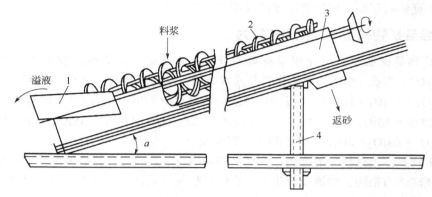

1—溢流堰；2—螺旋；3—槽形壳体；4—提升机构

图 3-5　螺旋分级机

3.3　铝土矿的溶出

铝土矿的溶出是拜耳法生产氧化铝的主要工序之一，影响着拜耳法生产氧化铝的技术经济指标。溶出的目的就是将铝土矿中的氧化铝水合物溶解成铝酸钠溶液，并使溶液充分脱硅，避免过量 SiO_2 影响产品质量，且把苛性碱的消耗减至最少。工业生产中一般采用循环母液来溶出铝土矿，且添加石灰以加快氧化铝水合物（特别是一水硬铝石）的溶出速度。溶出过程的主要技术条件和经济指标有溶出温度、溶出时间、氧化铝溶出率、碱耗、热耗等。溶出工艺及技术条件的确定取决于铝土矿的化学成分和铝土矿类型。

3.3.1　铝土矿溶出过程的化学反应

（1）氧化铝水合物在溶出过程中的行为

循环母液中主要成分有 NaOH、$NaAlO_2$、Na_2CO_3、Na_2SO_4 等。铝土矿溶出时，氧化铝水合物在 NaOH 的作用下溶解，其他成分多数也与碱溶液发生各种各样的反应。

铝土矿中氧化铝水合物存在的状态不同，要求溶出的条件也不同。三水铝石最易溶解，一水软铝石次之，一水硬铝石则难以溶解，$\alpha\text{-}Al_2O_3$ 在通常条件下不能溶解进入赤泥。三水铝石和一水软铝石（或一水硬铝石）在溶出时发生下列反应：

$$Al_2O_3 \cdot (1\ 或\ 3)H_2O + NaOH + aq \Longleftrightarrow NaAl(OH)_4 + aq$$

根据 $Na_2O\text{-}Al_2O_3\text{-}H_2O$ 系溶解度等温线便可以确定不同形态的氧化铝水合物在 NaOH 溶液中的溶解度。

氧化铝水合物天然矿物的溶解度比人工合成的略低，这是因为前者往往具有更高的结晶度。如前所述，在氧化铝水合物的晶体中还可以出现铝离子被铁、钛等离子类质同晶替代的现象。这种现象更多地发生在一水铝石矿物中，通常使它们的溶出性能变得更差。这也是各个矿区一水硬铝石型铝土矿的溶出性能很不相同的一个原因。

（2）含硅矿物在溶出过程中的行为

含硅矿物是碱法生产氧化铝最有害的杂质。铝土矿中的含硅矿物有无定形的蛋白石（$SiO_2 \cdot nH_2O$）、石英（SiO_2）等氧化硅及其水合物，以及高岭石（$Al_2O_3 \cdot 2SiO_2 \cdot 2H_2O$）、叶蜡石（$Al_2O_3 \cdot 4SiO_2 \cdot H_2O$）、绢云母（$K_2O \cdot 3Al_2O_3 \cdot 6SiO_2 \cdot 2H_2O$）、伊利石（水白云母 $K_2O \cdot 3Al_2O_3 \cdot 6SiO_2 \cdot nH_2O$）、鲕绿泥石（$2Fe_2O_3 \cdot Al_2O_3 \cdot 3SiO_2 \cdot nH_2O$）和长石（$K_2O \cdot Al_2O_3 \cdot 6SiO_2 \cdot 2H_2O$）等硅酸盐和铝硅酸盐。

含硅矿物在溶出过程中的行为：含硅矿物与碱反应，首先分解成铝酸钠和硅酸钠进入溶液，然后硅酸钠与铝酸钠溶液反应生成水合铝硅酸钠（钠硅渣）进入赤泥。以高岭石为例，这两个阶段反应如下：

$$Al_2O_3 \cdot 2SiO_2 \cdot 2H_2O + 6NaOH + aq = 2NaAl(OH)_4 + 2Na_2SiO_3 + H_2O + aq \quad （3-17）$$

$$1.7Na_2SiO_3 + 2NaAl(OH)_4 = Na_2O \cdot Al_2O_3 \cdot 1.7SiO_2 \cdot H_2O + 3.4NaOH + 1.3H_2O \quad （3-18）$$

反应生成的铝酸钠和硅酸钠都进入溶液［式（3-17）溶出反应］。当硅酸钠浓度达到最大值（2～10g/L 视碱浓度而定）之后，两者相互反应生成水合铝硅酸钠逐渐析出，这一反应使溶液的 SiO_2 含量降低［式（3-18）脱硅反应］。

图 3-6 是高岭石在 105℃、摩尔比 1.6 的铝酸钠溶液中溶解的情况，从图 3-6 中可以看出，反应初期，二氧化硅溶解速度超过铝硅酸钠的生成速度，所以溶液中二氧化硅含量增加，直至二氧化硅含量达到最大值，相当于二氧化硅在该条件下的亚稳溶解度。在此点上，二氧化硅的溶解速度与含水铝硅酸钠的生成速度相等。随着反应时间延长，含水铝硅酸钠的生成速度大于其溶解速度，溶液中的二氧化硅含量逐渐下降。

图 3-7 是拜耳法工艺流程中铝酸钠溶液中 Al_2O_3 和 SiO_2 的浓度变化趋势，可以看出 SiO_2 贯穿整个拜耳法循环，溶出过程铝酸钠溶液中 SiO_2 浓度较高，之后通过稀释、赤泥沉降分离等过程，将大部分 SiO_2 排出，使溶液中 SiO_2 浓度降低。

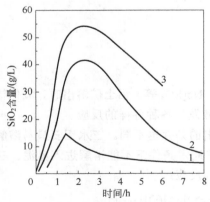
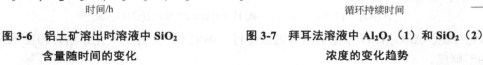

图 3-6　铝土矿溶出时溶液中 SiO_2
含量随时间的变化

图 3-7　拜耳法溶液中 Al_2O_3（1）和 SiO_2（2）
浓度的变化趋势

1—Na_2O 140g/L；2—Na_2O 200g/L；3—Na_2O 240g/L

含硅矿物与铝酸钠溶液的反应能力取决于其存在的形态、结晶度以及溶液成分和温度等因素。无定形的蛋白石化学活性最大，不但易溶于 NaOH 溶液，甚至能与 Na_2CO_3 溶液反应生成硅酸钠。石英的化学活性远低于蛋白石，温度在 150℃以上石英才开始显著溶解。高岭石在 50℃便开始与 NaOH 溶液显著作用。但是高岭石的结晶度和溶液中游离 NaOH 的含量有很大关系。结晶良好的高岭石，在沸点下，Na_2O 120g/L 左右，$MR > 2.0$ 的溶液甚至不能与它发生反应。结晶不好的鲕绿泥石在 70～100℃与 NaOH 溶液作用，而结晶良好的鲕绿泥石则要在 200～240℃以上才与 NaOH 溶液显著作用。伊利石与铝酸钠溶液的反应还受到溶液中组分含量的影响，溶液中 K_2O 含量增加使反应受到抑制，而 SO_4^{2-} 含量增加，则使反应得到促进。

总之，含硅矿物与苛性碱反应，均有硅酸钠进入溶液，然后与溶液中的铝酸钠反应，生成溶解度很小的水合铝硅酸钠沉淀，会对氧化铝生产造成以下危害：①引起 Al_2O_3 和 Na_2O 的损失；②水合铝硅酸钠进入氢氧化铝后，降低产品质量；③水合铝硅酸钠在生产设备和管道上，特别是在换热表面上析出成为结疤，使传热系数大大降低，增加能耗和清理工作量；④大量水合铝硅酸钠的生成增大了赤泥量，并且可能成为极分散的细悬浮体，极不利于赤泥的分离洗涤。

在高压溶出过程中，由于 SiO_2 进入溶液后又逐渐成为水合铝硅酸钠析出，使得热交换器、高压釜及管道结垢，传热系数严重下降。因此，当处理 SiO_2 含量较高而且以高岭石或其他易溶矿物存在的铝土矿时，在生产中常将原矿浆进行预脱硅作业。预脱硅就是在高压溶出之前，将原矿浆在 90℃以上搅拌 6～10h，使大部分 SiO_2 在高压溶出前的预热阶段成为水合铝硅酸钠结晶析出，是减少溶出器和管道结疤的有效途径。

（3）含铁矿物在溶出过程中的行为

铝土矿中含铁的矿物有氧化物、硫化物、硫酸盐、碳酸盐以及硅酸盐。最常见的是氧化物，其中包括赤铁矿 $\alpha\text{-}Fe_2O_3$、水赤铁矿 $\alpha\text{-}Fe_2O_3$（aq）、针铁矿 $\alpha\text{-}FeOOH$ 和水针铁矿 $\alpha\text{-}FeOOH$（aq）、纤铁矿 $\gamma\text{-}FeOOH$、褐铁矿 $Fe_2O_3 \cdot nH_2O$、铁胶以及磁铁矿 Fe_3O_4 和磁赤铁矿 $\gamma\text{-}Fe_2O_3$。其他含铁矿物在铝土矿中的含量一般不高，而且与铝土矿的类型有关，我国铝土矿中的铁主要以赤铁矿的形态存在，而广西平果铝土矿中的铁主要以针铁矿形态存在。

赤铁矿在拜耳法溶出过程中不与苛性碱反应，溶解度也非常小，在 300℃下仍是稳定相。直接进入赤泥，对溶出过程不产生影响，是一种有利矿物。

针铁矿在拜耳法溶出过程中会晶格脱水转变为赤铁矿。针铁矿的高度分散性会影响赤泥的沉降和过滤性能，是一种不利矿物。在 $Fe_2O_3\text{-}H_2O$ 系中，针铁矿可以脱水为赤铁矿，转变温度为 70℃。但是这时的转变速度非常缓慢，试验结果表明，针铁矿在铝酸钠溶液中也是这样，加热到 200℃仍无变化，当温度高于 200℃时，针铁矿晶格脱水分解，溶解速度急剧增大，并促使其生成颗粒较大的板状赤铁矿结晶。因此在温度高于 200℃的溶出条件下，针铁矿有可能较迅速地转变为赤铁矿。

菱铁矿与铝酸钠溶液反应：

$$FeCO_3 + 2NaOH = Fe(OH)_2 + Na_2CO_3 \qquad (3\text{-}19)$$

$$4Fe(OH)_2 = Fe_3O_4 + FeO + 3H_2O + H_2 \qquad (3\text{-}20)$$

菱铁矿与苛性碱反应，将苛性碱转变为碳酸碱，同时生成高度分散的氧化亚铁及磁铁矿，污染铝酸钠溶液，使赤泥沉降性能变差。同时，氢的生成使高压溶出器内不凝性气体增加，增加密闭容器内压力过大的风险。

（4）含钛矿物在溶出过程中的行为

铝土矿中通常含有 2%～4% 的 TiO_2，一般情况下 TiO_2 以金红石、锐钛矿和板钛矿的形态存在，有时也出现胶体二氧化钛和钛铁矿。

TiO_2 和 NaOH 溶液的反应能力随其矿物结构不同而不同，反应能力大体上按无定形→锐钛矿→板钛矿→金红石的次序降低。TiO_2 只在 Al_2O_3 含量未达到饱和的铝酸钠溶液中才能与 NaOH 相互作用产生钛酸钠。当 Al_2O_3 越接近饱和，TiO_2 转化率越低。当 Al_2O_3 含量达到饱和时，TiO_2 与 NaOH 的反应不再进行。

二氧化钛与苛性碱溶液作用生成钛酸钠，其组成随溶液浓度和温度而改变。从 Na_2O-TiO_2-H_2O 系相图（图 3-8）可以看出：温度 210℃、Na_2O 浓度 10% 溶出时，生成的化合物为 $Na_2O \cdot 3TiO_2 \cdot 2H_2O$，用热水洗涤赤泥时 $Na_2O \cdot 3TiO_2 \cdot 2H_2O$ 发生水解，残渣成分为 $Na_2O \cdot 6TiO_2$，矿石中的 TiO_2 所造成的碱损失可按此计算。

在溶出一水硬铝石型铝土矿时，TiO_2 使溶解过程显著恶化。从图 3-9 可以看出，溶出时添加 3% 的 TiO_2，Al_2O_3 的溶出率显著降低，这是由于 TiO_2 在一水硬铝石表面上生成一层很致密的钛酸钠保护膜，将一水硬铝石颗粒包裹起来，阻碍其溶出。根据起阻碍作用 TiO_2 的最低含量和一水硬铝石的表面积计算出这层保护膜的厚度大约为 1.8nm，因此很难由 X 射线和结晶光学方法发现。三水铝石易于溶解，它在钛酸钠生成之前已经溶解完毕，TiO_2 起不到阻碍作用，甚至不与溶液反应。一水软铝石受到的阻碍作用也小得多。随着温度的升高和溶出时间的延长，钛酸钠再结晶并逐渐长大，使它在铝矿物表面上的保护膜破裂，NaOH 溶液能够与铝矿物接触，TiO_2 的阻碍作用也随之减弱或消失。

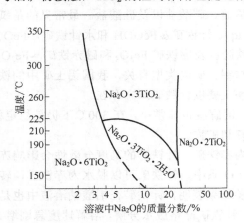

图 3-8　Na_2O-TiO_2-H_2O 系状态图

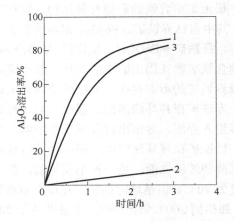

图 3-9　添加 TiO_2 和 CaO 的溶出效果

1—无添加；2—3% TiO_2；3—3% TiO_2 及等物质的量的 CaO

在拜耳法生产中，TiO_2 是很有害的杂质，它引起 Na_2O 的损失和 Al_2O_3 溶出率的降低。特别是在原矿浆预热器和高压釜的加热表面生成钛结疤，增加热能的消耗和清理工作量。

铝土矿溶出时添加石灰是减少和消除 TiO_2 危害的有效措施，也是工业生产上普遍采用的方法。CaO 与 TiO₂ 反应，最终生成结晶状的钛酸钙 CaO·TiO₂，在此之前，将生成钛水化石榴石和羟基钛酸钙 CaTi₂O₄(OH)₂ 等含钛化合物，CaO 的添加可以有效地防止在一水硬铝石表面上生成钛酸钠保护膜。

在一水硬铝石型铝土矿溶出过程中，不但添加 CaO 可以消除 TiO₂ 的不良影响，而且添加其他碱土金属化合物也可以消除 TiO₂ 的影响，但由于受来源、价格、生产成本等因素制约，其他碱土金属化合物添加剂目前还停留在试验阶段，未在工业生产上广泛使用。碱土金属化合物添加剂对一水硬铝石矿溶出率的影响如表 3-1 所示。

表 3-1 碱土金属化合物添加剂对一水硬铝石矿溶出率的影响

添加剂		氧化铝溶出率/%	生成含 TiO₂ 相
无		8	锐钛矿
含钙化合物	CaO	90	钙钛矿（主）
	CaCl₂	89	钙钛矿
	CaF₂	76	钙钛矿
	CaCO₃	81	钙钛矿
	CaSO₄	74	钙钛矿
	水化石榴石	92	钙钛矿
含镁化合物	MgO	12	锐钛矿
	MgCO₃	9	锐钛矿
含锶化合物	SrCl₂	92	SrTiO₃（大量），SrCO₃（少量）
	SrCO₃	88	SrTiO₃（大量），SrCO₃（少量）
	SrSO₄	87	SrTiO₃（大量），SrCO₃（少量）
含钡化合物	BaO	15	锐钛矿
	BaCl₂	12	锐钛矿
	BaCO₃	11	锐钛矿
	BaSO₄	14	锐钛矿

从表中数据可以看出，所有能够加速一水硬铝石溶出过程的添加剂（钙的化合物和锶的化合物），在溶出条件下都能和 TiO₂ 反应生成相应的不溶于母液的稳定的固体钛酸盐产物，降低钛酸根离子的浓度，从而消除了 TiO₂ 对溶出的阻碍作用。而不能够改善一水硬铝石溶出过程的那些添加剂在溶出条件下不能和 TiO₂ 发生反应生成稳定的固体钛酸盐产物，从而在赤泥中剩余大量的未反应的 TiO₂。添加剂和铝土矿中 TiO₂ 反应速率越快，一水硬铝石的溶出率越高。

（5）含钙、镁的矿物在溶出过程中的行为

在铝土矿中有少量的方解石 CaCO₃ 和白云石 CaCO₃·MgCO₃。碳酸盐是铝土矿中常见的有害杂质，它们在碱溶液中容易分解，使苛性钠转变为碳酸钠：

$$MeCO_3 + 2NaOH = Na_2CO_3 + Me(OH)_2 \qquad (3-21)$$

式中 Me 表示钙或镁。氢氧化钙和氢氧化镁与铝酸钠溶液反应生成水合铝酸盐析出，造成氧化铝的损失：

$$3(Ca, Mg)(OH)_2 + 2NaAl(OH)_4 \Longrightarrow 3(Ca,Mg)O \cdot Al_2O_3 \cdot 6H_2O + 2NaOH \qquad (3-22)$$

当溶液中的碳酸钠含量超过一定限度后，母液蒸发时便有一部分 $Na_2CO_3 \cdot H_2O$ 结晶析出，因此须将碳酸钠进行苛化，使之转变为 NaOH 再返回生产流程中去。

在溶出一水硬铝石型铝土矿时通常添加一定量的石灰以减小矿石中锐钛矿造成的危害，此时进入溶液中的 SiO_2 按下列反应生成溶解度更小的水合铝硅酸钙（水化石榴石）：

$$3Ca(OH)_2 + 2NaAl(OH)_4 + mNa_2SiO_3 \Longrightarrow 3CaO \cdot Al_2O_3 \cdot mSiO_2 \cdot (6-2m)H_2O + 2(1+m)NaOH + mH_2O \qquad (3-23)$$

式中 $m = 0.4 \sim 1.0$。赤泥中 Na_2O 的化学损失减少，但 Al_2O_3 的损失增加。例如，当溶出一水硬铝石型铝土矿时，添加 8%～12% 的石灰，赤泥中 $w(Na_2O) : w(SiO_2)$ 由理论值 0.608 降低到 0.28～0.32，A/S 则大于 1.7。

（6）含硫矿物在溶出过程中的行为

铝土矿中的主要含硫矿物是黄铁矿（FeS_2）及其异构体白铁矿和胶黄铁矿，也可能存在少量的硫酸盐。

在拜耳法溶出过程中，含硫矿物全部或部分地被碱液分解，并随温度升高、溶出时间延长和溶液中 NaOH 浓度增加，分解率增加，污染铝酸钠溶液。黄铁矿在 180℃ 开始被碱分解，白铁矿、胶黄铁矿反应活性比黄铁矿更强，分解温度更低。

黄铁矿在铝酸钠溶液中进行着十分复杂的氧化还原反应，黄铁矿首先与 NaOH 溶液发生反应，并随温度升高反应趋势增大，其中铁转化为 Fe_2O_3 进入赤泥，进入溶液中的硫大部分以 S^{2-} 的形式存在，硫在反应开始阶段生成 S^{2-} 及系列中间产物，随后中间产物转化为 $S_2O_3^{2-}$，并最终生成 S^{2-} 和 SO_4^{2-}。因此，在铝酸钠溶液中硫元素大部分以 S^{2-} 的形式存在，此外有少量的 $S_2O_3^{2-}$、SO_3^{2-}、S_2^{2-} 和 SO_4^{2-}，溶液中 S_2^{2-} 由于被空气氧化，最后成为 SO_4^{2-} 等形态存在于铝酸钠溶液中。主要的反应如下：

$$8FeS_2 + 30NaOH \Longrightarrow 4Fe_2O_3 + 14Na_2S + Na_2S_2O_3 + 15H_2O \qquad (3-24)$$

$$3Na_2S_2O_3 + 6NaOH \Longrightarrow 2Na_2S + 4Na_2SO_3 + 3H_2O \qquad (3-25)$$

$$Na_2S_2O_3 + 2NaOH \Longrightarrow Na_2S + Na_2SO_4 + H_2O \qquad (3-26)$$

铝土矿中的硫在拜耳法生产中不仅造成 Na_2O 的损失、降低 Al_2O_3 的溶出率，而且硫在铝酸钠溶液中积累到一定程度，$S_2O_3^{2-}$ 和 S^{2-} 造成设备的严重腐蚀。$Na_2S_2O_3$ 能够促使金属铁氧化，而 Na_2S 与氧化产物反应形成可溶的含硫配合物，使腐蚀加剧，其反应为：

$$Fe + Na_2S_2O_3 + 2NaOH \Longrightarrow Na_2S + Na_2SO_3 + Fe(OH)_2 \qquad (3-27)$$

生成的 $Fe(OH)_2$ 一部分被氧化为磁铁矿，一部分与 Na_2S 反应生成羟基硫代铁酸钠 $Na_2[FeS_2(OH)_2] \cdot 2H_2O$ 进入溶液，使溶液中的铁含量增加。

另外，铝酸钠溶液中 SO_4^{2-} 的最大不良影响，是在适宜的条件下以复盐 $Na_2CO_3 \cdot 2Na_2SO_4$ 析出，这种复盐在母液蒸发器和溶出器内结疤，降低设备传热系数。

铝酸钠溶液中硫含量增加还能使矿浆的磨制和分级受影响，赤泥沉降槽的溢流浑浊，因而拜耳法要求矿石中的硫含量低于 0.7%。

为降低拜耳法流程中硫的影响，人们积极探索脱硫方法，目前分为矿石源头脱硫与拜耳法过程脱硫两大类，其中矿石源头脱硫即预处理脱硫，在矿石进入拜耳法系统之前将硫脱除，主要为浮选法脱硫和焙烧法脱硫，适合中低品位高硫铝土矿石。拜耳法过程脱硫主要针对流程中的铝酸钠溶液脱硫。

铝酸钠溶液脱硫的方法有下面几种：

① 采用气体氧化剂（氧气、臭氧）、液体氧化剂（双氧水）或固体氧化剂（漂白粉、硝酸钠）等，使 $S_2O_3^{2-}$ 和 S^{2-} 氧化为 SO_4^{2-}，在溶液蒸发排盐时，SO_4^{2-} 以硫酸钠碳酸钠复盐（$Na_2CO_3 \cdot 2Na_2SO_4$）的形式析出，达到脱硫的目的。

② 硫酸钡沉淀法脱硫是利用钡盐［BaO、$Ba(OH)_2$ 和 $BaO \cdot Al_2O_3$ 等］使铝酸钠溶液中的 SO_4^{2-} 与 Ba^{2+} 反应生成 $BaSO_4$ 沉淀，与溶液分离，达到脱硫的目的。

③ 在高压溶出过程中，矿石中硫首先以 S^{2-} 的形式转入铝酸钠溶液，添加 Zn、Cu、Pb 等金属氧化物可与 S^{2-} 反应生成沉淀，进入赤泥将硫排除。

④ 在溶出一水硬铝石型铝土矿时，石灰是必不可少的添加剂。当铝酸钠溶液浓度较低，对其脱硅时会形成含硅的固相，SO_4^{2-} 进入硅酸盐骨架的孔穴，$Ca(OH)_2$ 再与铝硅酸盐生成一种新的含硫化合物 $3CaO \cdot Al_2O_3 \cdot CaSO_4 \cdot 12H_2O$，达到脱硫的目的。

（7）有机物在溶出过程中的行为

铝土矿尤其是三水铝石矿和一些一水软铝石矿中常常含有万分之几至千分之几的有机物，大多数红土型铝土矿中含有机碳 0.2%～0.4%，一水型铝土矿中最大含量为 0.05%～0.1%。这些有机物可以分为腐殖酸及沥青两大类。沥青实际上不溶解于碱溶液，全部随同赤泥排出。腐殖酸类的有机物是铝酸钠溶液中有机物的主要来源，它们与碱液反应生成各种腐殖酸钠进入溶液，并被逐渐分解成可溶性钠的有机化合物，在流程中循环积累。图 3-10 为铝土矿中碳的近似质量平衡，可以看出，铝土矿溶出时各种有机物的分解，使约一半的有机物进入拜耳法流程。

氧化铝生产流程中，除铝土矿自身带入的有机物外，还有人为引入的有机物，如浮选剂、去沫剂、絮凝剂等，这些有机物多多少少会进入流程中循环累积。铝土矿中有机物含量虽少，但在生产中循环积累，达到一定程度后，对生产过程产生严重影响。如影响铝酸钠溶液晶种分解过程，使 $Al(OH)_3$ 颗粒

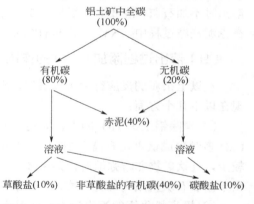

图 3-10 铝土矿中碳的近似质量平衡（150℃）

过细，杂质含量高，使溶液和 $Al(OH)_3$ 带色，降低氧化铝产品质量；由于形成钠的有机化合物而增加碱的损失；使溶液的黏度、密度、沸点提高；使溶液起泡；降低赤泥沉降性能。

铝酸钠溶液中有机物的去除方法主要有：①鼓入空气并提高温度以加强其氧化和分解；②向蒸发母液中添加石灰进行吸附；③向蒸发母液中添加草酸钠晶种，使有机物结晶析出；④将母液蒸发排出的一水碳酸钠煅烧，排出吸附的有机物；⑤向溶液中添加 CaO、MnO、$MgSO_4$、CaC_2O_4 等添加剂去除有机物。

（8）微量杂质在溶出过程中的行为

铝土矿中常常含有微量的镓、磷、铬、氟等杂质，这些微量杂质的含量通常在 0.001%～0.2%范围内。铝土矿溶出时，它们大部分（60%～90%）以各种钠盐［磷酸钠 Na_3PO_4、钒酸钠 Na_3VO_4、镓酸钠 $NaGa(OH)_4$、氟化钠 NaF］形式进入铝酸钠溶液。晶种分解时，这些杂质

导致氢氧化铝产品结晶细化，并且有一部分与氢氧化铝共同沉淀析出，降低产品质量。磷和钒特别有害，因为它们在电解时在两极上交替地发生氧化-还原作用，使电流效率下降，电解质的温度升高。钒在电解时还会进入金属铝，使铝的电导率显著降低。

铝酸钠溶液蒸发时，微量杂质大部分以钠盐形态随同碳酸钠从溶液中析出。Na_2O 浓度提高和温度降低时，这些钠盐的溶解度急剧降低。许多工厂借此清除溶液中的杂质，并从溶液中析出粗钒盐（含 V_2O_5 2%～10%），进而制取纯 V_2O_5。

在铝土矿的高压溶出过程加入石灰，将使部分磷、钒和氟成为钙盐进入赤泥，在高温段的加热设备的表面结疤中含有羟基磷酸钙 $Ca_5(PO_4)_3(OH)$ 和纤磷铝石 $CaAl_2(PO_4)(OH)_5 \cdot H_2O$。

从铝酸钠溶液中清除铬的最有效方法是用 Na_2S 作还原剂，将铬酸钠的 Cr^{6+} 还原成 $Cr(OH)_3$，成为难溶性铬化合物沉淀析出。这种铬渣适合于进一步加工成含铬产品。

镓是铝的同族元素，它和铝具有相近的化学性质和物理性质，铝的离子半径为 0.057nm，镓为 0.063nm。在自然界镓常常与铝共生。在铝土矿中通常含 0.002%～0.02%的镓，镓在铝酸钠溶液中循环积累，当其浓度达到 0.1～0.2g/L 后，首先除去溶液中的有害杂质（P_2O_5、V_2O_5、含硫化合物、有机物等），然后用电化学（电解、沉积或离子交换）方法从溶液中提取出来。镓是氧化铝生产中最有价值的一种副产品。铝酸钠溶液是生产镓的主要来源。

氟存在于磷灰石和细晶磷灰石中，溶出时与碱溶液反应生成 NaF 进入溶液，添加石灰可使大部分氟生成不溶性的 CaF_2 而进入赤泥。匈牙利的高氟铝土矿，氟含量达 0.1%～0.14%，溶出时不加石灰，溶液中含氟量达 3～4g/L，它使蒸发设备的加热管道上很快长满 NaF 结晶。在赤泥洗涤过程中，NaF 成冰晶石沉淀，造成有价值成分的损失。

（9）溶出过程添加 CaO 的作用

从以上杂质的反应行为可以看出，添加 CaO 对铝土矿溶出过程起着重要的作用，主要体现在以下几个方面：

① 消除铝土矿 TiO_2 的不良影响，避免了钛酸钠的生成。CaO 和 TiO_2 生成几种化合物，CaO 多时生成钛水化石榴石 $3CaO \cdot (Al_2O_3 \cdot TiO_2) \cdot x(TiO_2 \cdot SiO_2) \cdot (6-2x)H_2O$，当 CaO 配量较少，且钛矿物非常弥散时，则生成羟基钛酸钙 $CaTiO_2(OH)_2$，最稳定的产物是 $CaO \cdot TiO_2$。由于添加石灰生成钙钛化合物避免了钛酸钠的生成，从而消除了 TiO_2 的危害。

② 提高氧化铝的溶出速率。含硅矿物在溶出过程中与母液作用生成的含水铝硅酸钠矿物包裹在铝土矿表面，阻止溶液与 Al_2O_3 的作用，加入 CaO 后，使$[H_2SiO_4]^{2-}$进入溶液转化为水化石榴石 $3CaO \cdot Al_2O_3 \cdot xSiO_2 \cdot (6-2x)H_2O$，于是 Al_2O_3 又可以与碱液作用，有利于 Al_2O_3 的溶出。

③ 促进针铁矿转变为赤铁矿，改善赤泥沉降性能。CaO 会促使铝针铁矿向赤铁矿转变，使赤泥的粒度从 2～6μm 增大到 10～25μm，大大改进了赤泥的沉降性能，同时由同晶置换进入针铁矿晶格中的铝也可以被溶出，提高氧化铝溶出率。

④ 降低碱耗。铝土矿中 SiO_2 在溶出的过程中与铝酸钠溶液反应，生成不溶性的含水铝硅酸钠，引起碱及氧化铝的损失。加入 CaO 后，一部分 SiO_2 转变为水化石榴石，这样以水合铝硅酸钠存在的 SiO_2 减少，就使赤泥中 Na_2O/SiO_2 降低（水合铝硅酸钠 $Na_2O \cdot Al_2O_3 \cdot xSiO_2 \cdot nH_2O$；水化石榴石 $3CaO \cdot Al_2O_3 \cdot xSiO_2 \cdot 6-2xH_2O$）。

⑤ 清除杂质。添加 CaO 后，铝酸钠溶液中的钒酸根、铬酸根、氟离子及溶液中的磷转变为相应的钙盐进入赤泥，CaO 还可以吸附有机物，使溶液净化。

3.3.2　铝土矿溶出过程的计算

（1）氧化铝的溶出率

氧化铝的溶出率是衡量铝土矿溶出效果好坏的一个重要指标。铝土矿溶出过程中，由于溶出条件及矿石特性等因素的影响，矿石中的氧化铝并不能完全进入溶液。实际溶出的 Al_2O_3 量与矿石中 Al_2O_3 量之比称为 Al_2O_3 的实际溶出率（$\eta_{实}$）。

$$\eta_{实} = \frac{Q_{矿} A_{矿} - Q_{泥} A_{泥}}{Q_{矿} A_{矿}} \times 100\% \qquad (3-28)$$

式中　$\eta_{实}$——实际溶出率，%；

$Q_{矿}$，$Q_{泥}$——分别为矿石质量和赤泥质量，kg；

$A_{矿}$，$A_{泥}$——分别为矿石和赤泥中 Al_2O_3 的含量，%。

由于铝土矿中含有的主要杂质 SiO_2 在溶出过程中与 Al_2O_3、Na_2O 生成铝硅酸盐，当 Al_2O_3 全部溶出时，其中 SiO_2 已全部反应生成分子式大致相当于 $Na_2O \cdot Al_2O_3 \cdot 1.7SiO_2 \cdot nH_2O$（$n \leq 2$）的水合铝硅酸钠。由此可以计算出，矿石中 1kg SiO_2 将造成 1kg Al_2O_3 和 0.608kg Na_2O 的损失。所以铝土矿能达到的最大溶出率为：

$$\eta_{理} = \frac{A_{矿} - S_{矿}}{A_{矿}} \times 100\% = \left(1 - \frac{1}{A_{矿} / S_{矿}}\right) \times 100\% \qquad (3-29)$$

式中　$\eta_{理}$——理论溶出率，%；

$A_{矿}$——铝土矿中的 Al_2O_3 含量，%；

$S_{矿}$——铝土矿中的 SiO_2 含量，%。

这种最大溶出率又称为理论溶出率，即理论上矿石中可以溶出的 Al_2O_3 量（扣除不可避免的化学损失）与矿石中 Al_2O_3 量之比。可见矿石的 $A_{矿} / S_{矿}$ 越高，Al_2O_3 理论溶出率（$\eta_{理}$）越高，矿石的利用率越高；矿石 $A_{矿} / S_{矿}$ 降低，则理论溶出率（$\eta_{理}$）就低，赤泥的量增大，原料的利用率低。例如矿石 $A_{矿} / S_{矿} = 7$ 时，$\eta_{理} = 85.7\%$；而 $A_{矿} / S_{矿} = 5$ 时，$\eta_{理}$ 只有 80%。

式（3-29）是假设矿石中的 SiO_2 完全与 Al_2O_3、Na_2O 结合生成水合铝硅酸钠，然而实际的溶出过程中，SiO_2 有时并不能完全反应。例如在溶出三水铝石时，石英并不反应，这时就会出现实际溶出率大于式（3-29）的计算值（$\eta_{理}$）。另外，溶出反应后的 SiO_2 也会有部分保留在溶液中，并不生成铝硅酸钠，即赤泥中的 SiO_2 绝对量与矿石中的 SiO_2 的量并不完全一样，这样也会造成实际溶出率大于式（3-29）的计算值。还有，即使矿石中的 SiO_2 完全反应，溶出反应后的 SiO_2 也析出进入赤泥，但生成的含硅矿物 $A_{矿} / S_{矿}$ 并不能保证为 1，这样式（3-29）的计算结果也并非最大溶出率。由此可见，用式（3-29）来计算铝土矿中氧化铝的理论溶出率，会因溶出条件的不同产生一定的误差。

在处理难溶矿石时，其中的氧化铝常常不能充分溶出，因此，为了避免因矿石品位（$A_{矿} / S_{矿}$）不同所造成的影响，通常采用相对溶出率作为衡量不同溶出方法效果的指标。相对溶出率为实际溶出率与理论溶出率的比值。如果以赤泥和矿石中的 SiO_2 含量作为内标（在此忽略了进入溶液中的 SiO_2 量），也可以由矿石的 $A_{矿} / S_{矿}$ 和赤泥的 $A_{泥} / S_{泥}$ 来计算

Al_2O_3 的实际溶出率和相对溶出率：

$$\eta_{实} = \frac{A_矿 / S_矿 - A_泥 / S_泥}{A_矿 / S_矿} \times 100\% \tag{3-30}$$

$$\eta_{相} = \frac{\eta_实}{\eta_理} = \frac{A_矿 / S_矿 - A_泥 / S_泥}{A_矿 / S_矿 - 1} \times 100\% \tag{3-31}$$

在以上两式中，$A_矿 / S_矿$、$A_泥 / S_泥$ 分别为矿石和赤泥的铝硅比。

（2）碱耗

在铝土矿的溶出过程中，除了 SiO_2 将部分 Na_2O 带入赤泥外，杂质也会与铝酸钠溶液作用生成一些不溶物进入赤泥，这样就会造成 Na_2O 进入赤泥，从而造成 Na_2O 的损失。生产 1 吨氧化铝造成的 Na_2O 损失量称为碱耗（不包括生产过程跑冒滴漏造成的碱损失）。

$$[Na_2O]_{损失} = \frac{0.608 S_矿}{A_矿 - S_矿} \times 1000 = \frac{608}{A_矿 / S_矿 - 1} (\text{kg } Na_2O / \text{t } Al_2O_3) \tag{3-32}$$

可见矿石的 $A_矿 / S_矿$ 越高，损失 Na_2O 就越少；矿石的 $A_矿 / S_矿$ 越低，则损失 Na_2O 就越多。但是单纯从 $A_矿 / S_矿$ 上也不能完全说明 Na_2O 损失的高低，因为有的矿石中的 SiO_2 在溶出条件是非活性的，这部分 SiO_2 不参与反应，也就不能造成 Na_2O 的损失。另外由于溶出条件的不同，矿石的 $A_矿 / S_矿$ 相同时，其 Na_2O 的损失也未必一样，因为溶出条件的不同会造成赤泥中物相组成的变化。例如在添加石灰的溶出过程中，会有水化石榴石生成，这样会降低碱的损失。

造成 Na_2O 损失的另一个原因是 TiO_2，它也会在溶出过程中与 Na_2O 反应造成 Na_2O 的损失。当然其他微量组分，如氟、钒、磷和有机物在溶出过程中也会造成 Na_2O 的损失，但由于它们的含量很少，可以忽略这些成分的影响。

造成 Na_2O 损失的另一个重要原因是赤泥附带走的 Na_2O。由于在赤泥的分离洗涤过程中不可能把附带的 Na_2O 完全洗去，则必然会造成 Na_2O 的损失，洗涤效果越差，Na_2O 损失就越大。

（3）赤泥产出率

铝土矿生产氧化铝的废弃物是赤泥。每处理 1t 铝土矿所生成的赤泥量，称为铝土矿的赤泥产出率。赤泥的产出率可以利用铝土矿中的 SiO_2 含量与赤泥中 SiO_2 含量的比值来确定。

$$\eta_{泥} = \frac{S_矿}{S_泥} \times 100\% \tag{3-33}$$

式中　$S_矿, S_泥$——分别为矿石和赤泥中 SiO_2 的含量，%。

从上式可以看出，铝土矿中 SiO_2 含量越低、赤泥中 SiO_2 含量越高，则赤泥的产出率就越低。

3.3.3　铝土矿溶出过程的影响因素

铝土矿溶出过程的要求是获得尽可能高的 Al_2O_3 溶出率，Na_2O 化学损失尽可能低，溶出液具有足够的硅量指数，溶出液具有低的摩尔比，循环母液具有高的摩尔比和 Na_2O 浓度，赤泥沉降性能好。由于整个溶出过程是复杂的多相反应，所以影响溶出过程的因素比较多，可分为铝土矿本身溶出性能的影响和溶出过程作业条件的影响。

铝土矿本身的溶出性能指用碱液溶出其中 Al_2O_3 的难易程度，受铝土矿中氧化铝水合物结晶形态、矿物结构、杂质含量等影响。如三水铝石溶出性能优于一水硬铝石；结晶度相近的情况下，结构致密的铝土矿较土状或半土状铝土矿溶出性能差；铝土矿中 TiO_2、Fe_2O_3 和 SiO_2 等杂质越多、越分散，氧化铝水合物被其包裹的程度越大，与溶液的接触条件越差，溶出就越困难。

下面主要讨论溶出过程作业条件的影响。

（1）溶出温度

温度是影响溶出过程最主要的因素。不论反应过程是由化学反应控制或是由扩散控制，温度都是影响反应过程的一个重要因素。因为化学反应速率常数和扩散速率常数与温度都有着密切的关系：

$$\ln K = -\frac{E}{RT} + C \tag{3-34}$$

$$D = \frac{1}{3\pi\mu\delta} \times \frac{RT}{N} \tag{3-35}$$

式中　K ——化学反应速率常数，$mol/(L \cdot s)$；

　　　E ——化学反应的活化能，kJ/mol；

　　　C ——常数；

　　　R ——气体常数，$8.3145J/(mol \cdot K)$；

　　　T ——热力学温度，K；

　　　D ——扩散速率常数，$mol/(m^2 \cdot s)$；

　　　μ ——溶液黏度，$Pa \cdot s$；

　　　δ ——扩散层厚度，m；

　　　N ——常数。

从上面两个式子可以看出，升高温度，化学反应速率常数和扩散速率常数都会增大，这从动力学方面说明了升高温度对于增大溶出速率有利。

从 Na_2O-Al_2O_3-H_2O 系溶解度曲线可以看出，升高温度后，铝土矿在碱液中的溶解度显著增加，溶液的平衡摩尔比明显降低，使用浓度较低的母液就可以得到摩尔比低的溶液，由于溶出液与循环母液的 Na_2O 浓度差缩小，蒸发负担减轻，使碱的循环效率提高。此外，溶出温度升高还可以改善赤泥结构和沉降性能，溶出液摩尔比降低也有利于制取砂状氧化铝。

升高温度使矿石在矿物形态方面的差异所造成的影响趋于消失。例如，溶出温度 300℃以上，不论氧化铝水合物的矿物形态如何，大多数铝土矿的溶出过程都可以在几分钟内完成，并得到近于饱和的铝酸钠溶液。但是，升高溶出温度会使溶液的饱和蒸气压急剧增大，溶出设备和操作方面的困难也随之增加，这就使升高溶出温度受到限制。

（2）搅拌强度

搅拌可使矿物颗粒外层扩散厚度减小，有利于 $Al(OH)_4^-$ 与溶液中 OH^- 的扩散。强烈的搅拌使整个溶液成分更趋于均匀，强化了传质过程，在一定程度上弥补温度、碱浓度、配碱量以及矿石磨细程度带来的不足。

在管道化溶出器和蒸汽直接加热的高压釜中，矿粒和溶液间的相对运动是依靠矿浆的流动来实现的。矿浆流速越大，湍流程度越高。在蒸汽直接加热的高压釜中，矿浆流速只有 $0.015 \sim 0.02 m/s$，湍流程度较差，传质效果不太好。在管道化溶出设备内流速为 $1.5 \sim 5 m/s$，处于湍流状态，雷诺数达到 10^5 数量级，有着高度湍流的性质，成为强化溶出过程的一个重要原因。在间接加热的机械搅拌的高压釜中，矿浆除了沿流动方向运动外，在机械搅拌下强烈运动，湍流程度也较强。提高矿浆的湍流程度还可以防止加热表面结垢。改善传热过程，在间接加热的设备中是十分重要的。矿浆湍流程度高，结垢轻微，设备的传热系数可保持 $8360 kJ/(m^2 \cdot h \cdot ℃)$，比结垢时高出 10 倍以上。

（3）循环母液碱浓度

其他溶出条件相同时，循环母液苛性碱浓度越高，Al_2O_3 的不饱和程度就越大，铝土矿中 Al_2O_3 的溶出速度就越快，而且能得到摩尔比低的溶出液。高浓度溶液的饱和蒸气压低，设备所承受的压力也要低些。但是过分地提高循环母液碱浓度又会为后继过程带来困难，如增加蒸汽消耗量和种分的时间，因此必须从整个流程来权衡，选择适当的循环母液碱浓度。

图 3-11 是溶出温度为 220℃ 时碱液浓度对澳大利亚韦帕矿溶出率的影响，可以看出增大碱浓度对氧化铝的溶出率有一定影响。

在蒸汽直接加热的溶出器中，由于蒸汽冷凝水使原矿浆稀释，循环母液中 Na_2O 的浓度保持为 $270 \sim 280 g/L$。而在间接加热设备中，由于没有稀释现象，碱浓度可以降低到 $220 \sim 230 g/L$。如果采用更高的溶出温度，Na_2O 浓度还可以进一步降低。

（4）配料摩尔比

配料摩尔比越高，即对单位质量的矿石配的碱量也越多，由于在溶出过程中溶液始终保持着较大的不饱和度，所以溶出速度快。但是这样一来，循环效率必然降低，物料流量则会增大。从图 3-12 可以看出，当循环母液的摩尔比为 3.6，配料摩尔比由 1.8（基准，流量视为

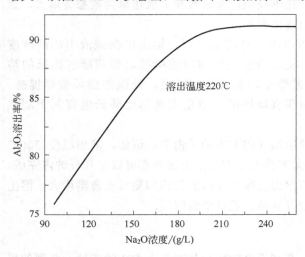

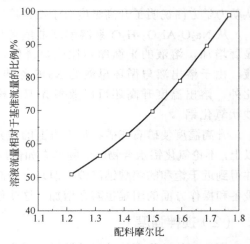

图 3-11 碱液浓度对铝土矿氧化铝溶出率的影响　　图 3-12 配料摩尔比与拜耳法溶液流量的关系

100%）降低到 1.2 时，溶液的流量减小 50%。从循环碱量公式 $N=\dfrac{1}{E}=0.608\left[\dfrac{(MR)_{\mathrm{m}}\times(MR)_{\mathrm{a}}}{(MR)_{\mathrm{m}}-(MR)_{\mathrm{a}}}\right]$ 可以看出，为了降低循环碱量，降低配料摩尔比较提高母液摩尔比的效果更大。所以，为了保证高的循环效率和高的 Al_2O_3 溶出速率及溶出率，应尽可能降低配料摩尔比。通常配料摩尔比要比相同条件下平衡溶液摩尔比高 0.2～0.3。随着溶出温度的提高，这个差别可以适当缩小。

（5）矿石磨细程度

矿石磨细程度的影响见 3.2.2 节，不同的氧化铝企业根据原料性质及生产工艺条件来综合考虑确定矿石的磨细程度。

（6）石灰添加量

石灰对难溶性铝土矿溶出过程的影响前面已经说明。在处理一水硬铝石型铝土矿的拜耳法生产中，石灰添加量一般为干矿量的 3%～8%。当石灰添加量不足时，部分 TiO_2 转变成钛酸钠使氧化铝的溶出率降低。当石灰添加量过多时，由于生成水化石榴石使氧化铝溶出率下降（表 3-2），石灰煅烧不完全还会在溶出时引起反苛化作用。

表 3-2　石灰添加量对氧化铝溶出率的影响

石灰添加量	CaO/%	1	2	3	4	5	6	7
	CaO/TiO$_2$	0.308	0.607	0.91	1.63	2.43	3.08	4.55
Al_2O_3 溶出率/%		64.2	84.2	85.4	85.5	85.4	85.5	82.1
Na_2O 损失/（kg/t Al_2O_3）		144	105	100	83	75	71	59

注：原矿 A/S 约为 10，含 $TiO_2$2.5%，Na_2O 损失是用 92%的 NaOH 补充的。

溶出三水铝石型铝土矿时，不需添加石灰，这是由于三水铝石溶出速度快，它在生成钛酸钠之前已经溶解完毕。

（7）溶出时间

铝土矿溶出过程中，Al_2O_3 的溶出率没有达到最大值时，增加溶出时间，Al_2O_3 的溶出率就会增加。铝土矿类型不同，溶出时间不同，延长溶出时间对一水硬铝石的溶出率影响较大。溶出温度不同，溶出时间不同，如 250～260℃时，溶出时间对溶出率影响较大；温度大于 260℃时，溶出时间对溶出率影响相对减弱；特别是温度大于 300℃时，不管铝土矿类型如何，大多数铝土矿溶出过程都可以在几分钟内完成，且溶液接近饱和。过长增加溶出时间造成产量减小，生产企业根据实际生产条件确定溶出时间。

（8）溶出过程的强化

除了以上影响因素外，为了提高铝土矿的溶出效率，降低生产过程的消耗，人们也积极探索强化铝土矿溶出的方式方法。强化铝土矿溶出过程的方法主要分为铝土矿的预处理和溶出过程添加添加剂两大类。

铝土矿的预处理是指铝土矿进入拜耳法生产流程前通过物理或化学方法将其进行加工处理，使其物理或化学性能得以活化，以达到强化溶出效果的目的。铝土矿的预处理有机械活化法和焙烧活化法。机械活化法就是利用压缩、剪切、摩擦、拉伸、弯曲、冲击等机械能，引起铝土矿的物理和化学变化。由于固体比表面积增加以及晶格的变形或破坏，固体自由能的储量增加，晶格的变形和破坏又引起位移和原子缺损的高度集中，从而使固体得以活化。焙烧活化法是将矿石在适当的气氛条件下（如还原气氛或氧化气氛）高温焙烧，使其发生脱水、分解、氧化、还原、晶型转变等反应，同时结构被破坏，矿石比表面积增大，新的结晶来不及形成或结晶度低，从而增强其化学活性，以强化其溶出效果。目前工业上针对高硫、高硅、高铁的中低品位铝土矿通常采用焙烧活化处理。

溶出过程强化主要针对一水硬铝石的溶出，由于一水硬铝石属于难溶的矿石，在其拜耳法溶出过程中，通过添加不同类型的添加剂以强化溶出过程。添加剂有 CaO、MgO、BaO、$BaSO_4$ 等，由于 CaO 来源广泛、成本低、强化溶出效果好，目前工业上广泛采用添加 CaO 来强化溶出过程。

3.3.4　铝土矿溶出过程的工艺及设备

拜耳法生产氧化铝已经走过了一百三十多年的历程，尽管拜耳法生产方法本身没有实质性的变化，但溶出工艺和技术却发生了巨大变化。溶出方法由单罐高压釜间断溶出作业发展为多罐高压釜串联连续溶出，进而发展为管道化溶出。溶出温度也得以提高，最初溶出三水铝石的温度是 105℃，溶出一水软铝石温度为 200℃，溶出一水硬铝石温度为 240℃，而目前的管道化溶出器，溶出温度可达 280～300℃。加热方式，由蒸汽直接加热发展为蒸汽间接加热，乃至管道化溶出高温段的熔盐加热。随着溶出技术的进步，溶出过程的技术经济指标得到显著的提高和改善。

（1）高压釜溶出

在高于循环母液沸点的温度下加热和保温料浆的密封容器，叫高压溶出器（也称为高压釜）。

单罐高压釜是早期拜耳法氧化铝厂采用的溶出设备，形式有"蒸汽套外加热机械搅拌卧式高压釜""内加热机械搅拌立式高压釜""蒸汽直接加热并搅拌矿浆的立式高压釜"。由于单罐高压釜属于间断作业，规模小，满足不了氧化铝工业快速发展的需求，很快便被多罐高压釜串联连续作业取代。其实物示例如图 3-13 所示。

多罐串联连续溶出高压釜组，是由多个高压釜、预热器、自蒸发器以及高压泥浆泵串联而成的庞大高压釜组。自蒸发器是对溶出的高温高压料浆借其显热自行沸腾蒸发降温的容器，结构如图 3-14 所示。高压釜组按蒸汽加热方式分，主要有"蒸汽直接加热的连续溶出高压釜组"和"蒸汽间接加热的连续溶出高压釜组"。

① 蒸汽直接加热的连续溶出高压釜组。设备流程示例如图 3-15 所示。

制备好的原矿浆在原矿浆槽中停留 6～10h，进行预脱硅。使其中的 SiO_2 在进入预热器之前充分转变为水合铝硅酸钠。预脱硅后的矿浆用油压泥浆泵送入双程预热器，预热到 140～160℃后，再进入溶出器。在前两个或三个溶出器中用新蒸汽直接加热至溶出温度，然后依次进入其余溶出器。溶出后的料浆从最后一个溶出器排入自蒸发器自蒸发冷却。一级自蒸发器的二次蒸汽送往预热器作为热源。二级自蒸发器的二次蒸汽送去加热赤泥洗涤水。溶出矿浆与赤泥洗液混合，进行稀释。

图 3-13 高压釜示例

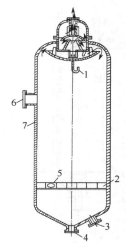

1—冷凝水管；2—衬板；3,6—人孔；4—底流口
（出料口）；5—进料口；7—槽壁

图 3-14 自蒸发器结构示意图

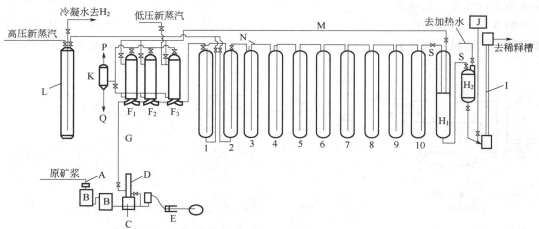

A—原矿浆分料箱；B—原矿浆槽；C—泵进口空气室；D—泵出口空气室；E—油压泥浆泵；$F_1 \sim F_3$—双程预热器；G—原矿浆管道；H_1,H_2—自蒸发器；I—溶出矿浆缓冲器；J—赤泥洗液高位槽；K—冷凝水自蒸发器；L—高压蒸汽缓冲器；M—乏气管道；N—不凝性气体排出管；P,Q—去加热赤泥洗液；S—减压阀；1,2—加热溶出器；3~10—反应溶出器

图 3-15 直接加热高压溶出设备流程图

蒸汽直接加热高压釜没有机械搅拌，结构简单，易于制造和维修；可节省进料、出料和升温的时间，操作控制简单；能显著提高设备产能和劳动生产率，减轻劳动强度，降低热耗等，其设备结构简图如图 3-16 所示。但存在的主要缺点是：原矿浆不能利用自蒸发蒸汽充分预热，预热温度低，新蒸汽消耗大。同时用新蒸汽直接加热，料浆在溶出一开始就遭到很大的稀释，Na_2O 浓度约降低 30～50g/L，因此循环母液的碱浓度必须提高到 270～280g/L 以上，增加了蒸发过程的负担和热耗。此外，这种高压釜中，自蒸发器一般只有 2～3 级，每一级自蒸发器中压降较大，料浆急剧蒸发，造成强大的冲刷力，剧烈地磨损减压装置和衬板。

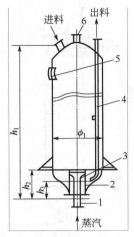

1—蒸汽管；2—套筒；3—蒸汽喷头；
4—出料管；5—人孔；6—不凝性气体排出管

图3-16　蒸汽直接加热的高压釜设备简图

② 蒸汽间接加热的连续溶出高压釜组。间接加热连续溶出设备流程示例如图3-17所示。其中的九个高压釜，前六个（$A_1 \sim A_6$）用自蒸发蒸汽将料浆加热到190~200℃，后三个（$A_7 \sim A_9$）用新蒸汽加热到溶出温度（245℃）。从最后一个溶出器流出来的已溶出完毕的料浆依次通过7个自蒸发器逐步降压冷却，然后自流进入稀释槽。各个高压釜的加热蒸汽冷凝水排入其下部的冷凝水罐，一共设有17个冷凝水罐，其中10个用来收集新蒸汽冷凝水作为锅炉用水，7个用来收集自蒸发蒸汽冷凝水，用作赤泥洗水。每个冷凝水罐既是回收高压釜的冷凝水贮槽，又是更高温度的冷凝水的自蒸发器。

间接加热高压釜组克服了用蒸汽直接加热矿浆，被蒸汽冷凝水稀释及矿浆预热温度与溶出温度相差很大等弊病。溶出浆液反而可以得到浓缩，同时由于采用多级自蒸发及预热显著地提高了热利用效率，使汽耗大大降低。间接加热可以用较低浓度的循环母液进行溶出，因此降低了蒸发母液的浓度，减少了蒸发时的汽耗。但这种溶出器要设置庞大的机械搅拌装置，设备结构复杂，成本增加，设备结构简图如图3-18所示。

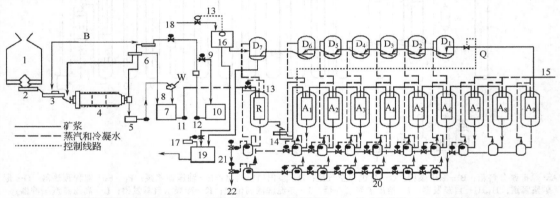

1—矿仓；2—皮带输送机；3—称量计；4—多仓球磨机；5—混合槽泵；6—板式换热器；7—原矿浆贮槽；8—振动筛；9—回流阀；10—循环母液贮槽；11—矿浆泵；12—母液泵；13—液面调节器；14—隔膜泵；15—高压新蒸汽；16—洗液贮槽；17—密度调节器；18—洗液；19—稀释槽；20—冷凝水罐；21—去洗涤；22—去锅炉房；R—预热器；$A_1 \sim A_9$—高压釜；$D_1 \sim D_7$—自蒸发器；B—配料计；Q—流量调节器；W—石子等杂物

图3-17　间接加热高压溶出设备流程图

（2）管道化溶出

提高溶出温度是强化拜耳法的主要途径。提高溶出温度不仅可以提高Al_2O_3的溶出率，而且可以大大缩短溶出时间，降低循环母液碱浓度，并得到低摩尔比的溶出液。

溶出温度由230~240℃提高到280℃，Al_2O_3溶出率提高2%~4%，溶出时间可以缩短80%。而且溶出液的摩尔比可降低为1.4~1.5，从而提高了碱的循环效率。此外循环母液碱浓度也可以降低，例如当溶出温度为235℃时，循环母液碱浓度必须在280~300g/L，而温度提高到260~280℃，碱浓度便可以降为180~200g/L，因而大大降低了母液蒸发的蒸汽消耗，甚至分解母液无须蒸发便可返回溶出设备重复利用。

提高温度还可以改善赤泥的沉降性能，提高赤泥沉降分离洗涤的效果。然而在上述高压釜组中却难以实现这样高的溶出温度。因为高压釜的厚度与其直径及工作压强成正比。提高溶出温度，设备所承受的压强急剧增大，既难制造，投资也大为增加，但是采用管道化溶出装置可以克服这种困难。管道化溶出技术适用于处理各种不同类型的铝土矿。铝土矿越是难溶，用它代替高压釜的技术经济效果越是明显。

20世纪50年代，管道化溶出技术便在国外氧化铝厂开发利用，国外具有代表性的管道化溶出技术有德国的多管单流法管道化溶出、匈牙利的多管多流法管道化溶出和法国的单管预热-高压釜溶出。管道化溶出器的示例如图3-19所示。

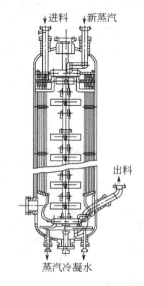

图 3-18　蒸汽间接加热机械搅拌高压釜设备简图　　　图 3-19　管道化溶出器的示例

① 德国联合铝业公司（VAW）的多管单流法管道化溶出，是采用四管溶出器，即在一支大管道内装有四支小的管道，四支小管道内均流的是矿浆，根据原矿浆不同温度下的传热情况，分别采用了溶出矿浆加热、二次蒸汽加热和熔盐加热三种形式。由于最后溶出段采用熔盐加热，最高溶出温度可达280℃。其具有代表性的RA6型管道化溶出设备流程如图3-20所示。

我国管道化溶出技术起步较晚，20世纪90年代初，中国铝业股份有限公司（简称中铝）河南分公司引进了德国RA6型管道化溶出装置，至90年代末期该管道化溶出装置成功地应用于处理我国一水硬铝石型铝土矿。

② 匈牙利的多管多流法管道化溶出，是采用三管溶出器，在一支大管道内装有三支小的管道，其中两支管道加热矿浆，一支管道加热循环碱液，定期轮换，两种浆液送入保温管道后合流。设备流程如图3-21所示。由于三支管道交替输送矿浆和碱液，用碱液清除硅渣结疤，从而保证高的传热系数和运转率。最高溶出温度为265℃。

③ 法国的单管预热-高压釜溶出，是由单管预热器和高压釜共同组成。单管预热段属于单套管形式，即一支外管道内仅套一个内管道。矿浆在单管预热器内预热到一定温度后进入间

接加热机械搅拌高压釜内进一步加热、溶出。矿浆单管预热器直径大，减少了结疤对阻力和流速的影响。另外，单管预热器结构简单，加工制造容易，维修方便，容易清洗结疤。单管预热器装置简图如图 3-22 所示。

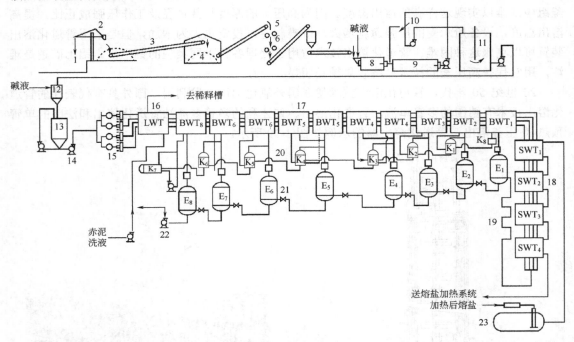

1—轮船；2—起重塔架；3—皮带输送机；4—矿仓；5——段对辊破碎机；6—二段对辊破碎机；7—电子秤；8—棒磨机；9—球磨机；10—弧形筛；11—矿浆槽；12，13—混合槽；14—泵；15—隔膜泵；16~18—管道加热器；19—保温反应器；20—冷凝水自蒸发器（K_1~K_8）；21—矿浆自蒸发器（E_1~E_8）；22—溶出料浆出料泵；23—熔盐槽；LWT—预热段；BWT_1~BWT_8—加热段；SWT_1~SWT_4—高温溶出段

图 3-20　德国 RA6 型管道化溶出设备流程

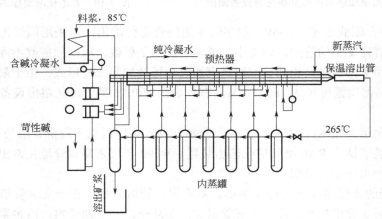

图 3-21　匈牙利管道化溶出设备流程

　　我国中铝广西分公司和中铝山西分公司在 20 世纪 90 年代引进了法国的单管预热-高压釜溶出装置，图 3-23 为山西分公司引进的法国单管预热-高压釜溶出流程。由于受我国一水硬

铝石性能的影响，该装置的主要缺点是结疤严重，而且清洗高压釜中的结疤要比清理管式反应器中的结疤困难许多。

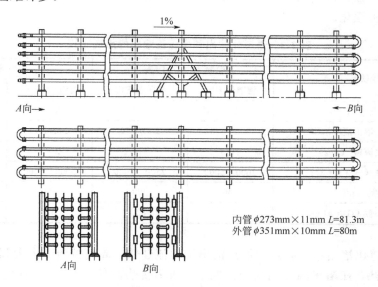

内管 $\phi273mm\times11mm$ $L=81.3m$
外管 $\phi351mm\times10mm$ $L=80m$

图 3-22　单管预热器装置

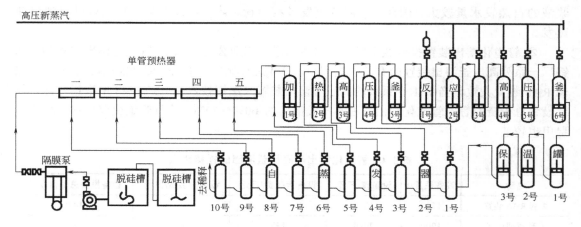

图 3-23　山西分公司引进的法国单管预热-高压釜溶出流程

（3）管道化溶出技术的优越性

管道化溶出技术相比高压釜溶出技术有着较大的优越性，主要体现在以下方面：

① 管道化溶出热耗低。表 3-3 是不同溶出方式处理希腊派拉斯铝土矿和我国山西铝土矿的有关热耗方面的数据比较，可更直观地看出管道化溶出器在降低热耗方面比高压釜有着明显的优势。

主要原因是：高压釜溶出矿浆流动的状态远不如管道化溶出那样强烈。管道化溶出矿浆呈高度湍流，Re 数达到 10^5，所以氧化铝的溶解速度加快，溶出所需容积可从高压釜溶出的 $2m^3/(d \cdot t\ Al_2O_3)$ 减少到 $0.1m^3/(d \cdot t\ Al_2O_3)$。另外，高压釜溶出为全混流反应，进入高压釜的矿浆马上与已反应的矿浆均匀混合，使周围游离碱浓度降低，MR 降低，因而不利于溶出，而且不可避免地发生矿浆短路现象。而管道化溶出器中矿浆呈活塞流，矿浆浓度仅沿流动方向变化,沿径向是均匀的,不存在返混问题。因此,对以物质浓度差为推动力的铝土矿高温强化溶出而言,活塞流的管道化溶出比全混流的高压釜串联溶出要优越得多,有利于溶出强化。

表 3-3　管道化溶出和高压釜溶出的热耗比较

比较项目	希腊派拉斯铝土矿		山西铝土矿	
	管道化溶出	高压釜溶出	管道化溶出	高压釜溶出
溶出温度/℃	280	250	270~280	260
碱液摩尔比/溶出液摩尔比	2.85/1.50	2.85/1.50	2.85/1.50	2.80/1.48
加热原矿浆流速/(m/s)	2~3		2~3	
传热系数/[kJ/($m^2 \cdot h \cdot$℃)]	3000~5000	2500~3000	3000~5000	2500~3000
碱液浓度/(g/L)	140	220	155	230
溶出及蒸发热耗/(GJ/t Al_2O_3)	3.9	8.2	4.2	8.5

同时,管道化溶出中,矿浆在加热溶出管内流速快,高度湍流,大大强化了矿浆与载热体之间的传热,在溶出温度相同的情况下,所需传热面积锐减,换热设备减少。或者在相同换热面积情况下,可使温度进一步提高,使溶出用碱浓度大幅度降低,同时使溶出后浆液的自蒸发水量较大。因此,可降低蒸发过程负荷,降低蒸发热耗,甚至可以取消母液蒸发。

② 管道化溶出装置投资成本低。现将德国联合铝业公司的 RA6 管道化溶出装置和山西铝厂一系列高压釜溶出装置的有关数据列于表 3-4 进行比较。在氧化铝产能相同的条件下,2 套 RA6 装置大致相当于 1 个系列的高压釜溶出装置(法铝技术)。由表 3-4 中数据可知,仅就设备总投资而言,管道化溶出只占高压釜溶出的 60%~70%,而且管道化溶出的土建投资费用也较低。

表 3-4　管道化溶出和高压釜溶出的投资比较

名称	设备质量/t	设备费/万元	设备运杂费/万元	设备安装费/万元	设备投资总价值/万元
2 套 RA6 装置	1700	1360	110	—	1470
1 系列高压釜	1900	2090	167	45	2302

注:1. 表中 RA6 管道化装置的设备费用中除材料费和制造费外,已包括了安装费。
2. 由于资料不足,表中有些数据不是十分准确。

③ 管道化溶出系统结构简单,操作容易,维修费用低。管道化溶出系统没有搅拌等传动装置,结构简单,附件少,易操作和维修;而高压釜溶出系统内设备间管道连接很复杂,密封、转动部分多,单个高压釜的切换、旁通频繁而复杂,对高压溶出系统的技术操作和维护的要求很严格。同时管道化系统开停车时间短,临时停车后起动所需的时间,管道化溶出是 10~20min,高压釜溶出是 1~2h。

④ 管道化溶出装置清理方法比较简单。管道化溶出装置的清理采用化学清理与机械清理相结合的方法,因此比较简单。对硅渣和镁渣结疤,用 10%HCl 清洗;对钛渣结疤,可用盐酸(10%)-草酸(10%)-氢氟酸(3%)的混合酸有效地清洗。所谓机械清理,是对管式

反应器中的结疤，采用 70MPa 的高压水清洗；对于含镁高的结疤，只要 20~40MPa 的高压水就能有效地清洗。高压釜的清理是化学清理、机械清理和人工清理相结合。因高压釜的传热管有无法用机械清理的死角，只能用人工，所以工时消耗比管道化溶出装置多一倍。

⑤ 管道化溶出可以采用熔盐加热。熔盐加热炉的热效率为90%，比蒸汽锅炉的热效率（85%）高。熔盐加热简单可靠，而且熔盐加热炉靠近溶出装置，输送载热体的路程较短，热损失小；而高压蒸汽锅炉一般距溶出装置较远，输送载热体的热损失大，还存在冷凝水的回流问题。

总之，管道化溶出的优点不仅是节能（所需能耗至少比高压釜溶出降低 25%）、比传统高压釜溶出所需投资减少 20%~40%和操作简单灵活、检修工作量少，而且给进一步提高溶出温度以强化溶出过程提供了可能，还有可能实现无蒸发工序的工艺技术。

（4）我国拜耳法溶出技术的进步

我国氧化铝生产技术从 1954 年起步，主要为处理一水硬铝石型铝土矿为主的联合法和烧结法等传统工艺。20 世纪 90 年代后，我国拜耳法溶出技术开始快速发展，主要分为两类，一类以高压釜溶出技术为主，生产设备为套管预热器+预热高压釜+加热高压釜+保温高压釜+自蒸发器。另一类以管道化溶出技术为主，除引进国外先进的管道化溶出技术外，我国也积极开发针对一水硬铝石型铝土矿的管道化溶出技术，目前在生产上成功应用的有管道化加停留罐溶出技术、全管道化溶出技术和双流法溶出技术，都采用高压蒸汽间接加热技术。

近年来，我国在处理一水硬铝石型铝土矿技术方面取得了巨大的进步，主要有以下几种。

① 管道化加停留罐溶出技术　国外管道化溶出处理三水铝石及一水软铝石型铝土矿，达到溶出温度后或保温溶出极短时间，或不需保温溶出就可以获得较好的溶出效果，而我国的一水硬铝石型铝土矿，不仅要求较高的溶出温度，而且还要求较长的溶出时间。因此，我国在 1983 年开发出了管道预热加保温停留罐溶出装置，其设备流程如图 3-24 所示。原矿浆经预脱硅后，用橡胶隔膜泵送入 9 级单管预热器。前 8 级用 8 级矿浆自蒸发器产生的二次蒸

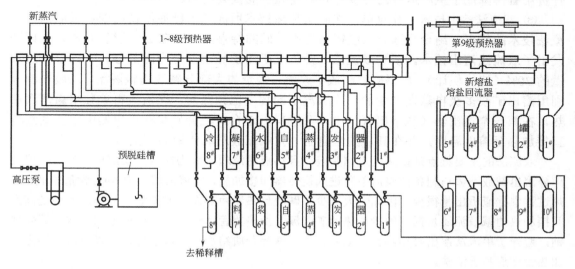

图 3-24　管道化加停留罐溶出设备流程

汽将矿浆预热到 200～210℃，第 9 级熔盐加热至反应温度，最高达 300℃。达到溶出温度的矿浆，进入无搅拌的停留罐中充分反应后，进入 8 级矿浆自蒸发器。

　　该技术的主要特点是：使矿浆在单管预热器中快速加热到溶出温度，再在停留罐中充分溶出。它利用了管式反应器容易实现高温溶出及高压釜能保证较长溶出时间的特点，又克服了纯管道化溶出时管道过长、泵头压力升高、电耗大且结疤清洗困难的缺点，以及纯高压釜溶出时溶出温度不能超过 260℃、机械搅拌密封和结疤清洗困难的缺点，适合于处理需要较长溶出时间的一水硬铝石型铝土矿。停留罐中无搅拌和加热装置，结构简单，加工制造容易，维修方便，容易清洗结疤。

　　随着我国氧化铝工业产能的扩大，拜耳法溶出装置也向大型化发展。东北大学设计研究院（NEUI）于 2007 年率先开发的当时国内单组产能最大的 500kt/a 氧化铝大型管道化加停留罐溶出技术及装备，成功解决了氧化铝大型化的核心技术难题。这是当时我国拜耳法处理一水硬铝石型铝土矿第一条单组 500kt/a 氧化铝大型管道化加停留罐溶出机组，取得了溶出高压汽耗 1.5t/t Al_2O_3 的领先技术经济指标。此后，我国对氧化铝大型化技术进行了持续优化开发，相继开发出 600～1000kt/a 管道化加停留罐溶出技术。同传统溶出技术相比，该技术节能效果达 1.71GJ/t Al_2O_3，节约占地 30%，减少劳动定员 36%，降低投资35%。大型管道化加停留罐溶出技术主要的生产设备为套管预热器+套管加热器+保温停留罐+自蒸发器。

　　② 全管道化溶出技术　随着大型管道化加停留罐溶出技术的持续开发，我国相继开发出 600～1000kt/a 全管道化溶出技术及装备，大型全管道化溶出技术装备实现了单线年产 100 万吨氧化铝（管道化溶出一水硬铝石低品位矿石成套技术装备），取得了溶出高压汽耗 1.40t/t Al_2O_3 的领先技术经济指标。其主要生产装备为套管预热器+套管加热器+大型管道保温器+自蒸发器。大型全管道化溶出技术装备的主要技术特点是采用大型管道保温器代替了大型管道化加停留罐溶出技术的停留罐，管道化溶出技术处理一水硬铝石型铝土矿，高温高碱高压工况下管式反应器更加安全可靠，制造周期短，投资费用低，运行费用省，降低了生产运营的难度，有效提高了能量利用率。

　　③ 双流法溶出技术　针对单流法间接加热技术所面临的结疤严重问题，吸取国外双流法技术的优点，结合我国一水硬铝石型铝土矿的特点，我国在 20 世纪 90 年代末期开发出了双流法溶出技术。所谓双流法，是将配矿用的碱溶液分为两部分。一部分为总液量的 20%（按体积计），与铝矿磨制成矿浆流，剩余的大部分碱液为碱液流。两股料流分别用溶出矿浆多级自蒸发产生的二次蒸汽不同程度地预热后，碱液流再单独用新蒸汽加热，在第一个溶出器（或溶出管）中，两股料流汇合。汇合矿浆在溶出器中用新蒸汽再直接加热至溶出温度，并在其后的溶出器中完成碱液对氧化铝的溶出过程。

　　双流法的主要特点是换热面上结疤轻，且结疤易清理。因为在双流法溶出工艺中，绝大部分溶出碱液不参与制备矿浆而单独进入换热器间接加热，因溶出碱液中 SiO_2 含量很低，加热过程中硅渣析出量很少，因此大大减少了碱液预热器换热面上的结疤。另外，不论是高温间接加热的碱液流还是低温间接加热的矿浆流，换热器管壁结疤的主要成分都是水合铝硅酸钠，避开了单流法溶出时加热管壁上钙、钛、铁等杂质结疤的生成条件，所以双流法溶出的加热管结疤易于清洗。

　　自 2010 年以来，我国氧化铝拜耳法生产技术装备的发展经历了从单线小规模、高能耗、低效率向单线大规模、低能耗、高效率发展的过程，对于氧化铝企业来说，大型化是降低成本、节能减排最有效的途径之一。大型管道化加停留罐溶出技术装备和大型全管道化溶出技术装备符合大型化趋势的要求，该技术装备发展迅速，特别是随着1000kt/a大型管道化溶出拜耳法技术于2016年投产，氧化铝大型化技术的产能占比得到进一步提升，2019年已占中国氧化铝总产能的33%。该技术使低品位的一水硬铝石型铝土矿实现了经济生产，生产装置的大型化促进了投资成本和运行成本的大幅降低。同时按照国家一带一路倡议、两化融合战略，实现溶出技术装备进一步智能化创新，将先进技术装备输向国外，有助于实现我国从"铝工业大国"走向"铝工业强国"绿色发展的跨越。

3.3.5 铝土矿溶出过程中结疤的生成与防治

在铝土矿的预热和溶出过程中，一些矿物与循环母液发生化学反应，生成的溶解度很小的化合物从液相中结晶析出并沉积在容器表面上，形成结疤。在氧化铝生产过程中，溶液中含有许多过饱和溶解的物质，它们的结晶过程相当缓慢，以致各工序的结疤现象普遍存在。

（1）结疤的分类

拜耳法过程结疤的矿物组成与铝土矿的组成、添加剂及各工序的工艺条件都有很大关系。较为常见的结疤成分有硅矿物、钛矿物、铝矿物、铁矿物及磷酸盐等。根据结疤的来源及其物理化学性质，可将结疤的矿物成分分为四大类。

① 因溶液分解而产生，以$Al(OH)_3$为主。主要在赤泥分离沉降槽、赤泥洗涤沉降槽、分解槽等设备的器壁上生成。视条件不同，可以是三水铝石、拜耳石、诺耳石、一水软铝石及胶体。

② 由溶液脱硅以及铝土矿与溶液间反应而产生，如钠硅渣、水化石榴石等。此类结疤主要是在矿浆预热、溶出过程及母液蒸发过程中出现，其结晶形态与温度、溶液组成、时间等多种因素有关。

③ 因铝土矿中含钛矿物在拜耳法高温溶出过程中与添加剂及溶液反应而生成，主要成分为钛酸钙$CaO \cdot TiO_2$和羟基钛酸钙$CaTi_2O_4(OH)_2$。这类结疤主要在高温区生成。

④ 除上述三种以外的结疤成分，如一水硬铝石、铁矿物（铝针铁矿、赤铁矿、磁铁矿等）、磷酸盐、含镁矿物、氟化物及草酸盐等。这类结疤相对较少。

（2）结疤的生成和危害

关于拜耳法生产过程中结疤生成的机理，有关文献认为，氧化铝生产中热交换器加热表面生成的结疤是链式化学反应的产物，在链式反应过程中出现的化合价不饱和的原子和原子团通过热扩散转移到加热表面，再化合成新分子，生成固体结疤结构。有关文献从理论上证明了在未润湿或润湿不良的器壁上结疤的可能性小一些，在润湿良好的器壁上结疤的可能性要大一些。

一般认为，热交换表面上结疤的生成，在很大程度上取决于铝土矿浆中随温度的升高而进行的化学反应。矿浆液相的化学组成决定了结疤的矿物组成，矿浆流速、矿浆的矿物与化学组成、液固比、预处理情况、热交换面两侧的温差、添加剂的加入等，都可以影响器壁处结疤的生成速度。并且矿石成分不同，溶出条件不同，结疤析出的规律及物相组成都有很大差别。

矿浆在溶出过程，低温段（100～180℃）结疤轻微，高温段（180～280℃）结疤严重。这是由于矿浆加热管道两侧介质温差增大促进结疤的生长，有关化合物析出到加热表面的速度大于析出到赤泥表面的速度所致。并且随着矿浆温度升高，结疤结晶逐渐致密和牢固。不同温度段，石灰添加量对结疤的生成影响不同。165～210℃，结疤生成速度随石灰添加量增加而减小；245～280℃增加石灰量使钛结疤的生成速度加快。

结疤的主要危害是使热交换设备的传热系数下降，能耗升高，造成生产成本增加。结疤的导热性能差，当加热面的结疤厚达 1mm 时，为达到相同的加热效果，必须增加一倍的传热面积，或者相应地提高热介质温度。图 3-25 表明了传热系数 K 与结疤厚度 δ 及其热导率 λ 的关系。管路表面结疤的沉积使传热系数下降。下面的例子给出了 1mm 的硅结疤对传热系数 K 的影响。

$$K = \cfrac{1}{\cfrac{1}{K_{洁净}} + \cfrac{\delta}{\lambda}} = \cfrac{1}{\cfrac{1}{1700} + \cfrac{0.001}{0.52}} = 398\,\text{W/(m}^2 \cdot \text{℃)} \qquad (3\text{-}36)$$

式中　λ ——结疤的热导率，设为 0.52W/（m·℃）；

　　　δ ——结疤的厚度，设为 1mm；

　$K_{洁净}$ ——洁净的热交换器的传热系数，设为 1700W/（m²·℃）。

这表明 1mm 厚度的结疤将使传热系数下降77%。

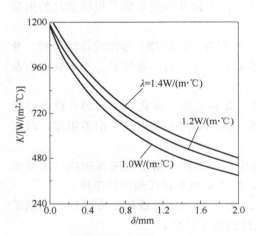

**图 3-25　加热表面传热系数 K 与结疤
厚度 δ 及其热导率 λ 的关系**

（3）结疤的防治

对结疤问题首先要预防，就是使矿浆中导致结疤的矿物预先转化成不致结疤的化合物，预脱硅就是有效的方法。预脱硅就是在高压溶出前，将原矿浆在 90℃ 以上搅拌 6～10h，使硅矿物尽可能转变为钠硅渣。在预脱硅过程中并不是所有的硅矿物都能参与反应，只有高岭石和多水高岭石这些活性高的硅矿物才能反应生成钠硅渣，保持较长的时间，可以使生成钠硅渣的反应进行得更充分。矿浆中生成的钠硅渣又是其他含硅矿物在更高温度下反应生成钠硅渣的晶种。钠硅渣在这些晶种上析出，就减轻了它们在加热表面上析出结疤的现象。预脱硅效果的好坏，不仅取决于硅矿物存在的形态和结晶的完整程度，而且与脱硅的温度、时间、溶液的浓度、是否加晶种和石灰添加量等因素有密切关系。

当处理活性 SiO_2 含量很低的铝土矿时，由于减少了以晶种形式生成的脱硅产物，从而使溶出后溶出液中残留的 SiO_2 浓度高（0.45～0.55g/L），溶液的硅量指数反而较低。SiO_2 过饱和度大就会明显提高加热器和设备的结疤速度。由于含活性 SiO_2 低的铝土矿溶出过程中脱硅效果较差，因此必须进行预脱硅。

铝土矿中硅矿物不同，其预脱硅性能也有很大差别，我国铝土矿中各种硅矿物与国外铝土矿的硅矿物在性质上有很大差别。国外铝土矿一般在 95℃、8h 条件下，预脱硅率达 75%～80%。而我国铝土矿要达到同样脱硅率需要在 200℃ 左右，而且必须添加 CaO。

预脱硅时，矿浆中铝土矿含量越高产生的脱硅产物晶种就越多，较多的晶种，会使脱硅过程加快。温度对预脱硅的影响主要在初期，脱硅初期温度越高，脱硅速度越快。随着预脱硅时间的延长，脱硅温度的影响减小。

矿浆溶出过程中，中间分段保温法是降低任意一种类型铝土矿浆结疤生成速度的一种有效方法。针对我国一水硬铝石矿，停留罐技术就是减少结疤的有效方法。一水硬铝石溶出时，从结疤生成的规律来看，在 100~180℃ 范围内结疤较少，180℃ 后结疤增加，在 260~280℃ 结疤严重，在此处可设置停留罐，让硅渣和钛渣集中在这些没有加热设施的容器析出，就可以减少它们在加热表面上析出所造成的危害。

（4）结疤的清理

清除结疤的方法有机械清理、火焰清理、高压水清洗和酸洗等方法。

对不同的结疤应有不同的清洗方法。一般的结疤可用 5%~15% 的 H_2SO_4 或 10%HCl 清洗，在处理含钛酸钙的结疤时，酸中应添加 1.5%~2.5%HF。为避免 HF 的毒性，可以用 NaF 来代替，此时应延长清洗时间。为防止设备被酸腐蚀，酸洗温度不宜过高，不超过 70~75℃，并加入苦丁作缓蚀剂，它的用量为酸液量的 0.8%~1.0%。利用酸泵使酸在要清洗的设备和酸槽循环流动，经过 90~300min 便可使结疤溶解脱落，然后再用清水冲洗。原矿浆由 100℃ 升温到 180℃ 时，在预热器内生成的结疤用草酸加磷酸的混合酸清洗效果最好。由 180℃ 加热到 280℃ 范围内的结疤用盐酸、草酸和氢氟酸的混合酸清洗效果最好。

对于致密的含钛酸钙的高温结疤，须先经酸洗再用高压水冲洗才能奏效。如我国广西平果矿、河南矿和山西矿在高温溶出时的结疤主要是钠硅渣、镁渣和钛渣，采用酸洗和高压水清洗结合的方法很容易将结疤清除。水力清洗采用 CM-3 型水力清洗泵，功率 40kW，排量 1.5m³/h，出口最大压力为 70MPa；酸洗采用 $H_2SO_4$10%~15%，加缓蚀剂 4%~8%，催化剂 2%~6%，清洗温度 20~40℃。在酸泵与被清洗管道间实行闭路循环，酸洗后用高压水清洗泵一遍，两种方法均有效。酸洗没有腐蚀现象。

机械清理用硬质合金钻头进行，钻头中间可以通水同时冲洗；火焰清理是骤然加热管道，使结疤中的水合物急剧脱水爆裂脱落，从而达到清理目的。

3.4 赤泥的分离与洗涤

所谓赤泥就是铝土矿溶出后的泥渣，由于其中常常含有大量的氧化铁，呈红色，习惯上称为赤泥。铝土矿溶出后得到的是铝酸钠溶液和赤泥的混合浆液，为了获得纯净的铝酸钠溶液，必须从溶液中分离出赤泥。分离后的赤泥附带有一部分铝酸钠溶液，为了减少 Al_2O_3 和 Na_2O 的损失，需要对赤泥进行洗涤。该工序生产效能的大小和正常运行对产品质量、生产成本以及经济效益有着至关重要的影响。

3.4.1 赤泥分离洗涤的步骤

目前拜耳法生产过程中赤泥多采用沉降槽和过滤机分离，分离洗涤一般有以下步骤。

（1）赤泥浆液稀释

铝土矿溶出后获得的赤泥浆液浓度和黏度都较大，需要将其稀释，以利于后续操作。通常赤泥浆液稀释后，三水铝石型铝土矿溶液 Al_2O_3 浓度为 100～110g/L，一水铝石型铝土矿溶液 Al_2O_3 浓度为 120～160g/L。

（2）沉降分离

稀释后的赤泥浆液送入沉降槽进行沉降分离，沉降槽进料液固比控制在 8～12，底流液固比控制在 3.0～4.5，以减少后续洗涤赤泥附液损失。沉降槽溢流（粗液）中的浮游物含量应小于 0.2g/L，以减轻下一步叶滤机的负担。

（3）赤泥反向洗涤

将分离沉降槽底流进行多次反向洗涤，将赤泥附液损失控制在工业要求范围内。沉降槽底流一般经过 5～7 次反向洗涤，洗至赤泥中 Na_2O 的附液损失为 0.3%～0.8%。末次洗涤后的赤泥再经过一次过滤，使赤泥含水量降低到 45% 以下。

（4）粗液控制过滤

从分离沉降槽溢流来的粗液中含有较多的赤泥颗粒（浮游物），不能满足铝酸钠溶液分解的要求，必须利用叶滤机进行精制，把粗液中的赤泥颗粒除去，得到浮游物小于 0.015g/L 的合格精液。

赤泥连续反向洗涤原则流程如图 3-26 所示。

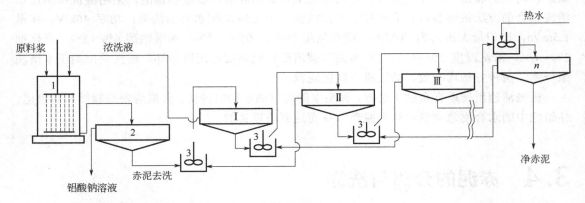

1—溶出液稀释搅拌槽；2—铝酸钠溶液与赤泥分离沉降槽；3—混合槽；Ⅰ，Ⅱ，Ⅲ，…n—洗涤沉降槽

图 3-26　赤泥连续反向洗涤原则流程

3.4.2　赤泥浆液稀释的作用

从自蒸发器出来的浆液，其 Na_2O 浓度常在 200～260g/L 之间，用赤泥洗液将其稀释的作用包括以下几点。

（1）降低铝酸钠溶出液的浓度，便于晶种分解

高压溶出得到的溶出液，浓度高，稳定性大，不能直接进行晶种分解，必须稀释。另一

方面，赤泥洗液所含的 Al_2O_3 几乎占所处理铝土矿中 Al_2O_3 的 30%，并且含有一定数量的碱，都必须回收。但赤泥洗液中的 Al_2O_3 浓度太低（一般为 30～60g/L），单独进行分解是不合适的，用来稀释溶出液就使这两方面的问题都得到了解决。

（2）铝酸钠溶液进一步脱硅

这是为了保证产品质量和减轻母液蒸发加热管道结疤。在溶出过程中虽然也发生脱硅反应，但由于溶液浓度高，水合铝硅酸钠的溶解度大，溶出液的硅量指数一般只有 100 左右，而晶种分解要求精液的硅量指数在 200 以上。从图 3-27 可以看出，SiO_2 在铝酸钠溶液中的溶解度随 Al_2O_3 浓度的降低而显著降低，加上浆液温度高，有大量的赤泥可作为晶种，是非常有利于进行脱硅反应的。因此在稀释过程中脱硅，可使溶液的硅量指数提高到 300 以上。

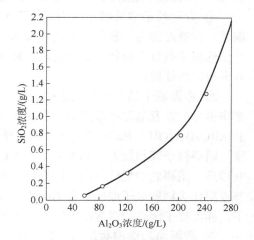

图 3-27 铝酸钠溶液中二氧化硅
平衡浓度曲线（98℃）

（3）便于赤泥分离

铝酸钠溶液浓度与黏度的关系见图 2-10。高浓度的溶液黏度很大，赤泥分离非常困难，实际上难以进行。稀释后溶液浓度降低，密度减小，赤泥浆液的液固比也增大。溶液中 Na_2O 浓度从 260g/L 稀释到 130～140g/L，溶液黏度下降了 60%～80%，而且赤泥溶剂化的程度降低，利于粒子的聚结。这样就提高了赤泥沉降速率和压缩程度，从而提高了分离洗涤效率。

（4）有利于稳定沉降槽的操作

生产中高压溶出后的浆液成分是有所波动的，通过稀释槽混合和停留后，稀释浆液成分的波动幅度减小，溶液的密度较稳定，有利于沉降分离的操作。

3.4.3 赤泥浆液的特性

拜耳法高压溶出后的浆液是一个复杂的体系。液相为铝酸钠溶液，是强碱性的电解质，其中主要含有铝酸钠、氢氧化钠、碳酸钠，此外还含有少量的硅酸钠、硫酸钠、草酸钠等。固相为赤泥。赤泥中主要成分为铝硅酸盐、铁的化合物、钛酸盐等。赤泥的矿物组成和粒度组成，主要取决于铝土矿的组成、结构和溶出条件。

工业生产中拜耳法赤泥通常是采用沉降分离和沉降洗涤的。赤泥的沉降性能，对沉降槽的产能以及洗涤效率都有很大的影响。

赤泥沉降速率是衡量赤泥浆液沉降性能好坏的标准。由于赤泥粒子之间以及赤泥与溶液之间发生许多物理化学作用，因而赤泥浆液的沉降速率很难根据理论公式推导。在氧化铝生产中，通常是将一定体积的赤泥浆液装入量筒，搅拌均匀后澄清一定时间（如 10min），将出现的清液层高度作为比较沉降性能的依据。

衡量赤泥浆液压缩性能的标准是压缩液固比和压缩速度。赤泥浆液在接近生产的实际条件下静置沉降，经过长时间得到的最终稳定泥层的液固比称为压缩液固比。沉降槽底流液固比通常比这一数值高出 0.5。压缩速度通常以达到压缩液固比时泥层的高度与所需时间的比值来表示。降低分离沉降槽的底流液固比，是提高赤泥洗涤效率、减少赤泥附液损失的根本途径。

赤泥浆液沉降性能的好坏，主要取决于赤泥浆液的物理化学性质。试验结果与生产实践表明，拜耳法赤泥浆液的沉降性能与压缩性能都比较差，其主要原因如下所述。

① 赤泥粒子非常细　磨细后的铝土矿颗粒经高压溶出氧化铝水合物后，赤泥颗粒强度很差，在彼此撞击、和设备器壁碰撞以及溶液切应力的作用下很易细化，测定结果表明，拜耳法赤泥半数以上粒径小于 20μm，而且还有一部分微粒接近于胶体。它与胶体分散体系有许多相同的性质。

② 赤泥粒子具有极其发达的表面　它的表面显示出较大的静电力、分子间作用力（范德华引力）以及氢键等作用力。在这些力的作用下，赤泥粒子或多或少地吸附铝酸钠溶液中的 $Al(OH)_4^-$、OH^-、Na^+ 和水分子（这种现象称为溶剂化）。它使赤泥粒子表面生成一层溶剂化膜，阻碍粒子互相接近。此外赤泥粒子选择吸附某种离子之后，赤泥粒子就因带同种电荷相互排斥，阻碍它们聚结成为大的颗粒。吸附的离子越多，沉降越慢，压缩性能越差。赤泥选择吸附什么样的离子取决于它的矿物组成和溶液的成分。在一定的赤泥矿物组成和溶液成分下，赤泥粒子因吸附溶液中的某些离子而带有电荷。

③ 赤泥易形成网状结构　在赤泥沉降和赤泥压缩阶段，形成网状结构是赤泥浆液的重要性质之一。网状结构的形成使赤泥的沉降速率显著降低，压缩性能变差，不利于其分离和洗涤过程。这种网状结构可以在强烈搅拌、高频震荡和离心力的作用下受到破坏。在沉降槽中，耙机的搅拌有助于破坏压缩带的网状结构，从而优化赤泥的压缩过程。

3.4.4　赤泥沉降分离的影响因素

（1）铝土矿的矿物组成和化学成分

铝土矿的矿物组成和化学成分是影响赤泥沉降压缩性能的主要因素。铝土矿中常见的一些矿物，如黄铁矿、胶黄铁矿、针铁矿、高岭石、蛋白石、金红石等矿物使赤泥沉降性能降低，而赤铁矿、菱铁矿、磁铁矿、水绿矾等则有利于沉降。前类矿物所构成的赤泥往往吸附着较多的 $Al(OH)_4^-$、Na^+ 和结合水，而后一类矿物构成的赤泥则吸附较少。

针铁矿（包括水针铁矿）在高压溶出时完全脱水，生成高度分散的氧化铁，在赤泥浆液稀释及沉降过程中则又重新水化，变成几乎是胶态的亲水性能很强的氢氧化铁，从而使赤泥浆液的沉降和压缩性能变差。如果针铁矿溶出时转变为赤铁矿，在有锐钛矿存在的情况下，可以改善赤泥的沉降性能和压缩性能。

矿石中的 TiO_2 对赤泥沉降性能的影响取决于它的矿物形态。三水铝石矿溶出后的赤泥沉降速率随锐钛矿含量的增加而提高。若 TiO_2 在赤泥中主要是以金红石形态存在，则其赤泥难以沉降。

SiO_2 对赤泥沉降性能的影响比较大，当矿石中的 SiO_2 以高岭石、蛋白石形态存在时，在溶出过程中生成分散度大、亲水性很强的铝硅酸钠，使赤泥沉降性能降低，特别是当 SiO_2 的含量超过 10%时影响更大。但是石英的化学活性小，低温下不会与碱溶液反应，而在高温下的反应产物是结晶完整、亲水性小、颗粒较粗的水合铝硅酸钠，因此石英对赤泥沉降速率的影响比高岭石小。结晶良好的石英影响更小。

矿石中有机物越多，赤泥浆液黏度越大，沉降速率就越慢。

（2）溶出液的稀释浓度

在一定的温度下摩尔比相同的铝酸钠溶液，氧化铝浓度低于 25g/L 或高于 250g/L 时，都有很高的稳定性，而中等氧化铝浓度（70～200g/L）溶液的稳定性较差。高压溶出的浆液含 Na_2O 浓度约 230～250g/L，摩尔比 MR 为 1.4～1.6，Al_2O_3 和 Na_2O 浓度都较高，这样的铝酸钠溶液非常稳定，无法直接分解。赤泥洗液中 Al_2O_3 浓度太低（30～60g/L），自身也不能单独分解。所以，一般用前一周期的赤泥洗液来进行稀释，稀释后溶液稳定性降低使分解速度加快，并且可以使赤泥洗液中的碱和氧化铝得以回收，达到较高的分解率，使拜耳法生产的循环效率提高。但如果过度稀释溶液会使其稳定性急剧下降，造成铝酸钠溶液水解，而使赤泥中的氧化铝的损失增大。另外，由于进入流程的水量增大，也会增加蒸发工段的负担和费用。

如图 3-28 所示，假设溶出液（对应于 B 点）用赤泥洗液稀释到一个中等浓度，$v(Na_2O)=150g/L$、$v(Al_2O_3)=145g/L$、$MR =1.70$（对应于 A 点）。连接 BA 点的直线为稀释线。当溶出液用洗液稀释后，温度下降到 95℃。可知 A 点溶液处于过饱和区域，但距离平衡点不远，溶液处于介稳状态，具有一定的稳定性。实验证明，这样的溶液存放一定时间不会发生明显的水解反应，所以可利用这一介稳状态把铝酸钠溶液和赤泥分离开。因此，在生产中一水铝石矿铝酸钠溶液的氧化铝浓度在中等浓度 120～160g/L 为宜。

赤泥的沉降速率和压缩程度都与溶液的浓度有关，溶液浓度降低、液固比大时，单位体积的赤泥粒子个数减少，悬浮液的黏度下降，赤泥颗粒间的干扰阻力减少，沉降速率和压缩程度就增大，通常进料 L/S 控制到 8～12。

（3）稀释浆液的温度

稀释浆液温度升高，其黏度和密度下降，因而赤泥沉降速率加快。料浆稀释时的温度在很大程度上影响铝酸钠溶液的稳定性，从而引起赤泥中 Al_2O_3 损失量的变化。图 3-29 为温度

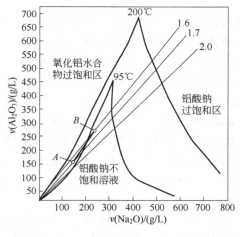

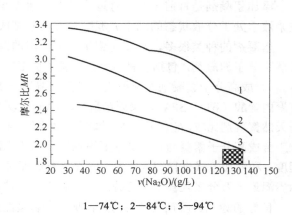

1—74℃；2—84℃；3—94℃

图 3-28　Na_2O-Al_2O_3-H_2O 系溶解度等温线　图 3-29　平衡铝酸钠溶液的摩尔比 MR 与 Na_2O 浓度的关系

在 74℃、84℃和 94℃，浓度在 28.9～150g/L 范围下铝酸钠溶液达到平衡的摩尔比与碱浓度关系的等温线。在拜耳法过程中，稀释后的铝酸钠溶液 Na_2O 浓度为 125～135g/L，摩尔比 MR 为 1.8～2.0，即相当于图中矩形范围。在温度 94℃时只有矩形右上角一点（135g/L Na_2O，MR=2.0）与等温线接触，即该种成分铝酸钠溶液在 94℃时是稳定的。为使较低浓度及低摩尔比的铝酸钠溶液在稀释后保持其稳定性，必须将溶液温度提高到 94℃以上。

（4）底流液固比

赤泥分离的目的就是将生产所需要的铝酸钠溶液和溶出的残渣分开，获得工业上认为纯净的铝酸钠溶液。沉降不良会引起产量降低 30%～40%，洗涤不充分则会显著地增加碱损失，同时也影响赤泥的用途。经稀释后的赤泥料浆送往沉降槽进行沉降分离，沉降底流液固比为 1.0～3.5。赤泥反向洗涤的实验研究表明溶出后赤泥与溶出液之间的沉降分离过程，对后面的洗涤过程影响极大，因而，必须严格控制进料液固比、分离温度、絮凝剂添加量，特别是要着重控制分离槽的底流液固比。研究发现若沉降时间不够，使沉降槽底流液固比（L/S）>5 时，则后面的洗涤过程的技术条件无法得到保证。沉降槽底流过小，则赤泥的流动性差，不利于洗涤过程中泵的输送。赤泥浓缩程度与赤泥在压缩区的停留时间有关，它随沉降槽高度增大而增大，所以，为了提高赤泥压缩性能，沉降槽要有一定的高度。目前，推出高度高、直径小的新型沉降槽，这种沉降槽可以节省地面的使用空间。在正常情况下，洗涤各次压缩 L/S 基本在 1.9～2.4 之间，这样洗涤槽底流 L/S 控制在现有物料性能的条件下，各次底流 L/S 基本都在压缩 L/S 1.5 倍以上，保证沉降槽不会因底流 L/S 过小而出现积泥和跑浑。

（5）黏度的影响

赤泥的沉降速率与铝酸钠溶液黏度成反比，溶液的黏度过大必然要使赤泥的沉降速率变小，不能使赤泥与铝酸钠溶液迅速分离，从而不利于沉降槽的作业，同时还增加溶液的二次损失。铝酸钠溶液的黏度又与溶液的浓度和温度有关，随着溶液浓度的增大，黏度增大；随着温度升高，溶液的黏度减小。因此，实际生产中，控制铝酸钠浆液稀释程度和稀释温度，可以获得较好的赤泥沉降性能和压缩性能，便于赤泥的沉降分离。

（6）絮凝剂的使用

添加絮凝剂是目前工业上普遍采用的加速赤泥沉降的有效办法。在絮凝剂的作用下，赤泥浆液中处于分散状态的细小赤泥颗粒互相联结成为絮团，粒度增大，沉降速率显著提高。

絮凝剂的种类很多，在氧化铝生产上采用的既有天然的也有合成的高分子有机絮凝剂。天然高分子絮凝剂，包括各种麦类、薯类的加工产品（面粉及土豆淀粉等）和副产品（如麦麸等）。合成高分子絮凝剂发展很快，目前普遍用于氧化铝工业生产中的合成高分子絮凝剂主要有聚丙烯酸（钠）（SPA）、聚丙烯酰胺（PAM）以及含氧肟酸类絮凝剂。合成的高分子絮凝剂与天然絮凝剂比较，它的特点是用量少，效果好，往往能使赤泥沉降速率增加几倍甚至几十倍。人工合成高分子絮凝剂时，必须要根据所处理的赤泥浆液的特点，对其用量、配制方法（水解程度）和添加方式进行细致研究，除在分离赤泥时添加外，也可以在洗涤时再次添加，用量仅为赤泥量的万分之几甚至十万分之几。它们全部被赤泥吸收，而不残留于溶液之中。

良好的赤泥絮凝剂应具备的条件是：①絮凝性能良好；②用量少，水溶性好；③经处理后的母液澄清度高，残留于母液中的有机物不影响后续氢氧化铝的分解；④所生成的絮团能耐受剪切力；⑤经沉降分离后，底流泥渣的过滤脱水性能好，滤饼疏松；⑥原料来源广泛，价格低廉。

3.4.5　赤泥沉降与分离设备

（1）沉降槽

赤泥沉降过程中一个最主要的设备是沉降槽，按结构可分为单层沉降槽、多层沉降槽、平底沉降槽、深锥沉降槽等。

单层沉降槽结构如图 3-30 所示，槽身为圆桶形，槽底为锥形。槽中心有一个下料筒，以供进料之用。下料筒的插入深度取决于槽体大小及槽体高度，但要插入悬浮液区。清液从沉降槽上部沿周边溢流排出。浓缩后的底流由耙机耙向槽底部的排泥口排出沉降槽外。耙机缓慢运动是为了促进赤泥浆液压缩而又不引起搅动。随着赤泥矿浆连续加入，溢流及底流亦连续排出。早期的单层沉降槽为满足赤泥沉降要求，以大直径的沉降槽为主，直径可达 40m，但其主要缺点是结构笨重，占地面积大，维护成本高。

为节省生产占地面积，单层沉降槽逐渐发展为多层沉降槽。多层沉降槽相当于把几个单层沉降槽重叠起来放置，如图 3-31 所示。多层沉降槽一般分为两种运行方式：①各层并联工作，各层单独进料，分别由各层获得相同的溢流；上一层的下渣筒沉降产物插入下一层的耙机工作带，浓缩物由中心排料口统一排出；②各层串联工作，从第一层到最末一层依次进行洗涤，向上一层的下渣筒内加洗涤水，将赤泥洗到所要求的液固比，然后在下一层进行该赤泥浆的浓缩。

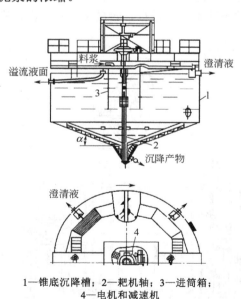

1—锥底沉降槽；2—耙机轴；3—进筒箱；
4—电机和减速机

图 3-30　单层沉降槽

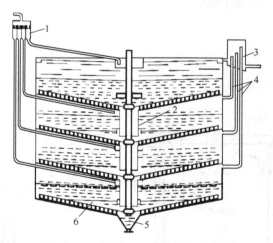

1—分料箱；2—下渣筒；3—溢流箱；4—溢流管；
5—底流排料口；6—搅拌装置

图 3-31　多层沉降槽

与单层沉降槽相比，多层沉降槽的主要优点是节省占地面积，比同样面积的单层沉降槽节省材料，生产能力大，生产费用低，但操作控制较为复杂。多层沉降槽适用于分离和洗涤沉降性能良好的料浆。但近年来发现沉降槽产能不只取决于面积，还与槽体高度有关，单层沉降槽的产能可通过加高槽体而提高，因而多层沉降槽已不再具有明显的优势，沉降槽又向高槽身的深锥高效单层沉降槽发展。

深锥高效单层沉降槽结构示意见图3-32，该类型沉降槽除了加高槽帮外，在底部有一个深锥形的槽体，可对赤泥颗粒产生较大静压力和重力压缩，从而能提升底流的赤泥浓度。深锥槽的赤泥单位面积处理量较传统的沉降槽有较大的提升，因此在保持相同产能的前提下，节约了沉降槽的投资建造成本。深锥高效沉降槽的特点：一是有文丘里进料装置，可以通过二次稀释使矿浆浓度合适并温和地加入沉降槽内，使清液向上运动，固体颗粒停留并向下沉降；二是有专门的絮凝剂制备系统和絮凝剂添加装置，使料浆在进料管和沉降槽内与絮凝剂充分接触并混合均匀，使细小的赤泥颗粒聚集；三是有耙机系统，由特殊的驱动装置控制，可承受大的扭矩，耙机可以向槽底中心耙泥，有推挤压缩赤泥的作用；四是槽底具有大锥角结构，结构合理，可产生最大的重力压缩效果，故底流固含量高；五是有测量及控制参数的系统，自动化程度高。

深锥高效单层沉降槽与多层沉降槽相比单位产能（按溢流计算）高 1～2 倍，底流固含量大于 400g/L，赤泥的压缩性能提高 0.5～1 倍，分离洗涤效率提高，可以减少洗涤次数。目前深锥高效单层沉降槽在国内外氧化铝企业已经广泛应用。

（2）过滤机

沉降槽沉降洗涤后的赤泥要经过滤机再进行一次液固分离和洗涤，尽可能减少以附液形式夹带于赤泥中的 Na_2O 和 Al_2O_3，过滤后赤泥压干堆放。

氧化铝生产中较为广泛应用的转鼓真空过滤机（图3-33）是以真空负压为推动力实现固液分离的设备。在结构上，多孔转鼓是过滤机的主要工作元件，其上覆有滤布，过滤、脱水、洗涤、卸饼、滤布再生等各项操作工序同时在转鼓的不同部位上进行，转鼓每回转一圈，完成一个操作循环。

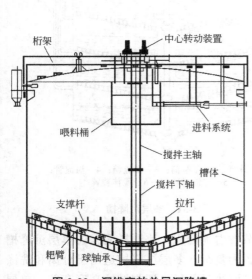

图 3-32 深锥高效单层沉降槽

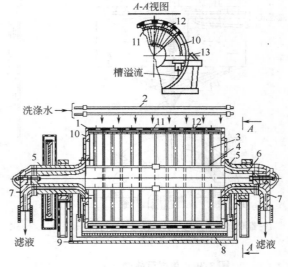

1—多孔转鼓；2—浇水喷洒装置；3—排液管；4—集液管；
5—轴颈；6—滑动分配圆盘；7—分配头；8—摆动搅拌器；
9—浆液槽；10—转鼓端壁；11—内圆筒；12—格子；
13—泥渣刮刀

图 3-33 外滤面式转鼓真空过滤机

转鼓真空过滤机主要由过滤转鼓、带有搅拌器的滤槽、分配头、卸料机构、洗涤装置和传动机构等所组成。过滤机在过滤时，转鼓一部分浸在料浆中，由电动机通过减速装置带动旋转。普通转鼓真空过滤机为外滤面式，卸料为压缩空气吹脱，卸料的吹脱率低，且滤布更换频繁，机器维护量大。为此将普通转鼓真空过滤机改进为折带式转鼓真空过滤机（图3-34）：真空头部分去掉吹风区，同时调整了吸干区和过滤区的角度，以保证真空度；卸泥装置由原反吹再生滤布刮刀卸泥改为喷淋洗水再生滤布卸泥辊卸泥；增加滤布调偏装置和分布装置；加宽滤鼓边和增加滤布包角，以防止窜泥。折带式转鼓真空过滤机的主要特点：①由于卸料方式的改变，滤饼水分可降低3%～5%，滤饼脱落达100%；②可提高真空度，不再需要压缩空气，简化了换布工作，节省时间，提高运转率；③产能可提高1倍左右。

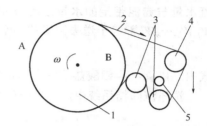

1—滤鼓；2—过滤布；3—卸泥换向辊；
4—调整辊；5—喷液管；
A—真空区；B—吹风区

图3-34　折带式转鼓真空过滤机示意

通常过滤机过滤面积越大，其产能也就越大。目前，国内外氧化铝厂赤泥的过滤主要使用过滤面积$100m^2$的大型转鼓真空过滤机，其主要技术性能参数如表3-5所示。转鼓真空过滤机具有结构简单、占地面积小、处理量大、价格低、维修工作量小、初期投资比其他脱水方式低等诸多优点，是现阶段氧化铝厂赤泥过滤应用最普遍的设备之一。

表3-5　$100m^2$辊子卸料转鼓真空过滤机主要技术性能参数

过滤面积/m^2	转鼓尺寸/m	转速/(r/min)	单位产能/[kg 干赤泥/(h·m^2)]	搅拌次数/(次/min)	真空度/kPa	电机功率/kW
100	$\phi 4.2×7.54$	0.33～2.33	250	20	46.7～53.3	转鼓：11 搅拌：7.5 油泵：0.25

3.4.6　赤泥洗涤效率的计算

赤泥洗涤通常是在沉降槽系统内进行 5～8 次连续反向洗涤。洗涤用水从系统中最后一个沉降槽加入，洗液则从头一个沉降槽流出。假定各次洗涤沉降槽的底流液固比相同，而且溶质均匀地分布于溶液中并且不被赤泥吸附，则洗涤效率与洗涤次数和洗涤用水量的关系，可用下式作近似的计算：

$$c' = \frac{s-1}{s^{n+1}-1} \times 100 \tag{3-37}$$

式中　c'——洗涤后的赤泥所含溶质量占洗涤前赤泥附液所含溶质量的百分数，%；

　　　n——洗涤次数；

　　　s——各个沉降槽的溢流量与底流附液量的比值。

根据固液相的物料平衡可求得较为准确的沉淀物洗涤计算结果。计算可按1t固相进行。但计算中考虑的不是总液相中而是水中单位固体质量。计算时可采用下述假设条件：①有用组分全部溶解；②混合得非常理想；③洗涤过程中液相带走的固体量、溶液蒸发带走的固体量和机械损失量均忽略不计；④各次洗涤中赤泥的液固比是不变的。

进入洗涤沉降槽系统的有原始浆液和洗涤用热水，从该系统出去的有铝酸盐溶液、溶出液稀释用的浓洗液和弃赤泥。

各次洗涤中赤泥的含水量 W_0 相同，浓洗液带走的水量 W 等于原始浆液带入的水量。溢流水量与赤泥带走的水量之比 $s=W:W_0$。每台洗涤沉降槽的水平衡表明：每次洗涤的水量 $W_1,W_2,\cdots,W_n$ 都等于送去洗涤的热水量 W_0，所以，分离沉降槽中的水量可由下式求得：

$$W=W_{溶液}+W_0 \tag{3-38}$$

式中　$W_{溶液}$——铝酸盐溶液中的水量。

洗涤沉降槽系统中溶解组分的平衡由下式计算：

$$
\begin{cases}
c_0 W_0 = c_n W_0 + c_1 W \\
c_1 W_0 = c_n W_0 + c_2 W \\
c_2 W_0 = c_n W_0 + c_3 W \\
\quad \cdots \\
c_{n-1} W_0 = c_n W_0 + c_n W
\end{cases}
\text{或者当 } W/W_0=s \text{ 时}
\begin{cases}
c_0 = c_n + c_1 s \\
c_1 = c_n + c_2 s \\
c_2 = c_n + c_3 s \\
\quad \cdots \\
c_{n-1} = c_n + c_n s
\end{cases}
\tag{3-39}
$$

式中　c——溶解组分的相对浓度，g/L。

所需洗涤次数：

$$n = \frac{\lg\left[\dfrac{c_0}{c_n}(s-1)+1\right]}{\lg s} \tag{3-40}$$

浓洗液中溶解组分的浓度按下式计算：

$$c_{1,n}^* = \frac{c_0(s^n-1)}{s^{n+1}-1} \tag{3-41}$$

赤泥浆液中溶解组分的浓度按下式计算：

$$c_{n,n} = \frac{c_0(s-1)}{s^{n+1}-1} \tag{3-42}$$

浓洗液中的试剂回收率按下式计算：

$$c_{1,n}' = \frac{s^{n+1}-s}{s^{n+1}-1} \tag{3-43}$$

赤泥不可能绝对洗净，从最后一台洗涤槽中排走的赤泥总要带走一定量的溶解组分，洗涤程度总是依据经济合理性来规定的，例如弃赤泥液相中的碱浓度规定为 $1\sim3$ g/L Na_2O。

3.4.7　粗液控制过滤的工艺及设备

粗液控制过滤的工艺流程如图 3-35 所示。赤泥沉降槽溢流出来的粗液进入粗液槽，然后经粗液泵输送往叶滤机，叶滤机过滤掉浮游物后的精液进入精液储槽，再送往分解工序。

粗液控制过滤的主要设备是叶滤机，影响叶滤机产能的因素有如下几点。

① 粗液浮游物：粗液浮游物含量越高，产能越低。因为粗液浮游物在滤布上积累的滤饼越厚，过滤速度越慢，产能越低。另外，粗液浮游物粒度越细，形成的滤饼阻力越大，产能也会下降。

② 粗液浓度：铝酸钠溶液随着浓度提高而黏度增大，叶滤机产能降低。

③ 粗液温度：要求 95～105℃，以防止滤布结硬，产能降低。

④ 石灰乳添加量：粗液中加入适量石灰乳，形成的滤饼松散，过滤阻力小，叶滤机产能提高。

⑤ 滤布：在相同的铝酸钠溶液中，使用不同滤布叶滤机产能相差较大，涤纶布过滤效果最好，但使用寿命短，丙纶布次之，而且不同厂家的丙纶布也相差很大。

在氧化铝生产中，粗液控制过滤大多采用卧式或立式叶片加压过滤机（叶滤机）。单筒凯莱式叶滤机是由机筒、顶盖、滤片架、滤片构成。其工作原理是将多孔的过滤介质（铁丝布和纸浆层）的一侧浸没在待滤的悬浮液里，借过滤介质两侧的压差使悬浮液中的液体通过介质的空隙，成为纯洁的滤液，而固体粒子被挡在介质表面上形成一层滤渣。一个叶滤作业周期包括：排除机内空气、挂纸浆、进料过滤、放料卸泥和装车。

立式叶滤机（图3-36）的机体是一个立式圆筒，其内装有多个滤框，各有管接头与滤液排出总管相连。用两个液压缸升降上盖。机体用橡胶软管密封，软管内充入压缩空气，我国新建氧化铝厂引进了法国大型高效的 Disaster 加压立式叶滤机，规格为 ϕ3500mm，F= 318m²。

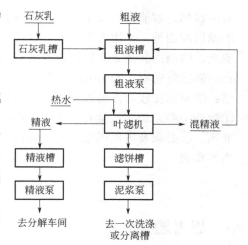

图 3-35　粗液控制过滤工艺流程

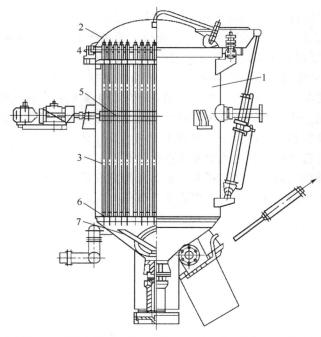

1—机体；2—上盖；3—滤框组；4—滑动密封；5—水洗机构；6—滤液排出总管；7—卸渣机构和控制阀门的油压系统

图 3-36　立式叶滤机结构示例

其由筒体、蓄能罐、安全槽、五个自动阀等组成，靠蓄能罐里储存的精液倒流回来把滤叶上的滤饼冲刷掉，不用人工刷车。其特点是：①全密闭自动运行，无须经常打开叶滤机，操作安全、清洁；②高效率的滤液反冲卸饼系统，不用刷车，不消耗水；③工作周期短，一般为1h，卸饼时间短，为1min；④产能高，可以达到1.5～2.3m³/（m²·h），是凯莱式叶滤机的2倍；⑤可以在较多浮游物下运行（要调整运行周期）；⑥机身体积小，节省空间。但需注意：①粗液中必须加入适量石灰乳，使形成的滤饼松散，过滤阻力小，保证冲饼容易，叶滤机产能高；②必须及时用碱液洗机，碱液（Na_2O）浓度300g/L，温度90℃以上；③机内压力适当和稳定。

 思考题

1．拜耳法生产氧化铝的基本原理是什么？拜耳法生产氧化铝包括哪几个主要工序？

2．$Na_2O-Al_2O_3-H_2O$ 系中的拜耳法循环图由拜耳法生产氧化铝的哪四个过程组成？并分析组成闭路循环的各线段的铝酸钠溶液摩尔比的变化规律。

3．什么是拜耳法的循环效率和循环碱量？提高循环效率和降低循环碱量对拜耳法的生产有什么实际意义？

4．原矿浆制备的目的和要求是什么以及如何进行配料计算？

5．分析铝土矿中各主要矿物在拜耳法溶出过程中的行为、主要杂质的危害以及其防治措施。

6．铝土矿拜耳法溶出过程添加 CaO 的作用是什么？

7．氧化铝的溶出率表示方式有哪些？并分析工业生产上采用相对溶出率的原因。

8．铝土矿溶出过程造成碱耗的主要原因有哪些？

9．目前工业上采用的主要溶出技术是什么？分析其技术的优缺点。

10．分析拜耳法溶出过程结疤的形成原因、产生的主要危害和防治措施。

11．拜耳法赤泥分离洗涤的步骤有哪些？赤泥浆液稀释的作用是什么？

12．赤泥沉降性能和压缩性能均较差的主要原因是什么？

13．赤泥沉降过程添加絮凝剂的主要作用是什么？

14．赤泥浆液稀释的温度范围和粗液控制过滤的温度范围大概是多少？

15．赤泥沉降与分离洗涤采用的主要设备有哪些？

第 4 章

铝酸钠溶液的晶种分解和氢氧化铝的煅烧

4.1 铝酸钠溶液的晶种分解

晶种分解是拜耳法生产氧化铝的关键工序之一，它对产品的产量、质量以及全厂的技术经济指标有重大的影响。晶种分解（简称种分）就是在降温、加晶种、搅拌的条件下，使铝酸钠溶液分解，获得具有一定性能的氢氧化铝产品，同时得到摩尔比较高的种分母液，作为溶出铝土矿的循环母液，构成拜耳法生产氧化铝的闭路循环。

4.1.1 晶种分解过程的机理

过饱和铝酸钠溶液不同于一般的无机盐饱和溶液，其结构和性质因浓度、摩尔比及温度的不同而差别很大。铝酸钠溶液的分解过程也不同于一般的无机盐溶液的结晶过程，它是一个复杂的物理化学过程。虽然在这方面进行了大量的研究工作，认识仍然是不够的。大多数的研究者倾向于铝酸根离子是通过聚合作用形成聚合离子群并最终形成三水铝石的超微细晶粒的理论。他们认为在过饱和的铝酸钠溶液中，铝酸根 $Al(OH)_4^-$ 能按照反应式 $nAl(OH)_4^- \longrightarrow Al_n(OH)_{3n+1}^- + (n-1)OH^-$ 生成聚合离子。随着溶液成分接近于平衡成分[对 $Al(OH)_3$ 而言]，增加了离子碰撞的可能性。使聚合分子数增加，这些聚合分子连接为缔合物 $[Al_n(OH)_{3n+1}^-]_m$，这种缔合物达到一定尺寸后就会变成新相的晶核。晶核生成过程可用以下方式表示：

配合铝酸根离子 $Al(OH)_4^-$

↓

生成聚合铝酸根离子 $Al_n(OH)_{3n+1}^-$

↓

形成缔合物 $\left[Al_n(OH)_{3n+1}^-\right]_m$

↓

析出聚合物 $\left[Al(OH)_3\right]$ 沉淀（缩聚作用）

在工业生产中，铝酸钠溶液的分解过程是在添加晶种的条件下进行的。分解反应可以写成下式：

$$Al(OH)_4^- + xAl(OH)_3(晶种) \longrightarrow (x+1)Al(OH)_3 + OH^- \qquad (4-1)$$

对于晶种的作用机理有不同观点。一般是把氢氧化铝晶种视作现成的结晶核心，并且认为，铝酸钠溶液与氢氧化铝晶体之间的界面张力 $\sigma = 0.0125N/cm$，氢氧化铝晶核刚生成时的比表面积大，分解过程实际上不能提供这么大的表面能，因而氢氧化铝晶核是难以自发生成的，只有从外面加入现成的晶种，才能克服不能自发生成氢氧化铝晶核的困难，使氢氧化铝结晶析出。根据晶种分解过程动力学的研究，分解过程的最慢阶段是晶核形成过程，它需要很长的诱导期。晶种系数增加，诱导期显著缩短。

在铝酸钠溶液添加晶种分解过程中，同时发生以下物理化学作用：①次生晶核的形成；②氢氧化铝晶体的破裂与磨蚀；③氢氧化铝晶体的长大；④氢氧化铝晶粒的附聚。

次生成核又称二次成核，所形成的晶核称为次生晶核或二次晶核。次生成核是在原始溶液过饱和度高而晶种表面积小的条件下产生新晶核的过程，它是相对于在溶液中自发生成新晶核的一次成核过程而言的。在分解过程中加入的晶种表面变得粗糙，长成向外突出的细小晶体，或者生长成树枝状结晶，在颗粒相互碰撞以及流体的剪切作用下，这些细小晶体脱离母晶而进入溶液中，成为新的晶核。分解原液的过饱和度越高，晶种表面积越小，温度越低，次生晶核的数量越多。控制好次生晶核的数量对于在种分过程制取粒度分布符合要求的氢氧化铝是十分重要的。为了生产粒度均匀、粗大的砂状氧化铝，必须降低这种导致大量细粒氢氧化铝生成的次生成核作用。在生产中采取逐步降低分解温度的办法，控制分解时的过饱和程度并且保持必要的晶种数量和质量，使氢氧化铝晶体缓缓长大，避免树枝状结晶的生成，便可以使二次晶核减少。当分解温度在 75℃ 以上时，无论原始晶种量为多少都不发生次生成核过程。

氢氧化铝晶体的破裂与磨蚀称为机械成核。当搅拌很强烈时，颗粒发生破裂。搅拌强度较小时，则只出现颗粒的磨蚀，这时母体颗粒大小实际上并无多大变化，但却产生一些细小的新颗粒。在种分槽的循环管中可以产生相当高的搅拌速度，在氢氧化铝浆液输送过程中，氢氧化铝颗粒与泵的叶轮碰撞也会导致机械成核。

氢氧化铝晶体的长大是指从铝酸钠溶液析出来的 $Al(OH)_3$ 直接沉积于晶种表面使之长大的过程，因此，分解速度和分解率都取决于这一过程的速度。氢氧化铝晶体长大的速度取决于分解条件。溶液的过饱和度大，有利于晶体长大。但是氢氧化铝晶体长大的速度是慢的，甚至在溶液过饱和度很高的情况下，一个晶体每小时长大的尺寸只能以微米计。溶液中存在一定量的有机物等杂质时，晶体长大过程受到不利的影响。但是过饱和度太大时，结晶长大太快，质点排列不规整，产生枝晶，导致次生成核，使细粒子含量增加。

除晶体的直接长大外，在适当的搅拌速度下，较细的晶种颗粒（小于20μm）还会附聚成为较大的颗粒，同时伴随着颗粒数目的减少。它是在分解过程中使氢氧化铝粒子数得以保持平衡的主要方式。

氢氧化铝晶粒的附聚是指一些细小的晶粒相互依附并黏结成为一个较大的晶体的过程。氢氧化铝晶粒的附聚包括两个步骤：①细小的氢氧化铝由于互相碰撞，有些附聚在一起形成联系松弛、机械强度很低的絮团（物理絮凝）。由于强度低，可以重新分裂。②附聚在一起的絮团，由于从铝酸钠溶液分解出来的氢氧化铝在其上沉积，起到一种"黏结剂"的作用，使絮团表面上的缝隙被黏结弥合，形成结实的附聚物。总之，附聚是细小颗粒经碰撞而发生的，附聚程度与附聚推动力的大小有关，附聚推动力越大，附聚进行得越彻底。因此，在晶种粒度小且颗粒数目较少、分解温度较高、过饱和度大的条件下，附聚过程可以强烈地进行。

次生成核和氢氧化铝晶体的破裂导致氢氧化铝结晶变细；晶体的长大与晶粒的附聚导致氢氧化铝结晶变粗。分解产物的粒度分布就是上述这些过程的综合结果。有效地控制这些过程的进程，才能得到所要求的粒度组成和强度的氢氧化铝。当生产砂状氧化铝时，必须创造条件，尽可能避免或减少种分时次生晶核的形成与氢氧化铝晶体的破裂，同时促进晶体的长大和晶粒的附聚。

4.1.2 晶种分解过程的主要技术经济指标

衡量种分作业效果的主要指标是分解率、产出率、分解槽的单位产能以及氢氧化铝质量。这四项指标是既互相联系又互相制约的。

（1）分解率

分解率是以铝酸钠溶液中氧化铝分解析出的百分数来表示的。由于晶种附液和析出氢氧化铝引起溶液浓度与体积的变化，故直接按照溶液中 Al_2O_3 浓度的变化来计算分解率是不准确的。因为分解前后苛性碱的绝对数量变化很小，分解率可以根据溶液分解前后的摩尔比来计算。

$$\eta = \left[1 - \frac{(MR)_\sigma}{(MR)_m} \right] \times 100\% = \frac{(MR)_m - (MR)_\sigma}{(MR)_m} \times 100\% \qquad (4-2)$$

式中　η ——种分分解率，%；

　$(MR)_\sigma$ ——分解原液的摩尔比；

　$(MR)_m$ ——分解母液的摩尔比。

从上式可见，当分解原液摩尔比一定时，分解母液摩尔比越高，则分解率越高。

种分母液中含有少量以浮游物形态存在的细粒子氢氧化铝，其量取决于氢氧化铝的粒度组成以及分离方法等因素。在母液蒸发时，这些细粒子氢氧化铝重新溶解，使蒸发母液的摩尔比和实际的分解率有所降低，因此应尽量减少母液中的浮游物含量。

铝酸钠溶液分解速度越大，则在一定分解时间内其分解率越高，氢氧化铝产量也越大。分解率高时，循环母液的摩尔比也高，故可提高循环效率；延长分解时间也可提高分解率，但过分延长时间将降低分解槽的单位产能。

（2）产出率

产出率是指从单位体积分解原液中分解出来的 Al_2O_3 量（kg/m³）。

$$Q = A_a \eta \qquad (4-3)$$

式中　Q ——产出率，kg/m³；

　A_a ——分解原液中 Al_2O_3 浓度，kg/m³。

分解原液 Al_2O_3 浓度和分解率越高，则产出率越高。即使分解率不高，提高分解原液的浓度也有可能保持较高的产出率。例如在用一水硬铝石为原料生产砂状氧化铝时，虽然分解率不高（45%左右），但当 Al_2O_3 浓度为 160～170g/L 时，溶液的 Al_2O_3 产出率仍可保持为 70～80kg/m³。

（3）分解槽的单位产能

分解槽的单位产能是指单位时间内（每小时或每天）从分解槽单位体积中分解出来的 Al_2O_3 量。

$$P = \frac{A_a\eta}{\tau} = \frac{A_a\left[(MR)_m - (MR)_\sigma\right]}{\tau(MR)_m} \tag{4-4}$$

式中　P——分解槽的单位产能，kg/($m^3 \cdot$ h)；

　　　τ——分解时间，h。

从上式可见，分解槽的单位产能与原液的 Al_2O_3 浓度及摩尔比差 $\left[(MR)_m - (MR)_\sigma\right]$ 成正比，而与分解时间及分解母液摩尔比成反比。因此提高原液浓度，则分解槽的单位产能相应提高，但溶液的稳定性增大，分解时间增长。反之，降低 Al_2O_3 浓度时，分解速度与分解率可以增加，但是单位体积稀溶液中析出的 $Al(OH)_3$ 少，因此在确定分解工艺条件时都须兼顾。

（4）氢氧化铝质量

电解炼铝对氧化铝的纯度及物理性能都有一定的要求，氧化铝的某些物理性质，如粒度分布和机械强度，在很大的程度上取决于种分过程作业条件。而氧化铝的纯度则主要取决于氢氧化铝的纯度。

氢氧化铝中的杂质主要是 SiO_2、Na_2O 和 Fe_2O_3，另外还可能有很少量的 CaO、TiO_2、P_2O_5、V_2O_5 和 ZnO 等。铁、钙、钛、锌、钒、磷等杂质的含量与种分作业条件关系不大，主要取决于原液纯度，因此必须严格进行控制过滤，使分解原液中的浮游物降低到允许含量（0.02g/L）以下。

氢氧化铝中的 SiO_2 一部分来自浮游物中的钠硅渣（$Na_2O \cdot Al_2O_3 \cdot 1.7SiO_2 \cdot 2H_2O$），另一部分是当分解原液硅量指数低于 200～250 时，在分解过程中析出的水合铝硅酸钠，它们同时增加着产品中的 Na_2O 含量。拜耳法精液的硅量指数一般高于 200，实践证明，种分过程中不致发生明显的脱硅反应，因此所得到的氢氧化铝中的 SiO_2 含量一般都可以达到规范要求。

氧化铝中的碱（Na_2O）是由氢氧化铝带来的。氢氧化铝中所含的碱有四种：一种是附着碱，即挟带母液所含的碱和吸附于氢氧化铝颗粒表面的碱，这部分碱最多；二是晶间碱，即氢氧化铝结晶集合体空隙中包裹的母液所带的碱；三是以水合铝硅酸钠形态存在的化合碱；四是进入 $Al(OH)_3$ 晶格中的晶格碱，即 Na^+ 取代 $Al(OH)_3$ 晶格中的 H^+。附着碱易于洗去，在生产条件下，用热的软水作两次反向洗涤便可以将这部分碱的含量减少到 0.1%左右。晶间碱则很难洗去，其含量约为 0.1%～0.2%，需在一定的条件下煅烧使氢氧化铝结晶集合体破裂后，才能洗出。化合碱以及晶格碱都是不能用水洗出的。研究表明，晶格碱（以 Na_2O 计）的含量小于 0.05%～0.1%；化合碱（以 Na_2O 计）的含量取决于分解原液中的 SiO_2 含量，当分解原液的硅量指数在 200 以上时，这部分碱的含量低于 0.01%～0.02%。

成品氧化铝的 Na_2O 含量都在 0.4%以下，通过特殊方法加工的低钠氧化铝中的 Na_2O 含量可以低于 0.02%。

4.1.3　晶种分解过程的影响因素

影响晶种分解过程的因素很多，各个因素所引起的作用是多方面的，这些作用的程度也因具体条件不同而异。种分过程对于作业条件的变化非常敏感，而且各个因素变化带来的影响也常常是互相牵连的。所以在考虑它们对种分过程的影响时，需要全面地、辩证地加以分析。

4.1.3.1 分解原液的浓度和摩尔比的影响

分解原液的浓度和摩尔比是影响分解速度、产出率和分解槽单位产能最主要的因素，对分解产物氢氧化铝的粒度也有明显的影响。

当其他条件相同时，中等浓度的过饱和铝酸钠溶液具有较低的稳定性，因而分解速度较快。图4-1说明了原液浓度对种分的影响（原液 MR 为 $1.59 \sim 1.63$；分解初温62℃，终温42℃；分解时间64h）。可以看出，原液 Al_2O_3 浓度接近100g/L时（中等浓度），分解速度和分解率最高，继续提高或降低浓度，分解速度和分解率都降低。因此单纯从分解速度看，氧化铝浓度不宜过高。但是在确定合理的溶液浓度时，还必须考虑分解槽的单位产能，并从拜耳法生产全局出发，考虑降低物料流量、减少蒸发水量以降低能耗等问题。

根据分解槽的单位产能公式分析，提高分解原液的 Al_2O_3 浓度，产能增加，但分解率会降低。因此，分解槽的单位产能决定于二者相对影响的大小，可能提高，也可能降低。当分解原液浓度较低时，尽管分解速度较快，分解率较高，但氢氧化铝产出率仍低，所以这时浓度的影响是主要的。当分解原液浓度超过一定限度后，则分解率的影响上升为主要因素。所以对分解槽单位产能而言，必然存在一个最佳浓度，超过此浓度后，由于分解率显著降低，分解槽单位产能也开始下降。实践证明，对任何一种摩尔比的溶液，都有一个使分解槽单位产能达到最高的最佳浓度。溶液摩尔比越低，相应的最佳浓度越高。这是由于原液摩尔比是影响分解速度最主要的因素，在提高分解原液浓度的同时，如能降低其摩尔比，则仍能保持较快的分解速度，以弥补提高浓度后使分解率降低的不利影响，并使分解槽的单位产能也因之提高。

分解原液的浓度和摩尔比与工厂所处理的铝土矿的类型有关。处理三水铝石型矿石时，原液的浓度和摩尔比总是比较低的；而处理一水铝石型矿石时，原液的浓度和摩尔比则较高。多年来，很多氧化铝厂（包括某些处理三水铝石型矿石的拜耳法厂）都曾不同程度地提高了铝酸钠溶液的浓度。目前处理一水铝石型铝土矿的拜耳法溶液，Al_2O_3 浓度一般为 $120 \sim 160$ g/L。

分解原液的摩尔比对分解速度和分解率的影响很大。从图4-2可见，随着原液摩尔比降低，分解速度、分解率和分解槽单位产能均显著提高。实践证明，分解原液的摩尔比每降低0.1，分解率一般约提高3%。降低摩尔比对分解速度的作用在分解初期尤为明显。

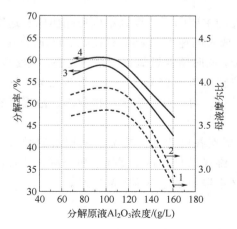

图 4-1 原液浓度对种分的影响

晶种系数：1,3—1.5；2,4—2.0

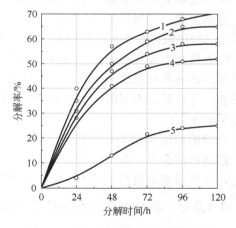

图 4-2 原液摩尔比对分解率的影响

原液 Al_2O_3 100g/L；分解初温60℃，终温36℃

摩尔比：1—1.27；2—1.45；3—1.65；4—1.81；5—2.28

分解原液浓度和摩尔比对产品粒度的影响比较复杂。溶液摩尔比低，过饱和度大，如分解温度低，由于分解快将产生大量次生晶核，使氢氧化铝变细。这种溶液在较高温度下分解，则有利于晶种的附聚和生长。原液浓度对氢氧化铝粒度的影响随分解温度及其他条件而异。溶液浓度高时，溶液的过饱和度低，不利于结晶的长大和附聚，难以得到强度大的结晶。当温度低时，原液浓度对分解产物粒度的影响比温度高时更显著。

因此，降低分解原液的摩尔比和适当提高 Al_2O_3 浓度是强化分解过程和提高整个拜耳法技术经济指标的重要途径之一。

4.1.3.2 分解温度的影响

分解温度对分解过程的主要技术经济指标有很大的影响，因此当分解原液的成分一定时，确定和控制好适宜的温度至关重要。根据 Na_2O-Al_2O_3-H_2O 系平衡状态图，当其他条件相同时，随温度降低，其过饱和度增加，因而分解速度提高，可获得较高的分解率和分解槽的单位产能。但分解温度低于 30℃，由于溶液黏度显著提高，溶液稳定性增加，分解速度降低。

分解温度对氢氧化铝中某些杂质的含量也有明显的影响。从表 4-1 所列试验结果可以看出，分解初温越低，$Al(OH)_3$ 中不溶性的 Na_2O 含量越高。降低分解温度，析出的 SiO_2 量有所增加，并认为，种分氢氧化铝中的 SiO_2 来源于物理吸附，因为氢氧化铝用水洗后，其 SiO_2 含量可以降低。在正常情况下，分解原液的硅量指数为 200~300，以水合铝硅酸钠形态析出的 SiO_2 是很少的。

表 4-1　分解初温对氢氧化铝中不溶性 Na_2O 含量的影响

初温/℃	50	55	60	65	70
Na_2O 含量/%	0.254	0.228	0.202	0.176	0.150

为了保证较高的分解率并得到粒度粗大、质量较好的氢氧化铝，在工业生产上采用逐渐冷却溶液的变温分解。随着分解过程的进行，虽然溶液的摩尔比在逐渐增大，但是，由于分解温度的不断降低，分解过程仍然是在一定的过饱和度下进行。整个分解过程进行得比较均衡，所以变温分解比恒温分解更为合理。

分解温度（特别是初温）是影响氢氧化铝粒度的主要因素。提高温度使晶体成长速度大大增加。当溶液的过饱和度相同时，氢氧化铝结晶成长的速度在 85℃ 时比在 50℃ 时高出 6~10 倍。温度高也有利于避免或减少次生晶核的生成，同时所得氢氧化铝结晶完整，强度较大。因此生产砂状氧化铝的拜耳法厂，分解初温一般控制在 70~85℃ 之间，终温也较高，这对分解率和产能显然是不利的。生产面粉状氧化铝的工厂，对产品粒度无严格要求，故采用较低的分解温度。

合理的温度制度与许多因素有关，工厂都是根据各自的具体情况和所积累的经验来确定。通常确定合理的温度制度包括确定分解初温、终温以及降温速度等，即分解初期较快地降温，分解后期则放慢，这样既能提高分解率，又不致明显地影响产品粒度。

4.1.3.3 晶种系数和晶种性能的影响

晶种系数与晶种性能也是影响分解速度和产品粒度与强度的重要因素之一。铝酸钠溶液必须添加大量晶种才能进行分解是它的一个突出特点。通常用晶种系数表示添加晶种质量的多少。晶种系数是指添加晶种氢氧化铝中所含 Al_2O_3 的质量分数与分解原液中 Al_2O_3 的质量分数的比值。在生产中周转的晶种质量是惊人的。一个日产1000吨的氧化铝厂，当晶种系数为2时，在生产中周转的氢氧化铝晶种质量就超过1.5万～1.8万吨。

晶种性能是指它的活性及强度的大小，它取决于晶种制备的方法、条件、保存的时间以及结构和粒度等。新沉淀出来的氢氧化铝的活性比经过长期循环的氢氧化铝大得多；粒度细、比表面积大的氢氧化铝的活性远大于颗粒粗、结晶完整的氢氧化铝。工厂中多采用分级的办法，将分离出来的比较细的氢氧化铝返回作晶种。

图4-3为晶种系数对分解率的影响。可以看出，随着晶种系数的增加，分解率亦随之提高，特别是当晶种系数较小时，提高晶种系数的作用更为显著，而当晶种系数提高到一定限度以后，分解率增加的幅度减小。

当晶种系数很小，或者晶种活性很低时，分解过程有一较长的诱导期，在此期间溶液不发生分解。随着晶种系数提高，诱导期缩短，甚至完全消失。使用新沉淀的氢氧化铝晶种，实际上不存在诱导期。

晶种系数对分解产物粒度的影响如表4-2所示，可以看出，提高晶种系数，使氢氧化铝的粒度变粗，因为大量晶核的加入，减少了次生晶核的生成。但是随着晶种系数的提高，单位体积浆液中的铝酸钠溶液量减少。同时，在工业生产上，晶种常常是不经洗涤的，晶种带入的母液愈多，分解原液的摩尔比升高得愈多，因而使分解速度降低。提高晶种系数还使流程中氢氧化铝周转量和输送搅拌的动力消耗增大，氢氧化铝所需的分离和分级设备增多。因此晶种系数过高也是不利的。

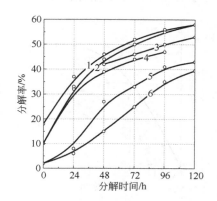

图4-3　晶种系数对分解率的影响
晶种系数：1—4.5；2—2.1；3—1.0；
4—0.3；5—0.2；6—0.1

表4-2　晶种系数对氢氧化铝粒度的影响

晶种系数	氢氧化铝粒度组成/%				
	+85μm	43～85μm	-43μm	+10μm	-10μm
0.1	0.0	0.0	100	9.0	91.0
0.5	0.0	0.6	99.4	35.4	64.6
1.0	5.8	25.0	69.2	78.0	22.0
2.0	10.0	23.0	76.0	84.0	16.0
3.0	9.5	26.5	54.0	91.0	9.0
5.0	6.6	25.0	68.4	91.0	9.0

目前大多数氧化铝厂都是采用循环氢氧化铝作晶种，许多厂采取了提高晶种系数的措施。但由于具体条件不同，各厂的晶种系数差别较大，多数是在1.0～3.0的范围内变化。

4.1.3.4　搅拌速度的影响

为了使氢氧化铝晶种能在铝酸钠溶液中保持悬浮状态，保证晶种与溶液有良好的接触，使溶液的浓度均匀，加速溶液的分解，并使氢氧化铝晶体均匀地长大，铝酸钠溶液晶种分解过程需要进行搅拌。搅拌也使氢氧化铝颗粒破裂和磨蚀，一些强度小的颗粒破裂并无坏处，它可以成为晶种在以后的作业循环中转化为强度较大的晶体，因此在分解过程中应保持一定的搅拌速度。

当分解原液浓度较低，例如 Na_2O_T149.5g/L，$Al_2O_3$125g/L，摩尔比 1.74，搅拌速度对分解速度的影响不大，能保持氢氧化铝在溶液中悬浮即可。当分解原液浓度较高，Na_2O_T160～170g/L 以上，提高搅拌速度使分解率显著提高。例如 Na_2O_T168g/L、$Al_2O_3$140g/L 的分解原液，当搅拌速度从 22r/min 提高到 80r/min，12h 的分解率提高 8 个百分点。这表明分解速度取决于扩散速度。当分解原液浓度更高时，即使提高搅拌速度，分解率仍然比较低。

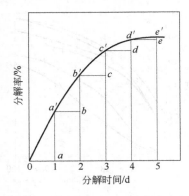

图 4-4　分解率与分解时间的关系曲线

4.1.3.5　分解时间与母液摩尔比的影响

当其他条件相同时，随着分解时间的延长，氧化铝的分解率提高，母液摩尔比增加。不论分解条件如何，分解曲线都呈现图 4-4 所示的形状。它说明分解前期析出的氢氧化铝最多，随着分解时间的延长，在相同时间内分解出来的氢氧化铝量愈来愈少（aa'＞bb'＞cc'＞dd'＞ee'），溶液摩尔比的增长也相应地愈来愈小，分解槽的单位产能也愈来愈低，而细粒级的氢氧化铝含量则愈来愈多。分解后期产生细粒子的原因是溶液过饱和度减小、温度降低、黏度增加、结晶长大的速度减小，以及长时间的搅拌，使晶体破裂和磨蚀的概率增大。

因此过分地延长分解时间是不适宜的。但过早地停止分解，分解率低，氧化铝返回得多，母液摩尔比过低，不利于后续的溶出工序，并增加了整个流程的物料流量。所以要根据具体情况确定分解时间，以保证分解槽有较高的产能，并达到一定的分解率。

4.1.3.6　杂质的影响

铝酸钠溶液中含少量有机物对分解过程影响不大，但是积累到一定程度后，分解速度下降，$Al(OH)_3$ 粒度变细。因为吸附在晶种表面上的有机物阻碍晶体长大，也降低氢氧化铝的强度。

硫酸钠和硫酸钾使分解速度降低，但是当浓度低时不明显。当 SO_3 含量超过 30g/L 时，分解速度开始显著降低，氢氧化铝粒度不均匀。

铝土矿中含少量的锌，一部分在溶出时进入铝酸钠溶液，种分时全部以氢氧化锌形态析出进入氢氧化铝中，从而降低氧化铝产品质量。溶液中存在锌有助于获得粒度较粗的氢氧化铝。

氟化物（NaF）含量在生产允许范围内对分解速度无影响，但氟、钒、磷等杂质对氢氧化铝的粒度都有影响。溶液中有少量的氟即可使氢氧化铝粒度变细，当含氟达 0.5g/L 时，氢氧化铝粒度很细，含氟量更高时，甚至可破坏晶种。溶液中 V_2O_5 含量高于 0.5g/L 时，分解产物粒度细，甚至晶种也被破坏。为钒所污染的氢氧化铝，在煅烧过程中剧烈细化。P_2O_5 有助于获得较粗的分解产物，并且加速分解。当其含量高时，可全部或部分地消除 V_2O_5 对氢氧化铝粒度的不良影响。但是它们都是氧化铝中的有害杂质。

4.1.4　晶种分解工艺与设备

铝酸钠溶液晶种分解由以下步骤组成：晶种分解、氢氧化铝的分级、成品氢氧化铝的分离与洗涤。分解原液经冷却后将晶种一同送入分解槽，在搅拌下进行分解，所得氢氧化铝经分级后细粒部分返回作晶种，粗粒部分经过二次反向洗涤作为氢氧化铝成品。

4.1.4.1 晶种分解工艺及作业条件

晶种分解工艺主要有两种：一种是中等浓度的铝酸钠溶液两段式分解工艺，即较高温度（一般 75～85℃）的分解原液首先与分级后的细颗粒晶种进行高温附聚后再加粗颗粒晶种逐步降温分解；该分解工艺分解率低，但是粒度指标好，易于生产砂状氧化铝。另一种是高浓度铝酸钠溶液一段式分解工艺，即降温分解原液（一般降至 75℃以下）加不分级晶种进行分解，分解过程中各种因素对氢氧化铝粒度的影响转变为温度对粒度的影响，主要通过调节分解温度来严格控制溶液的过饱和度，控制次生成核，从而达到控制氢氧化铝粒度的目的，整个种分过程以晶体长大为主；该工艺分解率高，但是粒度指标不理想。两种工艺的共同特点是需要多组、多个分解槽并（串）联作业，物料流动中实现连续分解结晶。

经过除杂精制的铝酸钠溶液在降至合适的分解初始温度后被泵入种分首槽，在加入晶种的同时不断搅拌，混合后的分解料浆流经多个带机械搅拌的种分槽，逐渐冷却分解析出氢氧化铝结晶。晶种分解过程在常压下进行，分解料浆从高位的种分首槽自动流向低位的种分末槽，整个分解过程的物料流量由进料泵控制；种分槽为钢质槽，外壁没有包裹，直接与周围环境进行换热，各槽的提料筒处安装了监测槽内料浆温度的插入式温度计。部分中间槽装配了换热器，以实现分解料浆的中间逐步冷却降温。分解槽中料浆由泵送至换热器，与来自循环水管路的冷却水进行换热，冷却后的料浆返回种分槽与槽内其他料浆混合。换热器冷热介质进出口处都有温度监测，冷却水进口管路有流量监测，并装备了电动阀门，通过设置阀门开度可控制冷却水流量，从而控制种分槽内料浆的温度，即分解温度。图 4-5 是宽流道板式换热器安装在分解槽顶部的晶种分解过程示意图。

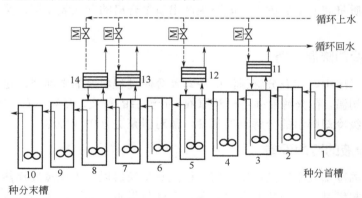

1～10—种分槽；11～14—宽流道板式换热器

图 4-5 晶种分解过程示意图（顶部换热器）

合理的分解作业条件应保证分解过程在分解率、分解槽产能和产品质量（粒度和强度）等方面获得满意的指标，它的制订要从溶液的成分和对氧化铝成品物理性质的要求出发，因为溶液成分是随矿石类型和生产方法不同而改变的。如以一水软铝石矿为原料生产面粉状氧化铝时，分解作业条件的特点是分解温度低、晶种系数高、分解时间长，这些都是为了克服溶液浓度和摩尔比高给分解速度带来的不利影响，以便取得较高的分解速度和分解率。以三水铝石为原料生产砂状氧化铝时，其溶液的浓度和摩尔比低，过饱和度高，因此分解过程中具有良好的结晶长大和附聚的条件。分解作业的特点是温度高、分解时间短、晶种系数小。表 4-3 为生产砂状和面粉状氧化铝的分解作业条件。

表 4-3　生产砂状和面粉状氧化铝的分解作业条件

氧化铝类型	面粉状氧化铝	砂状氧化铝
分解原液 Al_2O_3 浓度/(g/L)	120～150	100～115
分解原液 Na_2O 浓度/(g/L)	130～160	90～110
分解原液 MR	1.6～1.75	1.45～1.6
分解母液 MR	3.3～3.8	2.6～2.9
晶种量/(g/L)	≥400	50～150
分解初温/℃	50～60	65～80
分解终温/℃	40～50	55～65
分解时间/h	60～100	30～50
分解率/%	50～55	40～45
产品＞44μm/%	40～50	90

　　我国处理的是难溶解的一水硬铝石矿，分解原液具有浓度高、摩尔比高的特点，过去对产品的物理性质没有严格的要求，分解作业条件主要是从提高分解率和产能出发。近年来为适应电解过程的需要，我国也研究开发了从浓度和摩尔比高的溶液中生产砂状氧化铝的合理工艺。浓度高、摩尔比高的溶液过饱和度低，对分解速度、晶体附聚和长大都是不利的，同时满足粒度、强度和分解率的要求很困难，所以用一水硬铝石矿为原料生产砂状氧化铝的难度很大，产量和质量间的矛盾突出，既要生产出质量合格的砂状氧化铝，又不能牺牲产量、提高成本。

4.1.4.2　冷却降温设备

　　在晶种分解工序中，涉及分解原液的冷却及分解过程料浆的中间降温过程。为了使溶液达到一定的分解初温，在分解前须将分解原液（叶滤后的精液，95℃左右）冷却到分解初温；分解过程采用逐级冷却降温的分解温度制度，需对料浆进行中间降温。

（1）分解原液的冷却设备

　　生产上采用的冷却设备有鼓风冷却塔、板式热交换器以及闪速蒸发换热系统（即多级真空降温）等。冷却塔是一种粗笨的老式设备，精液热量不能利用，在现代氧化铝厂中已被淘汰。板式热交换器应用较广，其特点是用分解母液冷却分解原液，换热效果良好，配置紧凑。但要保持板片表面清洁，需及时清理结垢，而且换热板装配不好，精液和母液将出现窜料现象，所以该设备的操作较复杂，清理检修工作量较大。闪速蒸发换热系统冷却精液在生产上也有广泛应用，溶液自蒸发冷却到要求温度后送去分解，一般采用 2～5 级自蒸发。二次蒸汽用以逐级加热压缩蒸发前的分解母液，二次蒸汽的冷凝水可用于洗涤氢氧化铝。其优点是，既利用了溶液在自蒸发降温过程中释放出来的热量，又从溶液中排出了一部分水，减少了蒸水量。此外，对设备的要求低，适应性强，没有板式热交换器需要频繁倒换流向与流道、维护清理工作量大的缺点。

（2）分解中间降温设备

合理的温度制度是获得较高分解率和较好氢氧化铝产品质量的基础，而可靠、先进的中间降温设备是实现种分过程温度制度的保障。国内外晶种分解较早的降温方法和设备有槽外壁淋水降温、真空降温、槽内冷却水排管降温、列管换热等。从 2000 年左右开始有卧式螺旋板式换热器用于种分中间降温。2005 年左右，宽流道板式换热器开始在种分工序使用并且很快普及，也是目前生产上广泛采用的中间降温设备。2014 年以来种分槽提料管套筒换热器、立式宽流道板式换热器、浸没式换热器等新型降温设备出现。

宽流道板式换热器中间降温技术是将部分分解料浆通过泵输送至布置在分解槽槽顶或分解槽槽下的宽流道板式换热器中，与循环水换热降温后送回分解槽内，以实现分解料浆降温。为了保证宽流道板式换热器的正常运行及延长设备的使用寿命，还设置有换热器的碱洗流程，用于定期清洗换热器。图 4-6 为板式换热器的原理。

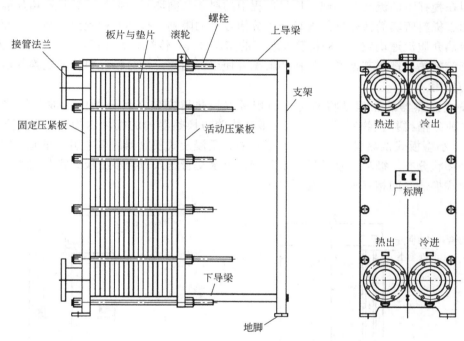

图 4-6　板式换热器作用原理

板式换热器是由一系列具有一定波纹形状的金属片叠装而成的一种新型高效换热器，各种板片之间形成薄矩形通道，通过板片进行热量交换。换热公式如下式：

$$F=Q/(kK\Delta t_{m}) \tag{4-5}$$

式中　F——换热器的有效换热面积，m^2；

　　　Q——总的换热量，W；

　　　k——污垢系数，一般取 $0.8\sim0.9$；

　　　K——传热系数，$W/(m^2 \cdot K)$；

　　Δt_{m}——对数平均温差，K。

板式换热器是液-液、液-气进行热交换的理想设备，具有换热效率高、热损失小、结构紧凑轻巧、占地面积小、安装清洗方便、应用广泛、使用寿命长等特点。在相同压力损失情况下，其传热系数比列管式换热器高 3～5 倍，占地面积为管式换热器的 1/3，热回收率可高达 90% 以上。板式换热器的成套设备由板式换热器、平衡槽、离心式卫生泵、热水装置（包括蒸汽管路、热水喷入器）、支架以及仪表箱等组成。形式主要有框架式（可拆卸式）和钎焊式两大类，板片形式主要有人字形波纹板、水平平直波纹板和瘤形板片三种。

槽内列管换热中间降温技术是在分解槽内沿槽壁布置由无缝钢管焊制而成的换热管束，管束内走循环水，来实现槽内分解浆液降温的。该技术的核心是在槽内实现分解浆液降温，因此不需要再设置浆液输送泵及浆液输送管道，流程上相对简单。

种分槽提料管套筒换热器是指在种分槽提料管外侧加装套筒而形成的换热器。套筒的管程通过的是氢氧化铝料浆，壳程则通过循环水。循环水与管程内向上流动的氢氧化铝料浆换热的同时，还与壳层外、种分槽内搅动中的氢氧化铝料浆换热。提料管套筒换热器的工作原理示意图见图 4-7。种分槽提料管套筒换热器构思巧妙，它利用提料过程的物料运动和种分槽内物料在搅拌下的流动，实现了提料过程中的料浆与循环水的换热，并且不增加能耗。但一方面由于提料管套筒换热器的直径受种分槽容量的限制，换热面积受限；另一方面，由于换热器冷热介质流速均较低，提料管和套筒的壁厚较厚，传热系数较低，单台换热能力有限，提料管套筒换热器需与其他类型的换热器配合使用。因此，种分槽提料管套筒换热器未能得到广泛的应用。

浸没式换热器的原理是将多台小面积板式换热器安装在种分槽内，放至料浆液面以下，利用种分槽搅拌使物料流动穿过换热器外壁与换热器内的循环水换热，达到降温目的（图 4-8）。小型板式换热器（一般为 $30m^2$ 左右）是浸没式换热器的基本组成单元，它们在种分槽内呈环状分布。循环上水通过上水总管、上水支管送入每台小型板式换热器中。因此，各小型板式换热器间相互独立、互不影响。

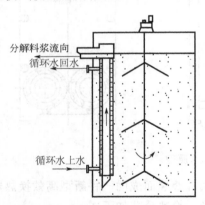

图 4-7 种分槽提料管套筒换热器工作原理示意图

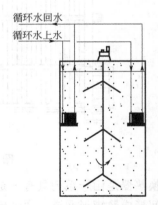

图 4-8 浸没式换热器流程示意图

4.1.4.3 分解槽

分解槽分为锥形底压缩空气搅拌分解槽和平底机械搅拌分解槽两种类型。

早期分解槽的搅拌方式为空气搅拌（图 4-9），以压缩空气作为介质，通入分解槽中心的提料管，使提料管内不断形成密度小于管外浆液的气、液、固三相混合物，利用管内外密度差驱动浆液在槽内循环而达到搅拌混合目的。由于空气搅拌式分解槽具有效率低、能耗高、料浆分层严重、易结疤，在搅拌过程中还会让料浆吸收较多的二氧化碳等缺点，已被机械搅拌分解槽替代。

　　近年来，随着氧化铝生产线大型化的发展，分解槽的设备大型化已成为必然趋势。目前生产上广泛采用大型化的平底机械搅拌分解槽（图 4-10），分解槽的直径为 14～20m，甚至更大。

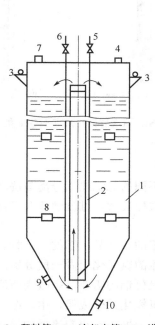

1—槽体；2—翻料管；3—冷却水管；4—进料管口；
5—主风管；6—副风管；7—排气口；8—拉杆；9—检测孔；
10—放料口

图 4-9　锥形底压缩空气搅拌分解槽

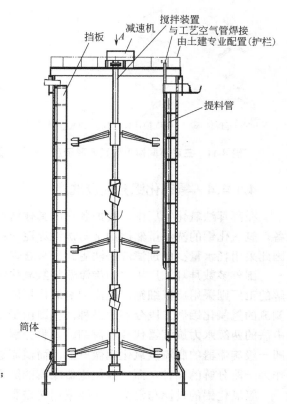

图 4-10　平底机械搅拌分解槽

　　分解槽的搅拌既要满足料浆充分的混合悬浮又不破坏晶种的长大，因而对其搅拌的要求有别于其他的搅拌，其搅拌装置的设计亦成为设备大型化的关键技术。具有代表性的搅拌装置有德国 EKATO 的 Intermig 搅拌装置，以法国 ROBIN 公司的 HPM 浆为原型国产化的 CBY 搅拌装置，我国自主开发的 HSG/HQG 搅拌装置。三种不同搅拌装置外形示意如图 4-11 所示。

　　Intermig 和 CBY 搅拌装置存在以下问题：搅拌强度不够，沉淀严重，年形成结疤高度达 3m 以上；能耗指标不够理想；搅拌扭矩大，当用于 ϕ14m、ϕ16m 大型种分槽时，常规减速机无法满足其扭矩要求，需专门定制减速机，费用高昂，制约了分解槽大型化的进程。

　　HSG/HQG 搅拌桨由 HSG 型底层桨叶片和 HQG 型上层桨叶片两种形式的叶片组成，如图 4-12 所示。HSG 搅拌桨叶片呈圆弧面形状，桨叶出流边水平布置，产生的液流在出流边被集中汇聚，对整个槽底部产生的推动和悬浮作用更加强劲，能有效消除物料沉淀。HQG 搅拌桨叶片圆弧面的形状以及倾斜式布置，使径向尺寸减小、轴向尺寸加长。径向尺寸变小，能耗显著降低，同时液流被汇聚集中，增大了轴向作用范围；而轴向尺寸变长，使轴向作用范围进一步变大。综合结果是保证搅拌效果的同时，减少了桨叶层数，进一步降低了能耗。已经在中铝山西分公司、中铝中州分公司、中铝广西分公司、中铝集团山西交口兴华科技股份有限公司、山西华兴铝业有限公司、东方希望集团有限公司、信发集团有限公司、杭州锦江集团有限公司、国家电力投资集团有限公司等企业投入运行，运行效果良好。

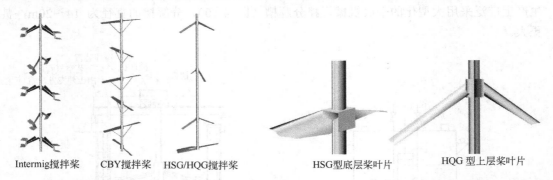

Intermig搅拌桨　　CBY搅拌桨　　HSG/HQG搅拌桨　　　　HSG型底层桨叶片　　　　HQG型上层桨叶片

图 4-11　三种不同搅拌装置外形示意　　　图 4-12　HSG 型底层桨叶片和 HQG 型上层桨叶片

4.1.4.4　氢氧化铝分离及洗涤

在拜耳法氧化铝厂中，根据各自的具体情况，采用不同的氢氧化铝分离与洗涤流程和设备。氢氧化铝的洗涤虽然原则上与洗涤赤泥一样，但其粒度较大，过滤性能和可洗性良好，因此采用耗水量少的过滤洗涤法更为经济合理。

国外多数拜耳法厂用水力旋流器将氢氧化铝分级，粗的做产品，细的做晶种。两段法分解的工厂则采用旋流细筛，底流的氢氧化铝做产品，溢流的氢氧化铝做一段分解的晶种，而侧流的氢氧化铝做二段分解的晶种。我国由于生产砂状氧化铝的需要，多改为两段分解，用串联的两级水力旋流器代替旋流细筛，将分解料浆中的氢氧化铝分成粗、中、细三个物流，即一级旋流器的底流氢氧化铝做产品，而溢流进入二级旋流器，二级旋流器的溢流氢氧化铝作为一段分解的晶种，而二级旋流器底流的氢氧化铝作为二段分解的晶种。

氢氧化铝的过滤与洗涤，主要采用转鼓真空过滤机、平盘过滤机和立盘过滤机。过去，我国多采用转鼓真空过滤机过滤，滤液（种分母液）中悬浮物含量要求不大于 1g/L，经与分解前的精液进行热交换后，送往蒸发。分离后的氢氧化铝滤饼（产品部分）采用二次反向过滤洗涤，即经二次中间搅拌洗涤，用真空过滤机分离。为保证产品质量，氢氧化铝需用软水（90℃以上）洗涤。送往煅烧的氢氧化铝附碱（Na_2O）含量要求不大于 0.12%，水分不高于 12%。

由于平盘过滤机与立盘过滤机的优越性，我国开始将它们用于氢氧化铝产品和晶种的过滤。大颗粒氢氧化铝用平盘过滤机最好，因为过滤方向与重力方向相同，滤饼的粒度分布有利于滤液顺利通过（大颗粒在下面），同时真空度完全用于脱水，所以过滤效率较高。

立盘过滤机与平盘过滤机相比，占用空间小。但由于滤盘是垂直的，所以只用作分离，过滤时不能同时进行洗涤。因此立盘过滤机可与转鼓过滤机联合使用，前者用于分离过滤，而后者用于洗涤过滤。晶种氢氧化铝如果只需要分离过滤，不需要洗涤，用立盘过滤机最适宜。

4.1.4.5　氢氧化铝的分级

从分解槽出来的浆液须用分级设备得到成品 $Al(OH)_3$ 或返回分解槽中的晶种 $Al(OH)_3$（含有附液）。原来的分级设备有水力旋流器、弧形筛等。

水力旋流器的结构简图如图 4-13 所示，水力旋流器的产能很高，因为物料在水力旋流器中的分级是在离心力作用下进行的。水力旋流器的配置紧凑，结构简单。其壳体由圆柱体和锥体两部分组成，浆液在压力下以切线进入壳体的圆柱体部分，因而浆液旋转。较粗颗粒被离心力甩向壳体内壁，并随外旋料流通过锥体下端排出。细颗粒随内旋料流上升，并经壳体圆柱体部分的溢流筒排出。水力旋流器可单独运行，也可成组运行。氧化铝生产中常用的是直径150～700mm 的水力旋流器。水力旋流器的尺寸越小，溢流带出的固体颗粒越细。

近些年我国已开发出旋流细筛，主要应用于氢氧化铝的分级过滤作业，一次就可以将成品 Al(OH)$_3$、粗晶种和细晶种分级。晶种 Al(OH)$_3$ 在返回分解槽前必须滤去其所附带的母液，以避免过分提高分解原液的 *MR*。旋流细筛（图 4-14）是一种高效细粒筛分-分级设备，其兼具水力旋流器离心分级和弧形筛分级的特点，有两次分级作用，可一次得到粗、中、细三种粒级的产品。旋流细筛设备技术参数见表 4-4。

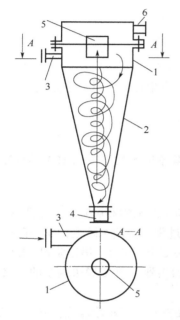

1—壳体圆柱体部分；2—壳体锥体部分；3—进料管；
4—排砂管；5—溢流筒；6—溢流引出管

图 4-13　水力旋流器

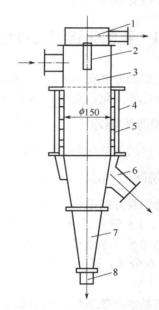

1—溢流帽；2—溢流管；3—给矿体；4—筒体；5—筛笼；
6—筛下物排出口；7—锥体；8—沉砂口

图 4-14　旋流细筛结构

表 4-4　旋流细筛设备技术参数

型号	CFS-150	CFS-300	CFS-450	CFS-600
筛网直径/mm	150	130	450	600
筛孔直径/mm	0.3	0.3	0.3	0.3
分级粒度/mm	0.044～0.074	0.044～0.074	0.044～0.15	0.044～0.15
筛下压力/MPa	0.04～0.08	0.05～0.09	0.06～0.13	0.08～0.14
给矿浓度/(g/L)	250～600	250～600	250～600	250～600
处理量/(m³/h)	20	80	200	300
外形尺寸/(mm×mm×mm)	420×495×1075	625×647×1875	898×905×2400	1340×1120×3270
设备质量/kg	99	246	630	1088

4.2 氢氧化铝的煅烧

氢氧化铝煅烧是在高温下脱去氢氧化铝的附着水和结晶水，并使氢氧化铝发生分解反应形成氧化铝，同时进行氧化铝的晶型转变，制取适合铝电解要求的氧化铝。

氢氧化铝煅烧是氧化铝生产过程中的最后一道工序，其能耗占氧化铝工艺能耗的10%左右。氢氧化铝煅烧是决定氧化铝的产量、质量和能耗的重要环节。氢氧化铝经过煅烧转变为氧化铝经历相变过程，也经历结构和性能的改变。

4.2.1 氢氧化铝煅烧过程的相变

氢氧化铝的煅烧在1000～1250℃温度下进行，氢氧化铝在煅烧过程中发生脱水、相变等复杂的物理化学变化。总体包括下列变化过程。

（1）脱除附着水

工业生产的氢氧化铝含有8%～12%的附着水，脱除附着水的温度在100～110℃之间。

（2）脱除结晶水

氢氧化铝脱除结晶水的起始温度在130～190℃之间。三水铝石脱除三个结晶水过程是依次脱除0.5、1.5和1个水分子。工业氢氧化铝的脱水过程可分四个阶段：第一阶段（180～220℃）脱去0.5个水分子；第二阶段（220～420℃）脱去2个水分子；第三阶段（420～500℃）脱去0.4个水分子；第四阶段在动态条件下，从500℃加热到1050℃脱去剩余的0.05～0.1个水分子。

脱除结晶水与氢氧化铝的制取方法有关，种分产品在一、三阶段脱去的水分稍多于碳分（碳酸化分解）产品，但碳分产品在第二阶段脱去的水分多于种分产品。

（3）晶型转变

氢氧化铝在脱水过程中伴随着晶型转变，一般到1200℃全部转变为 $\alpha\text{-Al}_2\text{O}_3$。

由氢氧化铝转化为 $\alpha\text{-Al}_2\text{O}_3$ 的整个过程中，出现若干性质不同的过渡型氧化铝。原始氢氧化铝不同，则过渡型氧化铝种类不同；加热条件不同，过渡状态也不同。图4-15是各种原始氢氧化铝在加热过程中的脱水相变过程。

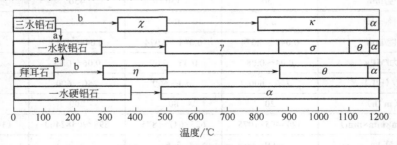

图 4-15 氢氧化铝脱水相变过程

表 4-5 是氢氧化铝脱水相变的条件。

表 4-5　氢氧化铝脱水相变的条件

煅烧条件	有利途径 a	有利途径 b	煅烧条件	有利途径 a	有利途径 b
压力	>100	>100	升温速度/(℃/min)	>1	<1
气氛	湿空气	干空气	粒度/μm	>100	<10

煅烧工艺本身也影响相变过程，流态化煅烧升温速度高达 10^3℃/s，在此工艺条件下，氢氧化铝相变途径为：

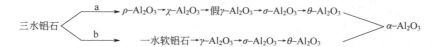

其中 a 是主要路径，原因是快速加热到 520℃ 以上时，由于缺乏水热条件，导致氢氧化铝不转变为一水软铝石。

在传统回转窑煅烧条件下，氢氧化铝相变途径为：

三水铝石 〈 a　χ-Al$_2$O$_3$→κ-Al$_2$O$_3$ 〉 α-Al$_2$O$_3$
　　　　　 b　一水软铝石→γ-Al$_2$O$_3$→σ-Al$_2$O$_3$→θ-Al$_2$O$_3$

传统的回转窑与流态化煅烧的相变途径不同，煅烧时间与温度不同，产品中 α-Al$_2$O$_3$ 的含量也不同，图 4-16 显示随着煅烧温度的升高，α-Al$_2$O$_3$ 的含量逐渐增加。

在氢氧化铝煅烧过程中，γ-Al$_2$O$_3$ 转变为 α-Al$_2$O$_3$ 是放热过程，其他过程为吸热过程，热量主要消耗在 600℃ 之前的加热阶段。

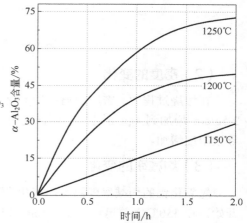

图 4-16　煅烧温度与时间对氧化铝中 α-Al$_2$O$_3$ 含量的影响

4.2.2　氢氧化铝煅烧过程中结构与性能的变化

氢氧化铝煅烧过程中，随着脱水和相变的进行，氧化铝的结构与性能也相应地发生变化。

（1）比表面积的变化

氢氧化铝在煅烧过程中比表面积随温度的变化见图 4-17，在 240℃ 时比表面积急剧增加，到 400℃ 左右达到极大值。煅烧温度在 240℃ 时，第二阶段脱水开始，氢氧化铝急剧脱水，使其结晶集合体崩碎，新生成的 γ-Al$_2$O$_3$ 结晶尚不完善，γ-Al$_2$O$_3$ 分散度很大，具有很大的比表面积。随着脱水过程的结束，γ-Al$_2$O$_3$ 变得致密，结晶趋于完善，比表面积开始减小。温度升到 900℃，α-Al$_2$O$_3$ 开始出现，其含量随着温度的升高而增加，比表面积进一步减小，到 1200℃ 时降到最低点。

氧化铝的比表面积与原始物料有关，不同方法得到的氢氧化铝虽然煅烧后得到的氧化铝晶型基本相同，但结构和比表面积有相当大的差别。

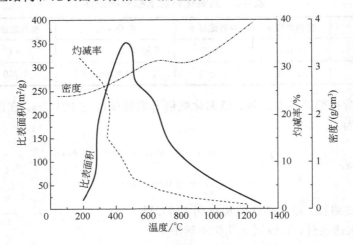

图 4-17　氢氧化铝煅烧时的性能变化

（2）密度的变化

在煅烧过程中，密度随温度的变化见图 4-17。随着温度升到 1250℃，密度逐渐增大，从 $2.5g/cm^3$ 增加到 $4g/cm^3$ 左右。同样是由于脱水过程的结束，γ-Al_2O_3 变得致密，比表面积减小，导致密度增加。

（3）灼减率的变化

氢氧化铝的灼减率随温度的变化见图 4-17，灼减的过程正是脱水的过程。灼减从 100℃ 开始，在 350℃ 之前迅速脱水，400℃ 以后趋势变缓，说明氢氧化铝的脱水在 400℃ 之前已大部分完成，主要脱水是在 100～300℃ 之间完成。

（4）其他性质的变化

煅烧温度还影响氧化铝的其他性质，如安息角、流动性。在 1000～1100℃ 煅烧的氧化铝，安息角小，流动性好，同时 α-Al_2O_3 含量低，比表面积大，在冰晶石熔体中的溶解较快，对 HF 的吸附能力强。如果在 1200℃ 以上煅烧，会使产物氧化铝的安息角大，流动性不好。

某些杂质对氧化铝的性质也有一定影响。当氢氧化铝中含 V_2O_5 时，煅烧时将使氧化铝发生粉化，并使其成为针状结晶，这种氧化铝的流动性很不好。煅烧产品中 Na_2O 的含量低于 0.5% 时，碱含量越高，产品强度越大，粒度越粗，并可抑制 α-Al_2O_3 的生成。

当有氟化物存在时可以加速氢氧化铝的相转变，并可降低相变的温度。因此添加氟化物可以提高窑的产能，降低燃料消耗，所得到的氧化铝表面粗糙，密度大，但由于其耐磨性很强，易使输送管道磨损。黏附性好，易成团，使溶解速度降低，加上安息角大，流动性差，因此添加氟化物没有得到广泛应用，生产砂状氧化铝的工厂更是这样。

4.2.3　氢氧化铝煅烧工艺与技术

氢氧化铝煅烧工艺经历了传统回转窑工艺、改进回转窑工艺和流态化煅烧工艺三个发展阶段。

（1）传统回转窑煅烧工艺

十九世纪早期，世界上的氢氧化铝基本上都是采用回转窑煅烧，这种设备结构简单，维护方便，设备标准化，煅烧产品的破碎率低。其设备流程见图 4-18。

根据物料在窑内发生的物理化学变化，从窑尾起划分为烘干、脱水、预热、煅烧及冷却五个带，预热带也可并入脱水带。各带长度与窑的规格、热工制度和产能等因素有关。回转窑的产能主要取决于窑的规格、燃料质量、热工制度等因素。由于传统回转窑存在传热效率低、热耗大（一般为 4.5~6.0GJ/t Al$_2$O$_3$）、燃料成本高（燃料占本工序加工费用的 2/3 以上）等问题，人们在传统回转窑的基础上进行了工艺改进，逐渐淘汰了传统回转窑煅烧氢氧化铝工艺。

（2）改进回转窑煅烧工艺

鉴于传统回转窑的缺点，围绕降低回转窑热耗开展了一系列的改造并取得了良好的效果。具有代表性的有带旋风预热器的短回转窑系统、带旋风预热器和旋风冷却器的短回转窑系统、带旋风预热器和流化床冷却器的短回转窑系统等。其主要原理是：为了充分回收废气的热量，除了在回转窑内设热交换器来降低废气温度外，还在窑外采用旋风预热器，利用废气预热氢氧化铝，使氢氧化铝脱水。由于氧化铝与废气热交换是在悬浮状态下进行的，因而传热效率高。又由于热交换器承担了一部分窑的工作，因此在产能不变的条件下，窑的长度可以缩短，从而减少设备的散热损失，大大降低投资和热耗。另外，还可在窑头安装高效冷却旋风热交换器或流化床冷却器，更充分地回收出窑氧化铝带走的热量，空气预热温度提高，使燃烧温度提高，窑内的热交换过程得到加强，窑的产能也因而提高。图 4-19 为带两组旋风热交换器的氢氧化铝煅烧回转窑。

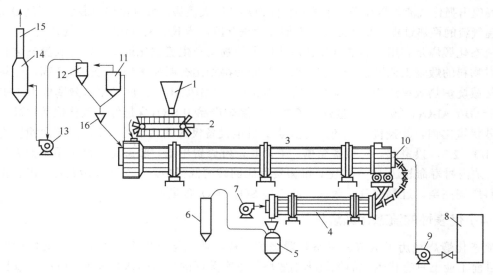

1—氢氧化铝仓；2—裙式饲料机；3—窑身；4—冷却机；5—吹风机；6—氧化铝仓；7—鼓风机；8—油库；9—油泵；10—油枪；11——次旋风收尘器；12—二次旋风收尘器；13—排风机；14—立式电收尘室；15—烟囱；16—集灰斗

图 4-18 氢氧化铝煅烧传统回转窑的设备流程

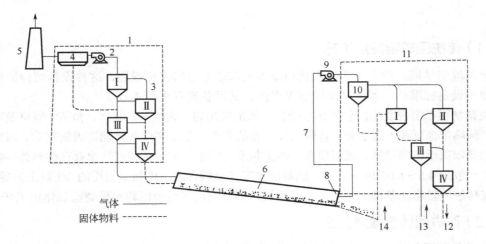

1—氢氧化铝预热系统；2—排风机；3—氢氧化铝的加料器；4—电收尘室；5—烟囱；6—回转窑；7—热风；
8—油枪；9—鼓风机；10—除尘器；11—氧化铝冷却系统；12—送吹风机；13,14—空气；Ⅰ，Ⅱ，Ⅲ，Ⅳ—旋风热交换器

图 4-19　氢氧化铝煅烧回转窑的设备流程（带两组旋风热交换器）

（3）流态化煅烧工艺

　　虽然回转窑煅烧氢氧化铝的工艺不断改进，但从传热观点来看，用回转窑煅烧氢氧化铝这种粉料并不理想。因为它不能提供良好的传热条件，在窑内只是料层表面的物料与热气流接触，紧贴窑壁的物料难加热，换热效率低，同时回转窑是转动的，投资大，窑衬的磨损使产品中 SiO_2 含量增加，物料在窑中煅烧也不够均匀，直接影响产品质量。所以，人们积极开发能够消除这些缺点的替代工艺设备。20 世纪 40 年代，细粒固体物料的流态化技术成功地用于炼油工业，表现出强化气流与悬浮于其中的颗粒间换热的巨大优势。氢氧化铝的煅烧，正是粉状物料与高温气流的换热过程。受此启发，人们开始进行流化床煅烧氢氧化铝技术的开发。

　　流态化煅烧是利用高温热气体使流化床上的物料产生流态化运动，在连续流态化状态中完成对物料的煅烧工艺过程。流态化煅烧与回转窑相比有明显优势：①热效率高、热耗低。流态化煅烧炉热效率达 75%～80%，热耗约 3.1～3.2GJ/t Al_2O_3；回转窑热效率低于 60%，热耗 4～5GJ/t Al_2O_3。②产品质量好。流态化煅烧炉产品中 SiO_2 含量低，氧化铝活性高，易于制备砂状氧化铝。③投资少。流态化煅烧炉机电设备仅为回转窑的 1/2，建筑面积仅为回转窑的 1/3～2/3，投资低。④设备简单，寿命长，维修费用低。流态化煅烧炉系统无大型转动设备，炉内衬寿命长达 10 年以上，维修费用比回转窑低得多。⑤对环境污染轻。流态化煅烧炉燃料燃烧完全，过剩空气系数低，废气中 SO_2、NO_x 含量低。

（4）代表性的流态化煅烧炉

　　流态化煅烧经历了从浓相流态化煅烧炉向稀、浓相结合以至稀相流态化煅烧的发展过程。目前工业上具有代表性的氢氧化铝煅烧装置有美国的流态闪速煅烧炉（FFC）、德国的循环流态煅烧炉（CFC）以及丹麦或法国的气态悬浮煅烧炉（GSC）。

　　图 4-20 为流态闪速煅烧炉原理图。流态闪速煅烧炉由闪速煅烧炉和保持炉组成。闪速炉属稀相换热的流化床，气流速度为 4～5m/s。在闪速炉完成煅烧的物料随高温气体进入保持炉，保持炉属浓相换热流化床，物料在保持炉内作浓相停留保温，待氧化铝的物理性质符合

要求后，由炉底排料管进入冷却系统。气体从保持炉顶部出口进入旋风预热系统。

图 4-21 为循环流态煅烧炉原理图。循环流态煅烧炉由流化床煅烧炉、旋风分离器和 U 形料封槽组成。经预热的物料在二次空气入口的上部送入炉内。由炉顶部出来的物料进入旋风分离器，分出的大部分氧化铝经 U 形料封槽循环回到煅烧炉，小部分氧化铝去冷却系统。在炉内二次空气入口处以下的区段形成固体浓相区，由气体分布板到炉顶，床层密度逐渐减小，存在明显的浓度梯度。

图 4-22 为气态悬浮煅烧炉原理图。气态悬浮煅烧炉由煅烧炉和旋风分离器组成。空气由底部进入，流速在 10m/s 以上，在扩大段与重油混合后燃烧，高温气体在

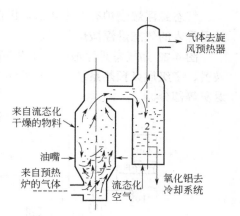

图 4-20 流态闪速煅烧炉原理

锥体处直接与进炉物料接触，充分进行热交换。筒体段的气流速度为 2～3m/s，物料在此段呈稀相换热并被煅烧。炉底部入口处气体速度，应保证物料在煅烧炉整个截面上均匀分布并处于悬浮状态。煅烧后物料流入旋风分离器，分离的物料去冷却系统，气体去预热新的物料。

气态悬浮煅烧炉的优越性主要体现在以下几个方面：①没有空气分布板和空气喷嘴部件，预热燃烧用的空气只用一条管道送入煅烧炉底部，压降小，维修工作量小。②整个系统中温度在 100℃以上部分，物料均处于稀相状态，系统总压降仅为 0.055～0.065MPa，动力消耗少。③煅烧好的物料不保温，也不循环回煅烧炉，简化了煅烧炉的设计和物料流的控制。④整个装置内物料存量少，容易开停，损失量减少。⑤所有旋风垂直串联配置，固体物料由上而下流动，无须吹送，减少了空气耗用量。⑥整个系统在略低于大气压的微负压下操作，更换仪表、燃料喷嘴等附件时不必停炉处理。

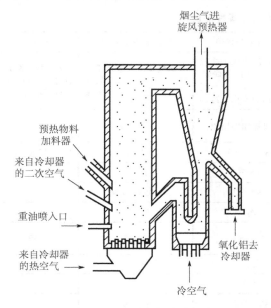

图 4-21 循环流态煅烧炉原理

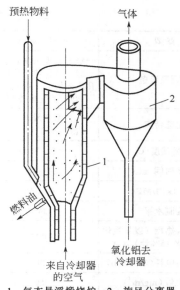

1—气态悬浮煅烧炉；2—旋风分离器

图 4-22 气态悬浮煅烧炉原理

气态悬浮煅烧炉有众多优点，因此成为当前流态化发展的趋势。我国氧化铝工业也广泛采用丹麦的气态悬浮煅烧装置。

图 4-23 为气态悬浮煅烧炉工艺流程，煅烧炉系统主要包括氢氧化铝喂料、文丘里闪速干燥器、多级旋风预热系统、气态悬浮煅烧炉、多级旋风冷却器、二次流化床冷却器、除尘和返灰等部分。

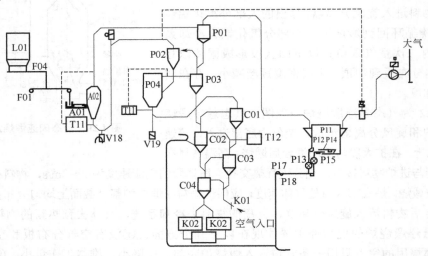

A01—螺旋；A02—文丘里闪速干燥器；C01～C04——一次冷却器；L01—喂料小仓；P01,P02—旋风预热器；P03—热风分离风筒；P04—煅烧炉；P11—电收尘；P12,P14—返料螺旋；P13,P15—气动翻板阀；P17—排风机；P18—烟囱；V18,V19—点火器；T11—热发生器；T12—燃烧器；K01,K02—二次流化床冷却器；F01—皮带机；F04—皮带秤

图 4-23　气态悬浮煅烧炉工艺流程图

几种类型煅烧装置性能比较如表 4-6 所示。

表 4-6　几种类型煅烧装置性能比较

炉型	循环流态煅烧炉	流态闪速煅烧炉	气态悬浮煅烧炉	回转窑
流程及设备	一级文丘里干燥脱水，一级载流预热，循环流化床煅烧，一级载流冷却加流化床冷却	文丘里和流化床干燥脱水，载流预热闪速煅烧，流化停留槽保温，三级载流冷却加流化床冷却	文丘里和一级载流干燥脱水，悬浮煅烧，四级载流冷却加流化床冷却	窑内干燥、脱水、煅烧、冷却，加冷却机冷却
工艺特点	循环煅烧（循环量 3～4 倍）	闪速煅烧加停留槽	稀相悬浮煅烧	
煅烧温度/℃	950～1000	980～1050	1150～1200	1200
煅烧时间/min	20～30	15～30	1～2s	45
系统压力/MPa	约 1.3	0.18～0.21	−0.055～0.065	
控制水平	高	高	高	低
每吨 Al_2O_3 热耗（以氢氧化铝附着水 10%计）/GJ	3.075	3.096	3.075	4.50
每吨 Al_2O_3 电耗/(kW·h)	20	20	<18	
废气排放/(mg/m³)	<50	<50	<50	
产能调节范围/%	46～100	30～100	60～100	
厂房高度/m	32.5	46	49	

思考题

1. 工业生产条件下铝酸钠溶液晶种分解的机理是什么？
2. 铝酸钠溶液晶种分解过程发生的物理化学作用对分解产物粒度组成产生什么影响？
3. 衡量种分作业效果的主要指标有哪些？
4. 分解析出的氢氧化铝中所含氧化钠的存在形式有哪些？哪些是可洗碱，哪些是不可洗碱？
5. 分解原液的浓度和摩尔比如何影响铝酸钠溶液晶种分解过程？
6. 分析生产砂状氧化铝应采用的分解温度制度。
7. 晶种分解工序采用的主要生产设备有哪些？这些设备各自的作用是什么？
8. 氢氧化铝煅烧过程发生了哪些物理化学变化？
9. 先进的具有代表性的氢氧化铝煅烧工艺有哪些？

第5章

分解母液的蒸发与一水碳酸钠的苛化

5.1 分解母液的蒸发

5.1.1 分解母液蒸发的目的

拜耳法生产氧化铝是一个闭路循环流程，溶出铝土矿的苛性碱液是生产中反复使用的，每次作业循环只需补加上次循环中损失的部分碱。但是，每次循环中有赤泥洗水、氢氧化铝洗水、原料带入的水分、蒸汽直接加热的冷凝水的加入，除随赤泥带走以及在氢氧化铝煅烧排出部分水外，多余的水分会降低溶液的浓度，而在生产各阶段对于溶液的浓度又有不同的要求，所以必须由蒸发工序来平衡水量。

分离氢氧化铝后的分解母液 Na_2O 浓度一般在 150～170g/L，经蒸发浓缩到 220～280g/L，符合拜耳法溶出铝土矿配制原矿浆的要求，可送回前段流程使用。母液中的杂质如碳酸钠、硫酸钠和二氧化硅等随蒸发过程的进行而结晶析出，作为杂质盐类从母液中排出，并进行苛化回收。

分解母液的蒸发是拜耳法生产氧化铝工艺中的重要工序，也是薄弱环节。如蒸发能耗约占氧化铝生产能耗的 20%～25%，蒸发汽耗约占氧化铝生产总汽耗的 48%～52%，蒸发成本占氧化铝生产总成本的 10%～12%，同时蒸发工序易结垢，循环效率低，蒸水能力达不到设计值等。因此蒸发工序成为提高氧化铝产能和降低成本的关键工序。

5.1.2 母液中的杂质在蒸发过程中的行为

在拜耳法生产氧化铝中，母液中主要含有氧化铝、苛性碱、碳酸钠和硫酸钠，同时还含有硅和钙等物质。在母液增浓过程中，由于各种盐类浓度提高，一部分盐类（如碳酸钠、硫酸钠）将结晶出来；同时由于温度升高，具有逆溶解度特性的铝硅酸钠将以水合物的形式结晶出来。这些结晶物除了作为杂质盐类从母液中排出外，还有部分附着在加热管壁面上，并不断生长，最终形成极为致密坚硬的结疤，降低蒸发效率，影响蒸发工序的正常进行。

5.1.2.1 碳酸钠

拜耳法氧化铝生产流程中，Na_2CO_3 主要来自以下几个方面：①铝土矿中的碳酸盐与苛性

碱作用生成 Na_2CO_3；②苛性碱与空气接触吸收 CO_2 生成 Na_2CO_3；③添加石灰时带入未分解的 $CaCO_3$ 与苛性碱作用生成 Na_2CO_3。其中，添加石灰是流程中 Na_2CO_3 含量高的主要原因之一。碳酸钠在生产中的析出受到溶液温度、苛性碱浓度以及摩尔比（MR）等诸多因素的影响，其结晶产物主要是一水碳酸钠。

图 5-1 是碳酸钠在铝酸钠溶液中的溶解度，可以看出，碳酸钠在铝酸钠溶液中的溶解度随溶液温度的下降、苛性碱浓度的提高与摩尔比（MR）的减小而降低，碳酸钠析出量增加。蒸发过程中，苛性碱和全碱浓度不断上升，当碳酸钠处于过饱和状态时便结晶析出，结垢附于蒸发器壁面。循环母液中的碳酸钠含量需控制在溶出系统自蒸发器出料时的碳酸钠平衡浓度以下，才可避免出料管结疤堵塞现象的发生。

在蒸发过程中析出的一水碳酸钠质量与每一循环中加入的质量相等，于是溶液中碳酸钠含量保持恒定。因此，对拜耳法来说，从流程中析出一水碳酸钠是必须的，析出的一水碳酸钠通过苛化回收，返回流程用来溶出下一批矿石。

有机物会使溶液中的碳酸钠过饱和，因此工业铝酸钠溶液中的碳酸钠浓度往往比纯铝酸钠溶液中的平衡浓度高出 1.5%～2.0%。这是因为有机物使溶液黏度升高而引起的。有机物还使结晶析出的一水碳酸钠粒度细化，造成沉降和过滤分离困难。在联合法中，拜耳法系统母液蒸发析出的一水碳酸钠送去配料烧结，它所吸附的有机物在熟料烧结窑中烧除。

5.1.2.2 硫酸钠

拜耳法溶液中的硫酸钠主要是铝土矿中的含硫矿物与苛性碱反应生成并在流程中循环积累的。在母液蒸发过程中，当硫酸钠含量达到过饱和，就会造成蒸发器和管壁结疤增加，影响蒸发效率，增加能耗。

硫酸钠在分解母液中的溶解度随着 Na_2O 浓度的增大而急剧下降（图 5-2）。温度对硫酸钠的溶解度也有显著影响，温度升高使之在铝酸钠溶液中的溶解度增大，减少 Na_2SO_4 结晶析出。

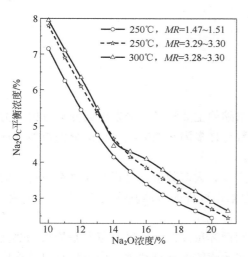

图 5-1　碳酸钠在铝酸钠溶液中的溶解度

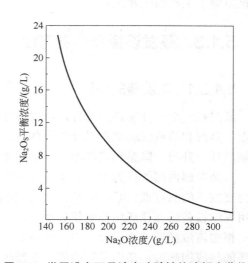

图 5-2　常压沸点下母液中硫酸钠的溶解度曲线

蒸发过程中，母液中的碳酸钠和硫酸钠能形成一种水溶性复盐 $2Na_2SO_4 \cdot Na_2CO_3$ 结晶析出。表 5-1 是 Na_2O 含量为 140g/L 的分解母液经蒸发浓缩至 250g/L 时，碳酸钠和硫酸钠在蒸发过程中的结晶析出情况，可以看出，碳酸钠的析出量为原液中总量的 30%左右，硫酸钠的析出量为原液中总量的 60%左右，大部分盐类被析出，硫酸钠的相对析出量比碳酸钠大。复盐 $2Na_2SO_4 \cdot Na_2CO_3$ 还可以与一水碳酸钠形成固溶体，在它的平衡溶液中，Na_2SO_4 的含量更低。

表 5-1　碳酸钠和硫酸钠在蒸发过程中的结晶析出

蒸发原液组成			蒸发母液组成			结晶析出	
v (Na$_2$O) /(g/L)	Na$_2$O$_C$/Na$_2$O /%	Na$_2$O$_S$/Na$_2$O /%	v (Na$_2$O) /(g/L)	Na$_2$O$_C$/Na$_2$O /%	Na$_2$O$_S$/Na$_2$O /%	C 含量 /%	S 含量 /%
132.6	13.98	4.57	270.9	9.63	1.83	31.11	59.96
136.5	16.34	5.97	245.2	11.70	2.09	28.40	64.99
144.3	15.70	4.65	261.5	9.85	1.92	37.26	58.71
148.5	14.15	5.95	250.8	9.10	2.00	35.69	66.39
140.4	15.04	5.28	257.4	10.05	1.96	33.18	62.88

5.1.2.3　二氧化硅

铝土矿溶出时，绝大部分 SiO_2 已经成为铝硅酸钠析出混入赤泥中，但母液中铝硅酸钠仍然是过饱和的，其溶解行为与在溶出液中相似，温度升高和 Na_2O 浓度降低都使铝硅酸钠在母液中的溶解度降低，易析出形成结垢。另外，碳酸钠和硫酸钠在母液中的存在将使含水铝硅酸钠转变为溶解度更小的沸石族化合物，降低铝硅酸钠在母液中的溶解度。

生产中，铝硅酸钠和复盐 $2Na_2SO_4 \cdot Na_2CO_3$ 混合沉积在蒸发器内壁，并不断生长，最终形成极为致密坚硬的结疤，降低传热系数，堵塞管道，使蒸发效率明显下降，蒸水能力不能满足经济运行的要求，需要停车清理结疤。铝硅酸钠垢不溶于水，易溶于酸，蒸发器每运行几天即需水洗 1 次，每 1 个月左右用 5%稀硫酸加入缓蚀剂（约 0.2%的若丁）酸洗 1 次。结疤不仅使蒸发效率严重下降，而且频繁的酸洗对设备造成严重腐蚀，蒸发器使用寿命缩短，严重阻碍了生产的正常进行。

5.1.3　蒸发设备及蒸发流程

5.1.3.1　蒸发器的类型

蒸发是一个十分复杂的过程，蒸发器是溶液浓缩的主要设备，蒸发能力受设备内压力、温度、蒸汽和溶液流动状态以及整个体系传热系数等许多因素的影响。一般分为自然循环、强制循环、升膜、降膜和闪蒸等五种形式蒸发器。

按蒸发器内部的压力可分为常压蒸发和减压蒸发。大多数蒸发过程是在真空下进行的，因为真空下的沸点低，可以用降压蒸汽（例如来自溶出过程的自蒸发蒸汽等）作为加热蒸汽，应用真空设备还能使环境热量损失减少。

根据溶液循环的方式分为自然循环蒸发和强制循环蒸发。自然循环蒸发是依靠加热室将循环的溶液加热后，在循环管两侧产生密度差形成溶液的循环推动力。由于仅靠温差形成的这种推动力较小，溶液在加热管内的循环速度只能达到 0.8～0.9m/s。当被蒸发的物料在蒸发过程中有碳酸盐和硫酸盐结晶析出时，这些结晶物易附着在加热管内壁形成垢，故这种蒸发器不宜蒸发有结晶析出的物料。强制循环蒸发器是依靠强制循环泵实现料液的循环流动，管内料液的流速加大到 2~5m/s，传热效率相比自然循环成倍增长。同时强制循环蒸发器属于管外浓缩，除具有循环速度高、效率高的优点之外，还能很好地适应有固体析出的蒸发。它的不足是循环量大，动力消耗高，维护工作量大。因此它常用于物料黏度大、有结晶析出和易结疤溶液的蒸发。另外，强制循环蒸发器是一种低温差蒸发器，有效温差即使降至3~5℃，仍可进行操作，故在总温差不大的情况下，也能实现五效或六效操作。

根据液膜形成的方向可分为升膜蒸发器和降膜蒸发器。升膜蒸发器的液膜形成由下而上，这不仅动力消耗高，液膜形成难度大，而且蒸发器下部容易形成局部过热，缩短了设备寿命。降膜蒸发器的液膜形成是溶液送至蒸发器顶部，通过布膜器由加热室顶部加入，经布膜器分布后呈膜状附于管壁顺流而下，被汽化的蒸汽与液体一起由加热管下端引出，克服了升膜蒸发器的弊端。降膜蒸发器总传热系数较高，因而所需传热面积较小，而且总传热系数随管内的位置改变不大。降膜蒸发器使溶液在管内的停留时间缩短，加热管的压力降较低，减少了有效温度差损失，提高了传热的有效温度差，但降膜蒸发器不能用于蒸发有结晶析出的液体。目前降膜蒸发器已取代了升膜蒸发器。降膜蒸发器按加热面形状又可分为板式和管式两种类型。

另外还有闪速蒸发器，闪速蒸发器由于蒸发不在加热面上进行，除在防止结疤和结疤清理方面比其他设备优越外，尚有设备结构简单、温度波动小、汽耗较低等特点，要求的蒸发母液浓度低、蒸发水量少时可以采用，反之则不宜采用。闪速蒸发器的结构简图如图5-3所示。降膜蒸发与闪速蒸发相结合的流程是目前世界上拜耳法种分母液蒸发的先进流程。

5.1.3.2　降膜蒸发器

近年来降膜蒸发器因具有汽耗低、产能高等特点得到快速发展和应用。

降膜蒸发器（图 5-4）的特点是：料液从加热室上部进入，经安装于上管板的布膜器均匀地分布于加热管内表面，以2m/s的速度在从上向下流动的过程中换热而蒸发；二次蒸汽和

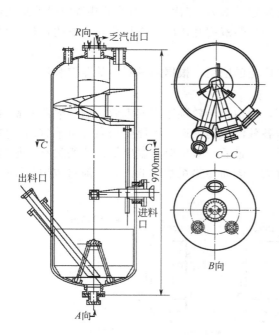

图5-3　闪速蒸发器结构示意简图

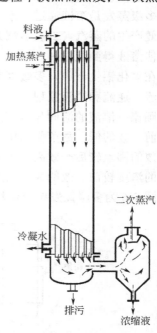

图5-4　降膜蒸发器原理

料液一并向下流动，由于料液的不断蒸发，二次蒸汽的速度逐渐加快，在加热管底部，蒸汽速度可达 20m/s 左右，使液膜处在高度湍流状态，强化了管内壁的传热，二次蒸汽在分离室与料液分离；蒸汽在管外冷凝，由底部排出。

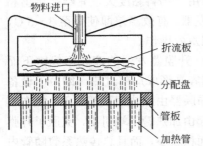

图 5-5　布膜器原理

降膜蒸发器的关键技术是布膜器，为了使料液均匀地分配到管板上的每一个加热元件中，并在加热元件壁形成均匀的液膜，必须有性能良好的布膜器。布膜器的工作原理如图 5-5 所示。

目前在氧化铝行业使用的布膜器有两种：一种是一层筛孔板加一层多个喷头组成的布膜器，这种布膜器要求加热管伸出上管板 40mm 左右，对每根加热管板伸出的长度的误差要求严格，否则将严重影响料液分布的均匀度。另一种是由多层筛孔板组成的布膜器，这种布膜器通过每层筛孔板上孔的特殊设计，使到达管板的料液均匀地分布于加热元件的管桥间，然后溢流进加热元件，由于下层筛孔板上的开孔较小，要求进入布膜器的料液中不能含有颗粒状杂质，因此对不清洁料液必须过滤才能保证布膜器的正常运行。

5.1.3.3　蒸发流程

根据蒸发装置的级数可分为单级蒸发和多级蒸发。蒸发器的级数称为效。

单级蒸发通常是在一台设备或者在几台溶液为串联、加热蒸汽为并联的设备中进行。单级蒸发装置适用于物理化学温度降较大的溶液，物理化学温度降是指在常压下溶液沸点与纯溶剂沸点之间的差值。外部能量交换由三部分组成：①将溶液加热到沸点；②将水由液态转变为气态；③补偿由于环境损失的热量。

多级蒸发是溶液通过一系列串联的蒸发器（效），多次利用由外部热源提供的加热蒸汽，前一效产生的蒸汽（二次蒸汽）在另一效中与溶液相互作用，在加热和蒸发的换热过程中凝结，使溶液得到浓缩。

在氧化铝生产中，多级真空蒸发得到广泛的应用。根据蒸发器中的蒸汽和溶液的流向分为顺流、逆流和错流流程。

顺流：溶液的流向与蒸汽的流向相同，即由第一效顺序流向末效。后一效蒸发室内的压力较前一效的低，故可借助压力差来完成各效溶液的输送，不需要用泵，可节省动力费用；前一效的沸点较后一效高，所以自蒸发量大；最后一效出料，温度低，热损失小。但由于后一效的浓度较前一效的大，温度低，黏度大，因而传热系数较低，有可能造成出料不畅等问题。图 5-6 为多级蒸发顺流流程。

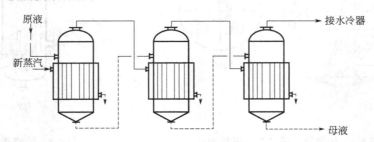

图 5-6　多级蒸发顺流流程

逆流：溶液的流向与蒸汽的流向完全相反，即溶液从末效加入由第1效出，蒸汽由第1效加入顺序流至末效。随着溶液的浓度越来越高，温度也越来越高，因此黏度的影响不明显。虽然传热系数有所下降，但不至于降得太低，而出料却很畅快。但是，由于各效溶液的加入均用泵输送，因此动力消耗大。另外，出料温度高，热损失就比较大。图5-7为多级蒸发逆流流程。

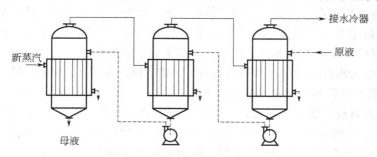

图 5-7　多级蒸发逆流流程

错流：在蒸发过程中既有顺流又有逆流。其优缺点介于顺流和逆流之间。在生产过程中往往采用3—1—2、2—3—1等多种流程交替作业，其目的在于清洗蒸发器内的结疤，以提高蒸发效率，减少汽耗，降低生产成本。图5-8为多级蒸发错流流程。

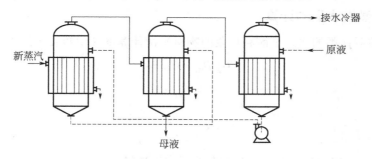

图 5-8　多级蒸发错流流程

在氧化铝生产中，传统的蒸发工艺以三效和四效为主，降膜蒸发器是近年来应用到氧化铝行业的新型高效蒸发器，它可以实现多效蒸发，减少汽耗，降低生产成本。现以六效逆流三级闪蒸的板式降膜蒸发系统为例来介绍母液蒸发工艺，工艺流程如图5-9所示。

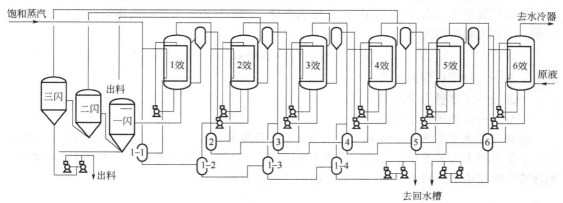

图 5-9　六效逆流三级闪蒸的板式降膜蒸发系统工艺流程

六效逆流三级闪蒸的板式降膜蒸发系统工艺经过使用，归纳其工艺特点如下：

① 板式降膜蒸发器传热系数高，没有因液柱静压引起的温度损失，有利于小温差传热，实现六效作业，汽耗比传统的四效蒸发器低 0.12t/t H_2O。

② 1～5 效蒸发器进料，采用直接预热器预热，分别用三级闪蒸器及本效的二次蒸汽作热源，使溶液预热到沸点后进料，提高了传热系数，改善了蒸发的技术经济指标。

③ 采用水封罐兼做闪蒸器的办法，对新蒸汽及各效二次蒸汽冷凝水的热量进行回收利用，不仅流程简单，并可有效地阻汽排水，降低了系统的汽耗。

④ 采用三级闪蒸对溶液的热量进行回收，1 效出料温度约为 149℃，经三级闪蒸，温度降至 95℃，然后送第四蒸发站进行排盐蒸发。

⑤ 板式蒸发器板片结疤时，可自行脱落，减少清洗设备次数。1 效每两个月用 60MPa 高压水清洗一次；2 效每半年用高压水清洗一次；3～6 效基本无结垢，不需清洗。

该工艺不足之处在于不适合排盐蒸发，溶液浓度不能提得太高，如果 1 效有盐析出，会使布膜器堵塞，造成布膜器不能正常布膜。

5.1.4　多级蒸发装置的热工计算

5.1.4.1　蒸发水量的计算

根据蒸发前后盐类的物料平衡和料浆的物料平衡计算溶液中蒸发出的水量：

$$G_{始}B_{始} = G_{终}B_{终} \tag{5-1}$$

$$G_{始} = G_{终} + W \tag{5-2}$$

$$W = G_{终}\left(\frac{B_{终}}{B_{始}} - 1\right) \tag{5-3}$$

式中　$G_{始}$，$G_{终}$——蒸发初始的溶液量和蒸浓后的溶液量，kg/h；

　　　$B_{始}$，$B_{终}$——蒸发初始的溶液浓度和蒸浓后的溶液浓度，%；

　　　W——蒸发水量，kg/h。

5.1.4.2　蒸发装置中的温度损失

在蒸发装置中的温度损失由物理化学温度降、流体静力学温差和流体动力学温差三部分构成，即总的温度损失为：

$$\theta_{损失} = \theta_1 + \Delta h + \Delta i \tag{5-4}$$

式中　θ_1——物理化学温度降，℃；

　　　Δh——流体静力学温差，℃；

　　　Δi——流体动力学温差，℃。

物理化学温度降查手册确定。流体静力学温差是由于溶液上层和下层的压力差造成的，液柱下层的压力大于上层，所以，下层溶液沸点高于上层溶液沸点，通常某一效沸点指的是加热管中间层溶液的沸点。中间层溶液的流体静压力按下式计算：

$$\Delta P = \rho_{混} \times \frac{H}{2} \tag{5-5}$$

式中 ΔP ——中间层溶液的流体静压力，Pa；

$\rho_{混}$ ——蒸发设备中汽液混合物的密度，kg/m^3；

H ——液柱高度，m。

根据水的饱和蒸气压力表查出在该蒸汽空间的压力与由式（5-5）计算的流体静压力相加之和的总压力下水的沸点，该沸点温度与在蒸汽空间压力下水的沸点之差即为流体静力学温差。此式只适用于静止和不沸腾的溶液。对于溶液多次循环蒸发设备，流体静力学温差可在0.60～2.00℃内取值。

流体动力学温差主要由各效间管路的流体力学阻力所致，体现在二次蒸汽温度降上，对多级蒸发装置的每一效，此值平均为1.5℃。

效数越多，温度损失越大，但增加蒸发器组的效数，是降低蒸汽消耗的有效途径。随效数的增多，节约蒸汽增多。选多少效适宜，要根据技术经济因素而定。在我国拜耳法蒸发原液时，多为五至六效逆流降膜蒸发器组和多级闪蒸加强制循环蒸发排盐的两段蒸发流程。

5.1.4.3 各效有效温差的分配

多级蒸发装置中总的温差 $\Delta t_总$ 等于第 1 效加热蒸汽温度 t_1 与最末效中蒸汽温度 t_n 之间的差值，而其总的有效温差 $\sum \Delta t$ 为总的温差 $\Delta t_总$ 与各效中温度损失总和 $\sum \theta_{损失}$ 之差。

若多级蒸发装置各效沸腾管具有相同的换热表面，则必须有：

$$\frac{\Delta t_n}{\Delta t_1} = \frac{Q_n}{Q_1} \times \frac{K_1}{K_n} \tag{5-6}$$

式中 $\Delta t_n, \Delta t_1$ ——分别为第 n 效、第 1 效有效温差，℃；

Q_n, Q_1 ——分别为第 n 效、第 1 效热流，W；

K_n, K_1 ——分别为第 n 效、第 1 效传热系数，$W/(m^2 \cdot ℃)$。

若要求总的热交换表面为最小，则：

$$\frac{\Delta t_n}{\Delta t_1} = \sqrt{\frac{Q_n}{Q_1} \times \frac{K_1}{K_n}} \tag{5-7}$$

若要求总的热交换表面为最小，同时各效沸腾管具有相同的换热表面，则：

$$\frac{\Delta t_n}{\Delta t_1} = \sqrt{\frac{\Delta t_n}{\Delta t_1}} \tag{5-8}$$

只有当 $\frac{\Delta t_n}{\Delta t_1} = 1$ 时式（5-8）才能成立。

因此，

$$\Delta t_n = \Delta t_1 \tag{5-9}$$

$$\frac{Q_n}{Q_1} = \frac{K_n}{K_1} \tag{5-10}$$

即各效有效温差相等，热流与传热系数成正比。在实际生产中，很难实现这一要求。

5.1.4.4 各效热流的分配

在蒸发器内蒸汽凝结成水释放出来的热量，会使蒸发器内溶液中的水变为气态分离出来。单位（对蒸发 1kg 水而言）相变热为：

水蒸气凝结时：

$$q_{蒸汽 \to 水} = \lambda_{蒸汽} - c_{水} \tau_{蒸汽} \tag{5-11}$$

水蒸发时：

$$q_{水 \to 蒸汽} = i_{蒸汽} - c_{水} t_{蒸汽} \tag{5-12}$$

式中　$q_{蒸汽 \to 水}$，$q_{水 \to 蒸汽}$ ——蒸汽凝结为水和水蒸发为气态的单位相变热，kJ/kg；

　　　　$\lambda_{蒸汽}$，$i_{蒸汽}$ ——凝结蒸汽和二次蒸汽的热焓，kJ/kg；

　　　　$\tau_{蒸汽}$，$t_{蒸汽}$ ——加热蒸汽的凝结水温度和溶液沸点，℃；

　　　　$c_{水}$ ——水的比热容，kJ/（kg·℃）。

如果将通过设备表面散失到环境中的热量忽略不计，那么二次蒸汽在第 n 效中的蒸发系数 α_n 为：

$$\alpha_n = \frac{\lambda_n - c_{水} \tau_n}{i_n - c_{水} t_n} \tag{5-13}$$

由第 $n-1$ 效送来的溶液比第 n 效中溶液的温度高，因此溶液冷却的同时发生自蒸发，自蒸发系数 β_n 为：

$$\beta_n = \frac{t_{n-1} - t_n}{i_{蒸汽} - c_{水} t_{蒸汽}} \tag{5-14}$$

式中　t_{n-1}，t_n ——溶液在第 n 效设备进口和出口处的温度，℃。

在第 $n-1$ 效中由蒸汽凝结得到的凝结水（1 千克），再冷却到第 n 效的加热室中的冷却水的温度所释放出来的热量，使第 n 效中的溶液蒸发，其自蒸发系数为：

$$\gamma_n = \frac{\lambda_{n-1} - c_{水} \tau_n}{i_{蒸汽} - c_{水} t_{蒸汽}} \tag{5-15}$$

式中　τ_{n-1}，τ_n ——第 $n-1$ 效凝结水和第 n 效凝结水的温度，℃。

因而，在第 n 效蒸发处的水量 W_n 可表示为：

$$W_n = D_n \alpha_n + \left(S_0 c_0 - \sum_{i=1}^{n-1} W_i c_i \right) \beta_n + \gamma_n \sum_{i=1}^{n-1} D_i \tag{5-16}$$

式中　S_0 ——原液的物料流量，kg/h；

　　　　c_0 ——原液的比热容，kJ/（kg·℃）；

　　　　W_i ——各效蒸发出来的水量，kg/h；

　　　　c_i ——各效蒸发出来的水的比热容，kJ/（kg·℃）；

　　　　D_i ——各效的加热蒸汽消耗量，kg/h。

另外，在第 n 效蒸发出的水量 W_n 还可表示为：

$$W_n = D_{n+1} + E_n \tag{5-17}$$

式中　D_{n+1} ——第 $n+1$ 效中的加热蒸汽量，kg/h；

　　　　E_n ——抽到第 n 效加热室的蒸汽量，kg/h。

根据式（5-16）和式（5-17），可得：

$$D_{n+1} = D_n\alpha_n + \left(S_0c_0 - \sum_{i=1}^{n-1}W_ic_i\right)\beta_n + \gamma_n\sum_{i=1}^{n-1}D_i - E_n \tag{5-18}$$

得到了各效蒸发水量的分配，便可求出各效热流：

$$Q_n = W_n(i_n - c_{水}t_n) \tag{5-19}$$

5.1.4.5　加热面积的计算

在实际工程中，通常各效沸腾管加热面积是相等的，所以，就此种情况讨论加热面积的计算。

各效加热面积相等，即：

$$F_1 = F_2 = F_3 = \cdots = F_n \tag{5-20}$$

式中　$F_1, F_2, F_3 \cdots\cdots F_n$——第 1 效、第 2 效、第 3 效……第 n 效加热面积，m^2。

同时有式（5-6）成立。

根据传热方程式：

$$Q_n = F_nK_n\Delta t_n \tag{5-21}$$

得到

$$F_n = \frac{Q_n}{K_n\Delta t_n} \tag{5-22}$$

由式（5-6）得出：

$$\frac{\Delta t_2}{\Delta t_1} = \frac{Q_2}{Q_1} \times \frac{K_1}{K_2} = x_2 \tag{5-23}$$

$$\frac{\Delta t_3}{\Delta t_1} = \frac{Q_3}{Q_1} \times \frac{K_1}{K_3} = x_3 \tag{5-24}$$

$$\cdots$$

$$\frac{\Delta t_n}{\Delta t_1} = \frac{Q_n}{Q_1} \times \frac{K_1}{K_n} = x_n \tag{5-25}$$

于是：

$$\Delta t_2 = \Delta t_1 x_2 \tag{5-26}$$

$$\Delta t_3 = \Delta t_1 x_3 \tag{5-27}$$

$$\cdots$$

$$\Delta t_n = \Delta t_1 x_n \tag{5-28}$$

上述各式加和得出：

$$\sum_{n=1}^{N}\Delta t_n = \Delta t_1(1 + x_2 + x_3 + \cdots + x_N) \tag{5-29}$$

则

$$\Delta t_1 = \frac{\sum_{n=1}^{N}\Delta t_n}{1 + x_2 + x_3 + \cdots + x_N} \tag{5-30}$$

把式（5-23）～式（5-25）代入式（5-30），整理后得到：

$$\Delta t_1 = \frac{\dfrac{Q_1}{K_1}\sum\limits_{n=1}^{N}\Delta t_n}{\dfrac{Q_1}{K_1}+\dfrac{Q_2}{K_2}+\dfrac{Q_3}{K_3}+\cdots+\dfrac{Q_N}{K_N}} \tag{5-31}$$

$$\Delta t_2 = \Delta t_1 x_2 = \frac{\dfrac{Q_2}{K_2}\sum\limits_{n=1}^{N}\Delta t_n}{\dfrac{Q_1}{K_1}+\dfrac{Q_2}{K_2}+\dfrac{Q_3}{K_3}+\cdots+\dfrac{Q_N}{K_N}} \tag{5-32}$$

$$\Delta t_3 = \Delta t_1 x_3 = \frac{\dfrac{Q_3}{K_3}\sum\limits_{n=1}^{N}\Delta t_n}{\dfrac{Q_1}{K_1}+\dfrac{Q_2}{K_2}+\dfrac{Q_3}{K_3}+\cdots+\dfrac{Q_N}{K_N}} \tag{5-33}$$

$$\cdots$$

$$\Delta t_n = \Delta t_1 x_n = \frac{\dfrac{Q_n}{K_n}\sum\limits_{n=1}^{N}\Delta t_n}{\dfrac{Q_1}{K_1}+\dfrac{Q_2}{K_2}+\dfrac{Q_3}{K_3}+\cdots+\dfrac{Q_N}{K_N}} \tag{5-34}$$

$$\cdots$$

$$\Delta t_N = \Delta t_1 x_N = \frac{\dfrac{Q_N}{K_N}\sum\limits_{n=1}^{N}\Delta t_n}{\dfrac{Q_1}{K_1}+\dfrac{Q_2}{K_2}+\dfrac{Q_3}{K_3}+\cdots+\dfrac{Q_N}{K_N}} \tag{5-35}$$

由式（5-22）和式（5-34）便可计算多级蒸发装置中单效换热面积为：

$$F_n = \frac{1}{\sum\limits_{n=1}^{N}\Delta t_n}\left(\frac{Q_1}{K_1}+\frac{Q_2}{K_2}+\frac{Q_3}{K_3}+\cdots+\frac{Q_N}{K_N}\right) \tag{5-36}$$

5.1.4.6 蒸发强度

蒸发强度是蒸发器的重要技术指标之一，提高蒸发强度、降低汽耗是母液浓缩过程中追求的重要指标。

蒸发强度可用下式表示：

$$U = \frac{W}{F} \tag{5-37}$$

式中　U ——蒸发强度，kg/（m^2·h）；

　　　W ——蒸水量，kg/h；

　　　F ——加热面积，m^2。

那么第 n 效蒸发强度就为：

$$U_n = \frac{W_n}{F_n} \tag{5-38}$$

式中　U_n——第 n 效蒸发强度，kg/（m^2·h）；

　　　W_n——第 n 效蒸水量，kg/h；

　　　F_n——第 n 效加热面积，m^2。

　　又

$$W_n = \frac{Q_n}{I_n} \qquad (5\text{-}39)$$

式中　Q_n——第 n 效热流，W；

　　　I_n——第 n 效蒸发潜热，kJ/kg。

根据式（5-21）和式（5-39），式（5-38）可变为：

$$U_n = \frac{\Delta t_n K_n}{I_n} \qquad (5\text{-}40)$$

由式（5-40）可见，当蒸发器的型号、效数和操作工艺参数确定以后，其蒸发强度的提高取决于有效温差 Δt_n 和传热系数 K_n 的增大。有效温差和传热系数越大，对传热越有利，热传递越好，越有利于提高蒸发器的产能，也就是越有利于提高蒸发器的强度。有效温差的大小与温差损失、加热蒸汽的温度以及冷凝器的真空度直接相关。传热系数的大小与管间蒸汽冷凝的表面传热系数、管内溶液沸腾的表面传热系数、管壁热阻和污垢热阻这四个因素有关，传热系数可表示为：

$$K_n = \frac{1}{\dfrac{1}{h_{n1}} + \dfrac{1}{h_{n2}} + R_{nw} + R_{nS}} \qquad (5\text{-}41)$$

式中　h_{n1}——第 n 效管间蒸汽冷凝的表面传热系数，W/（m^2·℃）；

　　　h_{n2}——第 n 效管内溶液沸腾的表面传热系数，W/（m^2·℃）；

　　　R_{nw}——第 n 效管壁热阻，（m^2·℃）/W；

　　　R_{nS}——第 n 效污垢热阻，（m^2·℃）/W。

通常排除不凝气体的蒸汽，其管间蒸汽冷凝的表面传热系数 h_{n1} 较大，$1/h_{n1}$ 数值较小，在总的热阻中比例较小，可忽略不计。管壁的热阻 R_{nw} 一般也都很小，而且变化不大，对传热系数 K 值的影响不明显。管内溶液沸腾的表面传热系数 h_{n2} 和污垢热阻 R_{nS} 则是影响传热系数 K 的主要因素，下面我们将对管内溶液沸腾的表面传热系数 h_{n2} 和污垢热阻 R_{nS} 的影响因素进行讨论。

根据传热学，圆形直管内作强制湍流时管内溶液沸腾的表面传热系数 h_{n2} 的经验表达式为：

$$h_{n2} = 0.023 Re^{0.8} Pr^{0.4} \lambda / d \qquad (5\text{-}42)$$

式中　Re——雷诺数；

　　　Pr——普朗特数；

　　　λ——溶液的热导率，W/（m·℃）；

　　　d——圆形直管内径，m。

雷诺数的关系式又可表示为：

$$Re = du\rho / \mu \qquad (5\text{-}43)$$

式中　d——圆形直管内径，m；

u —— 溶液的流速，m/s；

ρ —— 溶液的密度，kg/m³；

μ —— 溶液的动力黏度，Pa·s。

普朗特数关系式为：

$$Pr = c_p \mu / \lambda \tag{5-44}$$

式中　　c_p —— 溶液的定压比热容；

将式（5-43）和式（5-44）代入式（5-42），得到：

$$h_{n2} = \frac{0.023 \times \rho^{0.8} \times c_p^{0.4} \times \lambda^{0.6}}{\mu^{0.4}} \times \frac{u^{0.8}}{d^{0.2}} \tag{5-45}$$

令　　　$\dfrac{0.023 \times \rho^{0.8} \times c_p^{0.4} \times \lambda^{0.6}}{\mu^{0.4}} = A = 常数（物性系数）$

则式（5-45）变为：

$$h_{n2} = A \times \frac{u^{0.8}}{d^{0.2}} \tag{5-46}$$

可以看到，管内溶液沸腾的表面传热系数 h_{n2} 与溶液流速的 0.8 次方成正比，与管径的 0.2 次方成反比，溶液流速变化对管内溶液沸腾的表面传热系数的影响大于管径的影响。溶液流速增加，将提高管内溶液沸腾的表面传热系数。强制循环蒸发与自然循环蒸发相比，其溶液流速快得多，因此其传热系数会大幅度增加，有利于蒸发强度的提高。

5.1.5　蒸发过程的阻垢措施

结垢是造成蒸发工序汽耗增加、设备产能降低的症结。氧化铝生产中母液蒸发器结疤的主要组成为碳酸钠、硫酸钠和钠硅渣，以钠硅渣对蒸发效率影响最大，清洗难度也最大。所以，任何强化母液蒸发过程的措施，均应有利于抑制钠硅渣的析出。多年来对蒸发器结垢的防治进行了大量的研究和实际运用，取得了一些效果，主要方法如下。

（1）采用适当的蒸发流程与作业条件

闪速蒸发的特点是蒸发不在加热面上进行，在防止结垢方面，比其他蒸发方法优越，所以，大多拜耳法母液蒸发系统采用两段蒸发。第一段用降膜蒸发器将 Na_2O 浓度低的母液蒸浓到结疤浓度以下，该蒸发器温差损失小，溶液过热度不大，有利于抑制铝硅酸钠水合物的析出；第二段采用多级闪速蒸发，碳酸钠等杂质在闪蒸罐内结晶析出。对于有大量结疤生成的母液，可采用沸腾区在外的蒸发器，以减少加热管的结疤和磨损。此外还可采用逆热虹吸式蒸发器，溶液在下降管中加热，在上升管中汽化，这种蒸发器也能减轻结疤。有的生产厂利用溶液湍动程度升高结疤速率将减慢的原理，采用了强制循环蒸发器，通过一台耐高温碱液腐蚀的离心泵提高料液流速，结疤明显减少，但循环泵在高温高碱环境下仍有腐蚀，使用寿命较短是需要解决的一个难题。

（2）磁场、电场和超声波处理法

磁场、电场和超声波能降低结晶过程的活化能，当其作用于二氧化硅过饱和溶液时，加速铝硅酸钠析出，使其在更低的温度下生成，析出的铝硅酸钠进入溶液中起着晶核作用，金属与溶液接触面上二氧化硅的过饱和度降低，有利于减少结疤的生成。另外，在磁场、电场和超声波作用下，生成的结疤疏松，容易清理。这种处理方法因需要较高的能量，工厂难以采纳使用。

（3）深度脱硅

深度脱硅不仅可减少溶出过程结疤，同时，它也是蒸发过程阻垢的有效措施。预脱硅的研究在国内开展得比较深入，在溶出过程结疤防治方法中有详述。大多氧化铝生产厂家都有预脱硅工序。

（4）添加阻垢分散剂

1978 年，苏联人提出向母液中添加表面活性剂以减少蒸发器结疤的方法。表面活性剂是含 20%～30%硅酮化合物的强碱溶液，在碱溶液中稳定耐高温。用此类表面活性剂在传热面积为 $2.4m^2$ 的设备上进行试验，当添加量为 1000mg/L 时，试验 176h 后的结疤厚度小于 0.5mm，其抑制碳酸钠、硫酸钠和钠硅渣结垢均有良好效果，因该分散剂添加量大、成本较高，且含有硅，使后续工序难度增大，因而影响了它的应用。日本 EDOLAS 公司推出了一种缓蚀阻垢剂——硅酸盐薄膜剂，这种硅酸盐聚合体溶于水后，产生一种由分子和离子组成的带负电荷的聚合体，称为胶态负粒子。这种胶态负粒子易在钢铁表面形成致密、坚韧的硅铁稳定膜层，具有防腐蚀性和抗垢性，它的缺点是含有硅。中南大学合成了 ZX 型阻垢分散剂，该药剂以分子量较低的聚丙烯酸钠为主要组分，能耐 300℃ 以下高温，适用于强碱溶液，稳定性好，价格低廉，是一种有应用前途的阻垢分散剂。

5.2　一水碳酸钠的苛化

5.2.1　苛化的目的

铝土矿中含有少量的碳酸盐（如石灰石、菱铁矿等），铝土矿溶出时加入的石灰中含有少量的石灰石（因煅烧不完全），在拜耳法生产过程中，这些碳酸盐类与苛性碱作用生成碳酸钠，铝酸钠溶液中的 NaOH 吸收空气中的 CO_2 也生成碳酸钠，母液每一次循环都有一部分（约 3%）苛性碱变成了碳酸碱。这些碳酸碱在母液中循环累积到一定浓度就会在母液蒸发过程中以一水碳酸钠结晶析出。为了使其重新变成苛性碱，以便循环使用，必须将这部分碳酸碱进行苛化。

5.2.2　苛化的方法

一水碳酸钠苛化的方法有石灰法和氧化铁法两种。

5.2.2.1　石灰法

将一水碳酸钠溶解，然后加入石灰乳，使它发生苛化反应：

$$Na_2CO_3+Ca(OH)_2+aq \Longrightarrow 2NaOH+CaCO_3+aq \qquad (5\text{-}47)$$

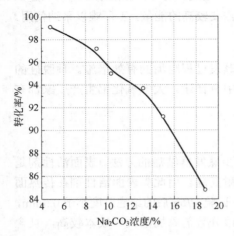

碳酸钙溶解度较小，形成沉淀，过滤去除，滤液回收再利用，补充到循环母液中。

拜耳法生产氧化铝的工厂使用这种苛化方法。在生产中用于溶出铝土矿的循环碱液，一般要求浓度较高（视铝土矿的类型与溶出温度而定），因此希望碳酸钠苛化后所得的碱液浓度尽可能高，否则苛化后的溶液还须经过蒸发才能用于溶出。但是苛化反应是可逆反应，随着苛化过程的进行，溶液中 OH^- 浓度逐渐增加，$Ca(OH)_2$ 的溶解度下降。与此同时，溶液中 CO_3^{2-} 浓度下降，$CaCO_3$ 溶解度增大。所以 Na_2CO_3 不能完全转变为 $NaOH$，只能达到一定的平衡。而且原始 Na_2CO_3 溶液浓度愈高，Na_2CO_3 转变为 $NaOH$ 的转化率（即苛化率）愈低，因此要获得高的转化率，就必须在较低的浓度下进行苛化反应。原始溶液中 Na_2CO_3 浓度与达到平衡后的转化率的关系如图 5-10 所示。

图 5-10 原始溶液中 Na_2CO_3 浓度与达到平衡后的转化率的关系曲线

苛化过程必须采取低浓度的另一个原因是，当高浓度 Na_2CO_3 苛化时，还会形成单斜钠钙石 $CaCO_3 \cdot Na_2CO_3 \cdot 5H_2O$ 和钙水碱 $CaCO_3 \cdot Na_2CO_3 \cdot 2H_2O$ 两种复盐。实践证明，上述两种复盐只有当原始溶液中 Na_2CO_3 浓度大于 4mol/L 时才能形成。在水中这两种复盐溶解：

$$CaCO_3 \cdot Na_2CO_3 \cdot nH_2O+aq \longrightarrow CaCO_3+Na_2CO_3+nH_2O+aq \qquad (5\text{-}48)$$

所以工业上拜耳法苛化原液的浓度一般控制在 $100\sim160g/L$ Na_2CO_3 之间。其他苛化条件一般控制为：温度≥95℃，石灰添加量 $70\sim110g/L$，苛化时间 2h。在此条件下，苛化率≥85%。

苛化率是指碳酸钠转变为氢氧化钠的转化率，用来评价一水碳酸钠苛化的程度。苛化率可用下式计算：

$$\mu = \frac{N_{C前} - N_{C后}}{N_{C前}} \times 100\% \qquad (5\text{-}49)$$

式中　μ ——溶液苛化率，%；

　　　$N_{C前}$ ——溶液苛化前 Na_2O_C 的浓度，g/L；

　　　$N_{C后}$ ——溶液苛化后 Na_2O_C 的浓度，g/L。

$Ca(OH)_2$ 溶解度随着苛化过程的进行，溶液中 OH^- 浓度的增加而降低，所以 $Ca(OH)_2$ 在苛化后的溶液中很少，若忽略不计，苛化率可表达为：

$$\mu = \frac{x}{2C} \times 100\% \qquad (5\text{-}50)$$

式中　C ——溶液苛化前 Na_2CO_3 的浓度，mol/L；

　　　x ——溶液苛化后 $NaOH$ 的浓度，mol/L。

式（5-47）是可逆反应，其反应平衡常数

$$K = \frac{\left[OH^-\right]^2}{\left[CO_3^{2-}\right]} \qquad (5\text{-}51)$$

即

$$K = \frac{x^2}{C - \frac{x}{2}} \tag{5-52}$$

则

$$x = \frac{K}{4}\left(\sqrt{1 + \frac{16C}{K}} - 1\right) \tag{5-53}$$

将式（5-53）带入式（5-50），得：

$$\mu = \frac{K}{8C}\left(\sqrt{1 + \frac{16C}{K}} - 1\right) \tag{5-54}$$

由式（5-54）可知，溶液苛化前碳酸钠浓度 C 越高，苛化率越低；反应平衡常数 K 越大，苛化率越高，反应平衡常数 K 只是温度的函数，即

$$\ln K = -\frac{\Delta H}{RT} \tag{5-55}$$

式中　　ΔH —— 反应焓变，J/mol；

　　　　R —— 8.314J/（K·mol）；

　　　　T —— 反应温度，K。

式（5-47）是放热反应，它的 ΔH 值为负值，所以，苛化反应温度提高，反应平衡常数 K 变小，苛化率低，但苛化反应温度高，可以加快式（5-47）反应速率，并且使生成的 $CaCO_3$ 沉淀晶粒粗大，易于过滤分离。

5.2.2.2　氧化铁法

将一水碳酸钠与 Fe_2O_3 或 Al_2O_3 混合在 1100℃ 温度下烧结，使之生成 $Na_2O \cdot Fe_2O_3$ 或 $Na_2O \cdot Al_2O_3$，然后用水溶出，$Na_2O \cdot Fe_2O_3$ 水解为苛性钠和含水氧化铁：

$$Na_2O \cdot Fe_2O_3 + 4H_2O =\!\!=\!\!= 2NaOH + Fe_2O_3 \cdot 3H_2O \tag{5-56}$$

NaOH 转入溶液，$Na_2O \cdot Al_2O_3$ 则直接溶于水中。

在采用联合法生产的氧化铝厂中，拜耳法系统种分母液蒸发析出的一水碳酸钠加入烧结法系统配料烧结，实际上就是使碳酸钠与铝土矿中的 Fe_2O_3 和 Al_2O_3 进行苛化反应。

5.2.3　苛化的工艺流程

分解母液在蒸发过程中结晶析出的一水碳酸钠（有时还有硫酸钠结晶及附在结晶表面上的有机物），需要用沉降槽和过滤机串联作业处理，即从蒸发器出料至沉降槽进行初步分离，沉降底流送真空过滤机再次分离。要求结晶分离越彻底越好。因此，在操作时必须防止沉降槽溢流跑浑和过滤机滤液浮游物过多。

过滤机的滤饼，即分离出来的一水碳酸钠结晶在热水槽中用热水溶解后，用石灰乳在苛化槽中进行苛化（用新蒸汽加热）。由于得到的苛化碱液浓度低，需经闪蒸浓缩，再经过过滤分离除去苛化泥渣后，碱液送去配制原矿浆。其工艺流程如图 5-11 所示。

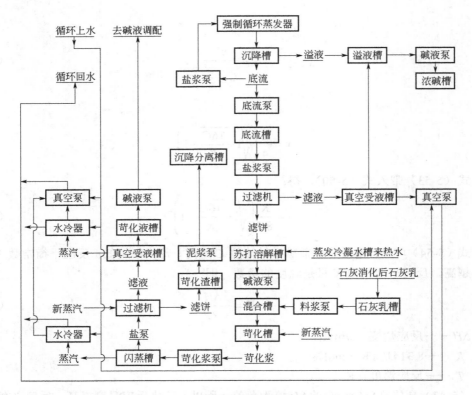

图 5-11　一水碳酸钠结晶分离和苛化工艺流程

✏️ **思考题**

1. 分解母液蒸发的目的是什么？在氧化铝生产中有什么重要作用？
2. 分析分解母液中的主要杂质 Na_2CO_3、Na_2SO_4 和 SiO_2 在蒸发过程中的行为。
3. 蒸发器的类型有哪些？分析降膜蒸发器的优缺点。
4. 蒸发过程的阻垢措施有哪些？
5. 一水碳酸钠苛化的目的是什么？
6. 阐述一水碳酸钠苛化的方法及其原理。

第6章

碱石灰烧结法生产氧化铝

6.1 碱石灰烧结法的原理和基本工艺流程

6.1.1 碱石灰烧结法的原理

早在拜耳法提出之前，法国人勒·萨特里在 1858 年就提出了碳酸钠烧结法，即用碳酸钠和铝土矿烧结，得到含固体铝酸钠 $Na_2O \cdot Al_2O_3$ 的烧结产物，这种产物称为熟料或烧结块，将其用稀碱溶液溶出便可以得到铝酸钠溶液，往溶液中通入 CO_2 气体，即可析出氢氧化铝。残留在溶液中的主要是碳酸钠，可以再循环使用。这种方法，原料中的 SiO_2 仍然是以铝硅酸钠的形式转入泥渣，而成品氧化铝质量差，流程复杂，耗热量大，所以拜耳法问世后，此法就被淘汰了。

后来发现用碳酸钠和石灰石按一定比例与铝土矿烧结，可以在很大程度上减轻 SiO_2 的危害，使 Al_2O_3 和 Na_2O 的损失大大减少，这样就形成了碱石灰烧结法。除了这两种烧结法外，还有单纯用石灰与矿石烧结的石灰烧结法，它比较适用于处理黏土类原料，特别是含有一定可燃成分的煤矸石、页岩等，这时原料中的 Al_2O_3 烧结成铝酸钙，经碳酸钠溶液浸出后，可得到铝酸钠溶液。

目前用于工业生产的只有碱石灰烧结法，我国用其来处理中低品位一水硬铝石型铝土矿。从新中国成立到 20 世纪末，在很长一段时期内氧化铝生产以碱石灰烧结法或拜耳-烧结联合法为主，对我国氧化铝工业的发展做出了重要贡献。我国第一座氧化铝厂——山东铝厂就是采用碱石灰烧结法，它在改进和发展碱石灰烧结法方面做出了许多贡献。

碱石灰烧结法生产氧化铝的原理就是将铝土矿与一定量的苏打、石灰（或石灰石）配成炉料，在回转窑内进行高温烧结，炉料中的 Al_2O_3 与 Na_2CO_3 反应生成可溶性的固体铝酸钠（$Na_2O \cdot Al_2O_3$）。杂质氧化铁、二氧化硅和二氧化钛分别生成铁酸钠（$Na_2O \cdot Fe_2O_3$）、原硅酸钙（$2CaO \cdot SiO_2$）和钛酸钙（$CaO \cdot TiO_2$）。这些化合物都是在熟料中能够同时保持平衡的。铝酸钠极易溶于水或稀碱溶液，铁酸钠则易水解。而原硅酸钙和钛酸钙不溶于水，与碱溶液的反应也较微弱。因此用稀碱溶液溶出时，可以将熟料中的 Al_2O_3 和 Na_2O 溶出，得到铝酸钠溶液，与进入赤泥中的 $2CaO \cdot SiO_2$、$CaO \cdot TiO_2$ 和 $Fe_2O_3 \cdot H_2O$ 等不溶性残渣分离。熟料的溶出液（粗液）经过专门的脱硅净化过程得到纯净的铝酸钠精液。它在通入 CO_2 气体后，摩尔比和稳定性降低，于是析出氢氧化铝并得到碳分母液（Na_2CO_3）。后者经蒸发浓缩返回配料。因此在生产过程中 Na_2CO_3 也是循环使用的。

6.1.2 碱石灰烧结法的基本工艺流程

碱石灰烧结法生产氧化铝的工艺过程主要有以下几个步骤。

① 原料准备　制取一定组分比例的细磨料浆所必需的工序。铝土矿生料组成包括：铝土矿、石灰石（或石灰）、新纯碱（用以补充流程中的碱损失）、循环母液和其他循环物料。

② 烧结　生料的高温烧结，制取主要含铝酸钠、铁酸钠和原硅酸钙的熟料。

③ 熟料溶出　使熟料中的铝酸钠转入溶液，分离和洗涤不溶性残渣（赤泥）。

④ 脱硅　使进入溶液的二氧化硅生成不溶性化合物分离，制取高硅量指数的铝酸钠精液。

⑤ 碳酸化分解　用 CO_2 分解铝酸钠溶液，析出的氢氧化铝与碳酸钠母液分离，并洗涤氢氧化铝。一部分溶液进行晶种分解，以得到某些工艺条件所要求的苛性碱溶液。

⑥ 煅烧　将氢氧化铝煅烧成氧化铝。

⑦ 分解母液蒸发　在蒸发过程中排除过量的水，蒸发后获得的循环母液用以配制生料浆。

碱石灰烧结法的工艺流程如图 6-1 所示。

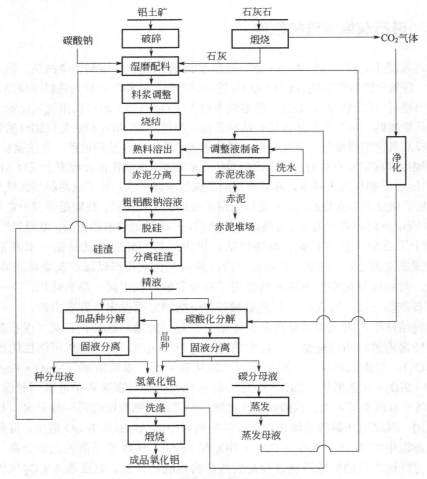

图 6-1　碱石灰烧结法基本工艺流程

乍一看来，好像在碱石灰烧结法中，原料中 SiO_2、Fe_2O_3、TiO_2 等杂质都不至于影响 Al_2O_3 和 Na_2O 的回收，因而可以用来处理一切含铝原料。然而杂质含量增加，不仅增大物料流量和加工费用，而且使熟料品位和质量变差，溶出困难，经济效果显著下降。通常要求碱石灰烧结法所处理的矿石，铝硅比应在 3 以上。但是，如在原料中还有其他可以综合利用的成分，则不受此限制。例如在处理霞石时，由于同时提取了其中的氧化铝、碳酸钾、碳酸钠，并且利用残渣生产水泥，实现了原料的综合利用。

6.2　铝酸盐炉料烧结过程的物理化学反应

6.2.1　烧结过程的目的与要求

烧结过程和熟料溶出过程贯穿着一个总的目的，就是要使原料中的 Al_2O_3 和 Na_2O 进入溶液而与杂质分离，因而必须结合熟料的溶出过程来研究烧结过程。烧结过程是制取高质量熟料和烧结法的核心环节。

熟料在化学成分、物相成分和组织结构上都应该符合一定的要求。熟料中 Al_2O_3 含量越高，生产 1t 成品氧化铝的熟料量（工厂称为熟料折合比）越小，这主要取决于矿石中 Al_2O_3 和 SiO_2 的含量。熟料中的有用成分，即 Al_2O_3 和 Na_2O 必须是可溶性的物相，其余杂质则要成为不溶性物相，特别是原硅酸钙应该尽可能地转变为活性最小、在铝酸钠溶液中最稳定的形态，晶粒应该粗大。熟料还要有一定的强度和气孔率。熟料具备这些条件，才能在湿法处理时，使有用成分充分溶出，并与残渣顺利分离。

在生产中，判断熟料质量好坏的标准是 Al_2O_3 和 Na_2O 的标准溶出率以及熟料的物理性能（如密度、块度和二价硫 S^{2-} 含量）。所谓标准溶出率就是熟料中 Al_2O_3 和 Na_2O 在标准溶出条件下的溶出率。标准溶出条件是为了使熟料中可溶性的 Al_2O_3 和 Na_2O 能够全部溶出来，而且不再进入泥渣而制订的溶出条件。标准溶出条件与工业溶出条件的差别在于溶出液浓度低、分离速度快等。各厂熟料的成分和性质不同，所制订的标准溶出条件也不完全相同。

目前烧结法厂熟料标准溶出条件是以 100mL 溶出液和 20mL 水在 90℃下，将 120 目筛下的 8.0g 熟料（即液固比为 15）溶出 30min，然后过滤分离残渣，并在漏斗中将残渣淋洗 5 次，每次用沸水 40mL，溶出液的成分为 NaOH 22.6g/L、Na_2CO_3 8.0g/L。联合法厂的标准溶出条件所规定的熟料粒度、用量、液固比与上述相同，但溶出温度为 85℃，溶出时间为 15min，溶出液的成分为 Na_2O 15g/L、Na_2O_C 5g/L，溶出后的泥渣在漏斗中洗涤 8 次，每次用水 25mL。

标准溶出率是评价熟料质量最主要的指标。烧结法厂要求熟料中 $\eta_{A标}$ ＞96%，$\eta_{N标}$ ＞97%；联合法厂 $\eta_{A标}$ ＞93.5%，$\eta_{N标}$ ＞95.5%。

除此之外，熟料的堆积密度、块度和二价硫 S^{2-} 的含量也是判断熟料质量的标准。熟料的堆积密度和粒度反映了烧结强度和气孔率。堆积密度是用粒度为 3～10mm 的熟料测定的，其值应为 1.20～1.30（烧结法厂）或 1.2～1.45（联合法厂）。熟料粒度应该均匀，大块的出现常是烧成温度太高的标志，而粉末太多则是欠烧的结果。熟料大部分应为 30～50mm，呈灰黑色，无熔结或夹带欠烧的现象。这样的熟料不仅溶出率高、可磨性良好，而且溶出后的赤泥也具有较好的沉降性能。

我国工厂将熟料中的二价硫 S^{2-} 含量规定为熟料的质量指标，长期的生产经验证明：S^{2-} 含量＞0.25%的熟料是黑心多孔的，质量好。而黄心熟料或粉状黄料，S^{2-} 含量小于 0.25%。特别是 S^{2-} 含量小于 0.1%的熟料，它们在各方面的性能都比较差。砸开熟料观察它的剖面，就可以对熟料质量做出快速有效的鉴别。

在碱石灰烧结法工厂，每生产 1t 氧化铝需 3.6～4.2t 熟料，每吨熟料的热耗达 6.2GJ。烧结车间的投资为全厂的 1/3，烧结费用约为成本的 1/2，能量消耗也超过全厂总能耗的一半，因而烧结工序是碱石灰烧结法的关键工序。

6.2.2　固相反应

熟料烧结过程是固相反应过程，熟料在烧结过程的形成和硅酸盐工业产品一样，是借助于固体物质间相互反应的结果，即反应是在远低于原料及最终产物熔点的温度下进行的。

固相反应是以固体物质中质点的相互交换（扩散）来实现的。固体物质中晶格的质点（分子、原子或离子）处于不断的振动中，并且随着温度的提高，振幅将随之扩大，最后在足够高的温度下，振幅可以大到使质点脱离其本身的平衡位置进入另一个与其相邻的晶体内。质点的这种移位称为内部扩散作用，这种作用在晶格有缺陷的地方最易发生。真实的晶体都具有结构上的缺陷，因为这些地方的质点不如致密晶体内部质点结合得那么坚固，在加热时，它们首先获得引起扩散作用所需要的最低能量。质点这种相互交换位置的本能，不仅可以在同一类晶体中发生，而且还可以在不同类的晶体间发生。如果不同类晶体间能产生化学反应的话，则质点相互交换位置的结果便是形成了新的物质。

根据固体物质间反应机理和动力学的研究，认为除上述固体物质中质点可以进行移位或扩散，以及固体物质可以通过它们的直接作用而进行反应外，如果固体物质间的反应是以具有工业意义的反应速度进行时，则必须有液相和（或）气相参加。这样，固体物质间反应过程的机理为：

$$A_固 \longrightarrow A_气，\quad A_气 + B_固 \longrightarrow AB_固 \tag{6-1}$$

$$A_固 + X_固 \longrightarrow AX_液，\quad AX_液 + B_固 \longrightarrow AB_固 + X_固 \tag{6-2}$$

在这类的反应中，原始的反应物或最终的产物都是固体物质，可是非固相贯穿于整个反应过程之中。

那么，如何解释固体物质间的反应能在远低于反应物的熔点或低共熔点时进行呢？这可解释为活性固体物质获得能量后促进其内部质点的快速运动或扩散，获得了大量能量的质点进行反应，产生出相应的反应热。反应热会将局部的反应物加热到它们的熔点或低共熔点而产生液相，液相保证了反应的迅速进行，反应进行时所产生的热量又起了加热局部反应物使之出现液相的作用，所以认为液相的产生和反应的进行与加速起了相辅相成的作用。

有两种反应物质的体系一般作为二元系看待，但是除了两种反应物之外，体系中也必然含有一定量的，哪怕是极其微少的其他杂质，杂质的存在使体系实际上变成了多元系。显然，多元系中开始出现液相的温度一般会远低于该体系中两个主要物质的低共熔温度。这样在一般的二元反应物的体系中，完全有可能在远低于其熔点的温度下产生一定量的，哪怕是极其微少的液相。少量的液相会在固体物质的反应中起极大的作用。

在事物的发展过程中，在量变的同时就积累了新的质变因素，也伴随着质的变化。相变温度（如熔点、转化点等）可以认为只是物质的一种状态转变为另一状态的转变点，在此温度之前不能绝对否认物质的新的状态已经产生。

但是，在碱石灰烧结法中生成熟料的固相反应是比较复杂的。硅酸盐和铝酸盐的形成都是多级反应（此处的多级反应指的是多阶段反应），即经过各种中间相最后生成熟料。这种多级的复杂反应很难用一定的动力学方程式来表示。一定的方程式只适用于简单体系中反应过程的某一阶段。

所以，为加快铝土矿熟料形成过程中固体生料间的反应速率，除上述温度的作用外，最重要的是各组分间的接触面积，即粉碎程度和混合均匀程度。另外，反应物的多晶转变、脱水或分解等化学反应的存在、固溶体的形成等常常都伴随着反应物晶格的活化，因而在一般情况下，也都加速着固体物质间反应的进行。

固体物质开始烧结的温度与其熔点间存在一定的规律性：对于金属，$T_{烧结} \approx (0.3 \sim 0.4) T_{熔}$；对于盐类，$T_{烧结} \approx 0.57 T_{熔}$；对于硅酸盐及有机物，$T_{烧结} \approx (0.8 \sim 0.9) T_{熔}$。固体物质间开始反应的温度，常常与反应物开始烧结的温度（即反应物之一开始呈现出显著的移位作用的温度）相当。

6.2.3 烧结过程中的物理化学反应

进入湿磨工序的物料有铝土矿、苏打、石灰、硅渣、无烟煤以及蒸发浓缩后的碳分母液。这些物料的矿物成分是很复杂的，包括一水铝石、高岭石、赤铁矿、金红石、方钠石、水化石榴石、碳酸钙、氧化钙、碳酸钠以及硫酸钠等等。在高温下，它们朝着在此条件下的平衡物相转化。反应的平衡产物和同条件下的单体氧化物得到的平衡物相是一致的，达到相同的热力学稳定状态。因此当烧结反应充分进行时，可以把炉料看成是由 Na_2O、K_2O、CaO、Al_2O_3、Fe_2O_3、SiO_2、TiO_2 等单体氧化物组成的体系。

（1）Al_2O_3 的反应

在 $Na_2O\text{-}Al_2O_3$ 二元系中可以构成 5 $Na_2O \cdot Al_2O_3$、$Na_2O \cdot Al_2O_3$、$Na_2O \cdot 5Al_2O_3$、$Na_2O \cdot 11Al_2O_3$ 等铝酸盐，但对于碱石灰烧结法来说，只有 $Na_2O \cdot Al_2O_3$ 才有意义，因为它易溶于水，碱含量低，并且能在高温下与原硅酸钙保持平衡。熟料烧结过程中，炉料中的 Al_2O_3 在较高的温度下可以与 Na_2CO_3 相互作用，生成 $Na_2O \cdot Al_2O_3$。其反应式如下：

$$Al_2O_3 + Na_2CO_3 \longrightarrow Na_2O \cdot Al_2O_3 + CO_2 \uparrow \qquad (6\text{-}3)$$

该反应是吸热反应，温度在 500～800℃ 开始反应，且反应速率较慢。随着温度升高，反应速率加快，温度高于 1150℃ 时，烧结反应可在 1h 内完成。

当炉料中 $n(Na_2O):n(Al_2O_3)$ 的配料摩尔比大于 1 时，在 800℃ 的温度下，过量的 Na_2CO_3 可以加速反应的进行，但在 1000℃ 或更高的温度下，过量的 Na_2CO_3 对反应速率起到阻碍作用，而且温度越高，Na_2CO_3 越过量，则阻碍作用也越大。这种由于 Na_2CO_3 过量对反应速率产生的阻碍作用，与过量的 Na_2CO_3 在高温下生成熔融的 Na_2CO_3 有关。

当炉料中 $n(Na_2O):n(Al_2O_3)$ 的配料摩尔比小于 1 时，即配入的 Na_2O 不足以将全部 Al_2O_3 化合成 $Na_2O \cdot Al_2O_3$ 时，则生成一部分 $Na_2O \cdot 11Al_2O_3$，$Na_2O \cdot 11Al_2O_3$ 不溶于水和稀碱溶液，所以 Na_2O 配入量不足时，氧化铝的溶出率降低。

在高温下 Al_2O_3 还能与 CaO 作用。$CaO\text{-}Al_2O_3$ 二元系中，可以构成 $CaO \cdot Al_2O_3$、$CaO \cdot 2Al_2O_3$、$3CaO \cdot Al_2O_3$、$3CaO \cdot 5Al_2O_3$、$5CaO \cdot 3Al_2O_3$、$12CaO \cdot 7Al_2O_3$ 等化合物。在这些铝酸钙中，只有 $CaO \cdot Al_2O_3$ 和 $12CaO \cdot 7Al_2O_3$ 可以溶于碳酸钠溶液，是对氧化铝生产有意义的。

制取同时含铝酸钠和铝酸钙的熟料是不合理的。因为溶出铝酸钙时，溶出液中 Al_2O_3 浓度不应超过 70g/L，而 Na_2O_C 浓度应保持在 $50 \sim 60g/L$ 以上，否则 Al_2O_3 就不能完全溶出。它与溶出铝酸钠熟料所采用的条件（溶出液中 Al_2O_3 浓度为 120g/L，$Na_2O_C < 40g/L$）差别很大。

在碱石灰烧结过程中，当 Na_2CO_3 的量足以和 Al_2O_3 化合时，不生成铝酸钙。

（2）Fe_2O_3 的反应

Fe_2O_3 在熟料烧结过程中的行为与 Al_2O_3 的相似，烧成温度下可以与 Na_2CO_3 相互作用，生成铁酸钠 $Na_2O \cdot Fe_2O_3$。化学反应式如下：

$$Fe_2O_3 + Na_2CO_3 =\!\!= Na_2O \cdot Fe_2O_3 + CO_2\uparrow \tag{6-4}$$

$Na_2O \cdot Fe_2O_3$ 的生成速度比 $Na_2O \cdot Al_2O_3$ 的快，500℃反应尚未进行，700℃反应较快进行，在 1000℃时，反应可在 1h 内完成。

当 Na_2CO_3、Al_2O_3、Fe_2O_3 同时存在时，低温下主要生成铁酸钠。随着温度升高，铁酸钠相对含量减少，铝酸钠含量增加。当温度升高到 900℃，Al_2O_3 能置换 $Na_2O \cdot Fe_2O_3$ 中的 Fe_2O_3 生成 $Na_2O \cdot Al_2O_3$。在烧成温度范围内，此反应能进行到底：

$$Na_2O \cdot Fe_2O_3 + Al_2O_3 =\!\!= Na_2O \cdot Al_2O_3 + Fe_2O_3 \tag{6-5}$$

在炉料烧结过程中，铝酸钠和铁酸钠可生成连续固溶体，固溶体中的 $Na_2O \cdot Fe_2O_3$ 和 $Na_2O \cdot Al_2O_3$ 与单独的铁酸钠和铝酸钠一样可与碱和水反应。

当炉料中 Na_2CO_3 配入量不足且有 CaO 存在时，高温下 Fe_2O_3 与 CaO 反应生成 $CaO \cdot Fe_2O_3$ 和 $2CaO \cdot Fe_2O_3$，而且总是首先生成 $2CaO \cdot Fe_2O_3$。当 CaO 配入量不足时，$2CaO \cdot Fe_2O_3$ 再与 Fe_2O_3 反应生成 $CaO \cdot Fe_2O_3$。在 1200℃下铁酸钙生成反应可在 0.5h 内完成。当熟料中 $2CaO \cdot Fe_2O_3$ 含量太高时，由于 $2CaO \cdot Fe_2O_3$ 与铝酸钠反应生成 $4CaO \cdot Al_2O_3 \cdot Fe_2O_3$ 和 $Na_2O \cdot Fe_2O_3$，使得 Al_2O_3 溶出率降低，而 Na_2O 的溶出率并不降低，如下所示：

$$2(2CaO \cdot Fe_2O_3) + Na_2O \cdot Al_2O_3 \longrightarrow 4CaO \cdot Al_2O_3 \cdot Fe_2O_3 + Na_2O \cdot Fe_2O_3 \tag{6-6}$$

（3）SiO_2 的反应

碱石灰烧结法处理的是高硅铝土矿，因此要达到炉料中 Al_2O_3 与 SiO_2 分离的目的，烧结过程生成的含硅化合物必须满足：SiO_2 在烧结过程中应该转变为不含 Al_2O_3 和 Na_2O、在高温下能与 $Na_2O \cdot Al_2O_3$ 同时稳定存在、溶出时又不与铝酸钠溶液发生显著反应的化合物。

在 $CaO\text{-}SiO_2$ 二元系中，SiO_2 与 CaO 可以生成 $CaO \cdot SiO_2$（偏硅酸钙）、$3CaO \cdot 2SiO_2$（二硅酸三钙）、$2CaO \cdot SiO_2$（原硅酸钙）、$3CaO \cdot SiO_2$（硅酸三钙）四种化合物。但只有原硅酸钙符合上述要求。$CaO \cdot SiO_2$ 和 $3CaO \cdot 2SiO_2$ 等化合物虽然含 CaO 较少，但是在高温下与 $Na_2O \cdot Al_2O_3$ 反应生成铝硅酸钠（$Na_2O \cdot Al_2O_3 \cdot 2SiO_2$），造成 Na_2O 和 Al_2O_3 的损失。$3CaO \cdot SiO_2$ 一方面含 CaO 较多，另一方面它不稳定，在 $2CaO \cdot SiO_2\text{-}CaO\text{-}Na_2O \cdot Al_2O_3$ 三元系中，$3CaO \cdot SiO_2$ 稳定存在的范围很狭窄。当炉料冷却时，便分解为 $Na_2O \cdot Al_2O_3$、$2CaO \cdot SiO_2$ 和 CaO。游离的 CaO 在溶出时与铝酸钠溶液反应生成水合铝酸钙沉淀，既造成 Al_2O_3 的损失，又使泥浆分离困难。因此，在烧结时不希望生成 $3CaO \cdot SiO_2$，而希望全部 SiO_2 反应生成 $2CaO \cdot SiO_2$。

在生产中最有实际意义的是 $2CaO \cdot SiO_2$（原硅酸钙），因为在烧结过程中 CaO 与 SiO_2 作用，在 1100℃开始，首先生成的就是 $2CaO \cdot SiO_2$。$2CaO \cdot SiO_2$ 有三种同质异晶体，并按下式进行转化：

$$\alpha \text{-} 2CaO \cdot SiO_2 \underset{1420℃}{\rightleftharpoons} \beta \text{-} 2CaO \cdot SiO_2 \underset{675℃}{\rightleftharpoons} \gamma \text{-} 2CaO \cdot SiO_2 \qquad (6\text{-}7)$$

其中 α-$2CaO \cdot SiO_2$ 在 1420～2130℃ 范围内稳定，β-$2CaO \cdot SiO_2$ 在 675～1420℃ 范围内稳定，γ-$2CaO \cdot SiO_2$ 在低于 675℃下稳定。但在有 Na_2O 或 $Na_2O \cdot Al_2O_3$ 存在下，β 型的稳定性大大增加，如 Na_2O 与 $2CaO \cdot SiO_2$ 的摩尔比为 1:1000 时，就可阻止 $\beta \rightarrow \gamma$ 晶型转化。因此，在石灰烧结法的熟料中 $2CaO \cdot SiO_2$ 始终呈 β-$2CaO \cdot SiO_2$ 存在。

（4）TiO_2 的反应

铝土矿中一般含有 2%～4%的 TiO_2，主要以金红石或锐钛矿的形态存在，在炉料烧结过程中，TiO_2 主要与 CaO 反应生成钛酸钙 $CaO \cdot TiO_2$，反应式如下：

$$TiO_2 + CaO = CaO \cdot TiO_2 \qquad (6\text{-}8)$$

熟料溶出时，钛酸钙 $CaO \cdot TiO_2$ 基本不参与反应。在配制炉料时，CaO 的配入量应该同时满足 SiO_2 和 TiO_2 的需要。

（5）炉料烧结过程反应顺序

碱石灰烧结法在炉料烧结过程中，除发生上述主要反应外，由于炉料中还存在其他杂质，炉料中各组分之间相互反应非常复杂。但是这些复杂反应生成的化合物含量不多，而且对最终结果影响较小，在此不做详细介绍。

根据炉料在烧结过程中物相组成的变化，铝土矿碱石灰烧结过程中，在较低温度下发生脱水过程，在较高温度下才开始发生分解及化学反应，一般认为反应顺序为：

① 炉料加热到 700℃前，主要以物料脱水为主。氧化铝和氧化铁水合物脱出结晶水，高岭石（$Al_2O_3 \cdot 2SiO_2 \cdot 2H_2O$）脱水后成为偏高岭石（$Al_2O_3 \cdot 2SiO_2$）。

$$Al_2O_3 \cdot nH_2O \xrightarrow{175\sim650℃} Al_2O_3 + nH_2O \qquad (6\text{-}9)$$

$$Al_2O_3 \cdot 2SiO_2 \cdot 2H_2O \xrightarrow{450\sim600℃} Al_2O_3 \cdot 2SiO_2 + 2H_2O \qquad (6\text{-}10)$$

② 当温度高于 700℃时，生成 $Na_2O \cdot Al_2O_3$ 和 $Na_2O \cdot Fe_2O_3$ 的反应开始。初期铁酸钠反应占优势，900℃以后铝酸钠的反应加强，1000℃时铁酸钠生成反应完成，1150℃时铝酸钠生成反应完成。

③ 750～900℃，偏高岭石与碳酸钠反应生成霞石，其反应式为：

$$Al_2O_3 \cdot 2SiO_2 + Na_2CO_3 = Na_2O \cdot Al_2O_3 \cdot 2SiO_2（霞石）+ CO_2\uparrow \qquad (6\text{-}11)$$

④ 当温度升高到 1000℃，霞石与 CaO 发生下列反应：

$$Na_2O \cdot Al_2O_3 \cdot 2SiO_2 + 2CaO = Na_2O \cdot Al_2O_3 \cdot SiO_2 + 2CaO \cdot SiO_2 \qquad (6\text{-}12)$$

⑤ 当温度为 1200℃时，$Na_2O \cdot Al_2O_3 \cdot SiO_2$ 被 CaO 分解为铝酸钠和原硅酸钙，其反应式为：

$$Na_2O \cdot Al_2O_3 \cdot SiO_2 + 2CaO = Na_2O \cdot Al_2O_3 + 2CaO \cdot SiO_2 \qquad (6\text{-}13)$$

铝土矿碱石灰烧结熟料的最后矿物组成主要是铝酸钠 $Na_2O \cdot Al_2O_3$、铁酸钠 $Na_2O \cdot Fe_2O_3$、原硅酸钙 $2CaO \cdot SiO_2$ 和钛酸钙 $CaO \cdot TiO_2$。

6.2.4 铝酸盐炉料配方

在碱石灰烧结法中，熟料烧结的目的是使铝土矿中的 Al_2O_3、Fe_2O_3、SiO_2 及 TiO_2，在适宜的烧结条件下，尽可能生成铝酸钠、铁酸钠、原硅酸钙和钛酸钙。在实际生产中，只有配制出合格的生料浆，才能烧结出高质量的熟料。

所谓炉料配方是生料浆中各种氧化物含量所应保持的比例。它对于炉料的性质、烧结进程和熟料质量有着决定性的影响。

炉料配方的选择应该以保证烧结过程的顺利进行，制取高质量的熟料，并且节约原料（碱和石灰）和燃料为原则。要使烧结过程顺利进行，关键在于使炉料具有比较大的烧成温度范围。它是标志炉料性质、影响烧结进程和熟料质量的一项重要指标。

在确定炉料配方时，要综合考虑原料特点、烧结制度以及熟料溶出工艺等各个方面。在生料加煤的情况下，炉料配方具有七项指标：铝硅比 A/S、铁铝比 $[Fe_2O_3]/[Al_2O_3]$、碱比 $\frac{[Na_2O]}{[Al_2O_3]+[Fe_2O_3]}$、钙比 $[CaO]/[SiO_2]$、水分含量、固定碳含量以及干生料的细度。铝硅比和铁铝比虽然是非常重要的指标，但是它们的数值由原矿品位所决定，配矿时只能做小幅度的调节。水分、细度和固定碳含量三项指标比较易于确定。碱比和钙比为配方中需要确定的两项最重要的指标。

碱比等于1、钙比等于2称为饱和配方。高钙配方、高碱低钙配方、低碱高钙配方等，都是与饱和配方相比较而言的。从理论上讲，碱比等于1、钙比等于2的饱和配方炉料最能保证 $Na_2O \cdot Al_2O_3$、$Na_2O \cdot Fe_2O_3$ 和 $2CaO \cdot SiO_2$ 的生成，具有最好的烧结效果。

采用饱和配方有时得不到溶出率最高的熟料。例如，我国长期的实践经验表明，采用低碱高钙配方，熟料质量较好。我国烧结法厂熟料配方如下：

$$\frac{[Na_2O_T]+[K_2O]-[Na_2O_S]}{[Al_2O_3]+[Fe_2O_3]} = (0.92\sim0.95)+K_1 \tag{6-14}$$

$$\frac{[CaO]}{[SiO_2]} = (2.0\sim2.03)+K_2 \tag{6-15}$$

配方所允许的波动范围是根据原料配制的操作水平确定的。由于燃料带入灰分以及一些作业因素（如各种氧化物的灰尘损失率不同）等原因，生料和熟料之间的碱比和钙比存在差值 K_1 和 K_2。

采用上述配方能够得到质量最好的熟料是由于我国矿石中 Fe_2O_3 含量较低（与国外不同），熟料中只有部分 Fe_2O_3 以 $Na_2O \cdot Fe_2O_3$ 状态存在。$4CaO \cdot Al_2O_3 \cdot Fe_2O_3$ 在熟料中呈稳定相，在生料加煤的情况下，一部分 Fe_2O_3 还原成 FeS 和 FeO。如果碱比等于1，在烧结过程中，多余的 Na_2O 便生成 $Na_2O \cdot CaO \cdot SiO_2$，造成 Na_2O 的损失。关于钙比，$2CaO \cdot SiO_2$ 和 $CaO \cdot TiO_2$ 在熟料中都是稳定相，而钙比是以 CaO 对 SiO_2 的摩尔比表示的，熟料中常含 1%～1.5%的 TiO_2，也可能出现一些其他的含钙化合物，综合这些因素的影响，钙比为2.0～2.03时的效果最好。

生产实践充分证明，采用这种低碱高钙配方比饱和配方，Al_2O_3 和 Na_2O 的溶出率高出0.5%～1.0%，而且烧成温度范围比较宽。

6.2.5 生料加煤

我国烧结法厂于 1963 年采用生料加煤的方法排除流程中硫酸钠的积累，取得了良好的效果。铝土矿中的 Fe_2O_3，在熟料烧结过程中生成 $Na_2O \cdot Fe_2O_3$，与 $2CaO \cdot SiO_2$ 形成低熔点共晶体，产生少量的液相，起促进烧结反应的作用。但铝土矿中含 Fe_2O_3 过高时，会使熟料的熔点降低，在烧结过程中液相量增加，易于产生结圈，给生产带来困难。生料加煤后，Fe_2O_3 在烧结过程中于 500～700℃下被还原成惰性的 FeO，其反应式如下：

$$Fe_2O_3 + C \Equal 2FeO + CO \uparrow \tag{6-16}$$

铝土矿中的黄铁矿（FeS_2），在还原性气氛下按下式被还原成 FeS：

$$2FeS_2 + Fe_2O_3 + 3C \Equal 4FeS + 3CO \uparrow \tag{6-17}$$

我国铝土矿中含铁量较低，一般含 Fe_2O_3 5.0%左右，这方面的影响不大。

从原料（铝土矿、石灰、碳酸钠）及烧结用煤带进生产过程中的硫，在烧结时与碱作用生成 Na_2SO_4，溶出时进入溶液，并在生产中循环和积累，使生产过程 Na_2SO_4 含量增高。Na_2SO_4 的积累是烧结法生产的一个严重问题。因为 Na_2SO_4 熔点低，仅为 884℃，当熟料中 Na_2SO_4 含量超过 5.0%时，将使熟料烧结窑结圈频繁，操作困难，同时 Na_2SO_4 的积累标志着碱耗增加。生料加煤后，也可以消除生产过程中硫的危险。

Na_2SO_4 的熔点低（884℃），且不易分解和挥发。在 1300～1350℃时 Na_2SO_4 才开始分解，其分解压力为大气压（$1.01 \times 10^5 Pa$）时，需要 2177℃的高温。但还原剂的存在可以促进 Na_2SO_4 分解，如有碳存在时，Na_2SO_4 可以在 750～800℃下开始分解。当还原剂、氧化物及碳酸钙同时存在时，Na_2SO_4 可以完全分解。其反应式如下：

$$Na_2SO_4 + C \Equal Na_2SO_3 + CO \uparrow \tag{6-18}$$

$$Na_2SO_4 + 2C \Equal Na_2S + 2CO_2 \uparrow \tag{6-19}$$

$$Na_2S + 3Na_2SO_4 \Equal 4Na_2SO_3 \tag{6-20}$$

$$Na_2SO_3 + Al_2O_3 \Equal Na_2O \cdot Al_2O_3 + SO_2 （反应温度在 900℃以上） \tag{6-21}$$

$$Na_2S + FeO \Equal FeS + Na_2O \tag{6-22}$$

$$Na_2S + CaO \Equal CaS + Na_2O \tag{6-23}$$

$$Na_2SO_4 + CaCO_3 + 4C \Equal Na_2CO_3 + CaS + 4CO \uparrow \tag{6-24}$$

当生料中有足够的 Fe_2O_3 或 CaO 时，可以避免生成多余的 Na_2S。因为 Na_2S 与 FeS 结合成复盐 $Na_2S \cdot 2FeS$，熟料溶出时进入溶液，碳酸化分解时发生反应：

$$Na_2S \cdot 2FeS + CO_2 + H_2O \Equal 2FeS + Na_2CO_3 + H_2S \uparrow \tag{6-25}$$

使 $Al(OH)_3$ 被 FeS 所污染。

综上所述，碱石灰烧结法生料加煤的结果，是使熟料中的硫大部分呈二价硫化物（FeS·CaS）及 SO_2 状态，从弃赤泥中排除，使生产过程中 Na_2SO_4 的积累缓慢，降低了 Na_2SO_4 的平衡浓度，解决了烧结法生产中的一个重要问题。

生料加煤的作用，不仅限于减少了生产过程中 Na_2SO_4 的积累，而且由于 Fe_2O_3 被还原成 FeO 或 FeS，配料中可以减少 Fe_2O_3 的配碱量，使碱比降低，因此可以降低碱耗。此外，加入还原剂可以强化熟料烧结过程，因为生料中加入的煤在回转窑内烧成带以前燃烧，等于增加了窑内的燃烧空间，提高了窑的发热能力，同时提高了分解带的气流温度，强化了热的传导，增加了熟料的预热，改善了熟料质量，提高了窑的产能。同时从熟料溶出及赤泥分离工序来看，在生料加煤的正烧成温度下得到的黑心多孔熟料粒度均匀、孔隙度大、可磨性良好，并且改善了赤泥沉降性能，因而使溶出湿磨产能提高 15%～20%，净溶出率提高 0.5%～0.9%。

6.3　铝酸盐炉料烧结工艺

6.3.1　熟料烧结的设备系统

铝酸盐熟料烧结的设备系统包括主体设备回转窑、饲料系统、燃料燃烧系统、熟料冷却系统、烟气净化及收尘系统等，各系统密切配合工作。图 6-2 是其设备系统简图。

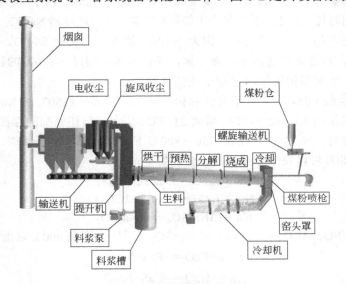

图 6-2　熟料烧结的设备系统

将碳分母液蒸发到一定浓度后，与铝土矿、石灰、补充的碳酸钠以及其他循环物料（如硅渣）一同加入管磨，混合磨细后经调整配比制成合格的生料浆送入回转窑中，进行湿法烧结。湿法烧结具有以下优点：①可以利用窑气的热量蒸发碳分母液中的水分，无须在蒸发器内将含水碳酸钠结晶析出；②采用湿磨，既可提高效率，又不必将物料烘干，料浆可以用泵输送，与干法磨矿相比，可减轻粉尘的环境污染；③便于准确调配生料浆成分，保证成分稳定，有利于窑的运转等。

相对湿法烧结，熟料烧结还有干法，但是在碱石灰铝土矿炉料的烧结法中，碱溶液是循环使用的，对于熟料的质量要求严格，它的烧结过程目前仍是用湿法烧结进行的。

饲料系统是将生料浆用高压泵经过喷枪从窑尾喷入窑内，完成炉料在窑内的烧结过程。烧成的熟料经过窑头下料口流入冷却机，将 1000℃ 以上的高温熟料冷却到 300℃。

燃料燃烧系统是将制备好的煤粉从窑头送入回转窑中进行燃烧，产生热量，提供炉料烧结过程化学反应所需要的温度。

烧结生成的废气从窑尾进入旋风收尘系统，分离出的尘料再次进入窑中，废气送入电收尘系统，再次净化后由烟囱排空。电收尘的窑灰经过螺旋输送机返回窑内。

6.3.2 熟料烧结窑内的阶段反应

熟料烧结用回转窑有一定的斜度和转速，窑中的炉料在从窑的冷端向热端运动的过程中逐步加热，经过烘干、预热、分解、烧成和冷却几个阶段，完成一系列的物理化学变化后，成为熟料出窑。由于动力学条件的限制，炉料不是在所有温度下都接近于它的平衡状态，而是在同一时间内重叠地进行许多反应。但是，炉料在窑内的反应仍然表现出一定的阶段性。为了便于分析炉料在窑内发生的物理化学反应，常常按炉料在各段发生的变化以及传热方式的特点，从窑尾到窑头将窑划分为五个带。

（1）烘干带

这一带位于窑的尾端，在烘干带窑气温度由 800℃ 降低到 250℃，而炉料由 80℃ 左右加热到 150℃ 左右，料团中的水分降低到 10%～12%。生料浆喷入窑内后，经雾化并落下来与回饲窑灰混合，脱除其中 80% 左右的附着水。产生大量的水蒸气随同窑气将大量窑灰挟带出窑，窑灰经收尘后，返饲回窑，构成窑灰的循环。熟料烧结窑的窑灰循环量达到干生料量的两倍，对于强化料浆的烘干和防止泥浆圈的生成起着非常有效的作用。

（2）预热带

窑气温度由 1200℃ 降至 800℃，炉料由 150℃ 被加热到 600℃ 左右，除继续脱掉残留的附着水外，其主要作用是脱除物料的结晶水。在此带，炉料中的硫酸钠开始被还原为硫化物。炉料出现膨胀现象。

（3）分解带

窑气温度由 1500℃ 以上降至 1200℃ 左右，炉料由 600℃ 被加热到 1000℃ 以上。此带主要发生各种碳酸盐加热分解，Na_2CO_3 与 Al_2O_3、Fe_2O_3 及 $Al_2O_3 \cdot 2SiO_2$ 剧烈反应生成 $Na_2O \cdot Al_2O_3$、$Na_2O \cdot Fe_2O_3$ 和 $Na_2O \cdot Al_2O_3 \cdot 2SiO_2$ 等化合物。炉料在此带以粉末状态存在，体积膨胀程度最大，所以物料移动速度较快。以后由于 Na_2SO_4 熔化和某些中间化合物低熔点共晶体的生成，炉料体积开始收缩。

当生料加煤时，出分解带的炉料中 SO_4^{2-} 的含量达到最大。炉料中氧化铝的溶出率可达 70%～80%，氧化钠的溶出率可达 80%～90%。

（4）烧成带

一般认为烧成带就是窑内火焰所占据的那一段窑体，大体上相当于挂有窑皮的长度。窑皮是窑投产时特意提高温度，增加炉料中的熔体量，使之黏附在耐火砖上形成的熟料层，它起着保护耐火砖不受炉料及窑气侵蚀和磨损的作用。在此带，空气温度可达 1500℃ 以上，炉料温度在 1250℃ 以上。这里发生的主要化学反应是 CaO 分解 $Na_2O \cdot Al_2O_3 \cdot 2SiO_2$ 并生成 $Na_2O \cdot Al_2O_3$ 和 $2CaO \cdot SiO_2$。由于温度高，炉料中的液相增多，反应速率加快。在此之前出现的一些中间化合物都急剧地向其平衡物相转变。烧结产物的晶体也渐趋完整，并长大。

在生料加煤的情况下，烧成带的温度高。这一带过剩空气系数也较大，保持着氧化性气氛，炉料中在此之前生成的 S^{2-} 又部分地被氧化为 SO_4^{2-}，使脱硫效果降低。

（5）冷却带

从窑皮前端到窑头的一段为冷却带，熟料由烧成带进入此带，被二次空气和窑头漏风冷却，逐渐冷却到 1000℃ 左右，经下料口排入冷却机。为了使熟料不因骤冷而降低质量，在窑头筑成挡料圈或使火焰的位置略伸向窑内，以保证熟料在 1000℃ 左右的条件下缓慢冷却。

6.3.3 影响熟料质量的主要因素

（1）炉料成分

炉料成分决定着熟料的物相成分，如果炉料不符合配方要求，在熟料中便不能生成预期的物相，而使 Al_2O_3、Na_2O 的溶出率降低。炉料成分对于烧成温度和烧成温度范围也有影响。

① 铝硅比　铝硅比对烧成温度和烧成温度范围的影响很大，实验结果表明，随炉料中铝硅比的降低，烧成温度降低，烧成温度范围也变窄。炉料铝硅比的降低除造成熟料烧结窑操作紧张外，还造成熟料烧结窑的烧成带容易结圈、下料口易堵塞等生产故障。因此，烧结时希望熟料铝硅比适当地高一点。

② 铁铝比（摩尔比）　炉料烧成温度随着铁铝比的提高而下降。因为铁铝比高，炉料中含氧化铁多，生成的低熔点固溶体增加。在生产中要求炉料有一定的铁铝比，这样既有利于熟料烧结成块，同时也有利于熟料烧结窑挂窑皮的操作。生产实践经验表明，炉料铁铝比在 0.07～0.10 范围较好。

③ 碱比、钙比　烧成温度随碱比增大而升高，碱比为 0.9 左右时，烧成温度范围变得很窄，不好烧结。烧成温度随钙比升高而降低，但降低不明显。炉料的碱比和钙比是由保证有用成分的最大溶出率来决定的。

④ 生料中的硫酸钠　由于硫酸钠是低熔点化合物，炉料中硫酸钠多，使烧成温度降低和烧成温度范围变窄。

从以上所述可知，保证炉料的适当成分是制取优质熟料的重要前提，同时也是稳定熟料烧结窑生产的首要条件。

（2）烧成温度

适宜的烧成温度主要决定于炉料成分。当烧成温度过低时，化学反应进行不完全，因而使熟料中的 Al_2O_3 和 Na_2O 溶出率降低。同时由于存在着未反应的游离石灰，在赤泥分离过程中增加出现赤泥膨胀的可能性。溶出液与赤泥接触的时间延长，使得 Al_2O_3 和 Na_2O 的损失增加。当烧成温度过高时，熟料过烧使窑的作业失常，不仅使煤耗增加，窑的产能降低，湿磨产能降低，而且由于碱的挥发，导致熟料成分的改变，也使有用成分的溶出率下降。因此在生产上应力求控制在正烧成温度。

（3）煤粉质量

烧结炉料的回转窑所用的燃料一般为烟煤煤粉，煤粉中含有大量的灰分，有时还含有硫化物。灰分主要由 Al_2O_3、SiO_2、CaO 和 Fe_2O_3 组成，而且 SiO_2 的含量常常在 50% 以上。在烧结过程中，灰分中各成分也会与炉料中的苏打、石灰等发生化学反应，因此配料时必须考虑进入熟料中灰分的质量分数及其组成。同时也要针对硫所造成的碱损失，采取相应的措施。

（4）炉料的粒度和混合程度

炉料烧结时的物理化学反应主要是在固态下进行，仅在烧成带有少量熔体出现，因而物料的磨细程度对反应速率和反应程度是有影响的。影响最佳磨细程度的因素很多，主要是烧成温度和时间以及原料的性质等，一般要求炉料中的固体在 0.125mm 筛上的残留量在 12%以下。当炉料混合不好，各个组分分布不均匀，熟料质量也因而下降。

（5）熟料烧结窑的操作

熟料烧结窑的操作既要稳定，又要根据各方面情况的变化及时地进行调节。目前熟料烧结窑的作业还难以实现全自动控制，窑的操作具有较高的要求。在充分掌握工艺知识、设备特性和生产状况的基础上才能很好地驾驭窑的运转。总之，熟料的质量受到大量因素的影响，需要充分地发挥工人的作用，调动各方面的积极作用，才能取得良好的效果。

6.3.4　熟料烧结窑的结圈问题

影响熟料烧结窑烧结过程的因素很多，但严重影响烧结过程正常进行的是物料在窑中的结圈问题。

熟料烧结窑正常运行时，除了烧成带为了保护窑的衬砖而附着一层不太厚的窑皮以外，整个窑衬的表面始终是很清洁的，但有时会发现窑皮不正常地增长，使窑的高温带截面积急剧降低，这种现象叫结圈。湿法烧结时，窑尾烘干带还会生成泥浆圈。泥浆圈的生成是生料浆在窑壁上的干涸过程，如由于生料水分过高，或因雾化不良，使生料在悬浮状态下来不及干燥，而落到窑壁上成为黏滞物，干燥后成为结圈。根据烘干带的允许能力控制喂料量及料浆水分，改善料浆的雾化及喷入物料的集中降落地区的条件，消除物料前进的障碍物，调整窑尾刮料器的位置等，即可消除泥浆圈的生成。

烧成带结圈（后结圈）的主要原因与熟料中生成的液相量有关，液相能使物料与物料之间、物料与窑衬之间黏结起来。黏结在窑衬上或物料间的液相重新凝固，便形成结圈。消除烧成带结圈的条件，首先是在窑壁温度变化较大的区域，熟料中不要产生大量液相，因为含有大量液相的熟料在靠近窑壁时，由于强烈的热交换使窑壁与熟料的温度条件恰好与液相的冷凝过程一致，而使物料与窑壁挂结形成结圈。当熟料中液相量适当时，可以避免物料向窑壁上挂结。消除烧成带结圈的另一个条件，是使窑壁温度在窑左转至最上方位置以前达到过热状态，这样在窑壁上挂结的熟料，能由于温度高、液相的黏度小而靠重力作用自窑壁上脱落。这样物料向窑壁上挂结又脱落，形成一个自然的平衡，既能保持烧成带有一定厚度的窑皮，保护窑内衬，又能避免窑皮增厚形成结圈。要想达到上述两个条件，则必须有一个集中火力的烧成带，强化熟料烧结过程。在强化烧结的同时，还必须相应地加快窑的转速，否则由于烧成带的火力集中，使熟料液相量增加，熟料相互黏结或结成大块，进而使熟料在烧成带拥挤、前进速度减慢，不仅造成烧成带窑皮的损失，同时这种含有大量液相的黏性熟料，在将出烧成带时，与窑前冷空气相遇，易生成"前结圈"。如果窑速适当地有所增加，可以使物料的暴露表面与高温气体的接触时间及物料受热的均匀程度得到改善，并且物料运动速度的加快，不仅有助于前结圈的消除，而且相应地提高了熟料烧结窑的产能。

烧成带形成后结圈后，由于物料部分被挡在圈后，增大窑的质量，从而增加动力负荷。同时由于结圈缩小窑的直径，阻碍通气，使窑尾负压增加。根据这些特征，可以判断窑内是否结有后结圈。

如前所述，在对由原材料及燃料带入的硫不采取生料加煤排硫的措施时，熟料中 Na_2SO_4 积累到一定量后，液相增多，熟料烧结窑的后结圈频繁，严重影响生产。实践证明，采取生料加煤的排硫措施，熟料中 Na_2SO_4 维持在 4.6% 以下，熟料烧结窑操作正常。生料加煤，不仅使物料中 Na_2SO_4 还原为二价硫化物，同时由于 Fe_2O_3 被还原为 FeO 和 FeS，从而可以减少或避免小于 1250℃ 的低熔点产物的生成。

6.3.5　提高熟料烧结窑产能和降低热耗的途径

在烧结过程中，应在保证熟料质量的前提下，尽可能地提高窑的产能和降低熟料的热耗。窑的产能通常以窑的单位体积或单位表面积的熟料产量表示。熟料的热耗则以每吨或每千克熟料所耗费的热量表示。

（1）降低生料浆的含水率

根据熟料烧结窑热平衡计算，生产 1t 氧化铝，仅在烧结过程的能耗就已超过了整个拜耳法的能耗，而化学反应所耗的热量只占燃料燃烧热量的 12%～17%，其余的热量主要是蒸发料浆水分所消耗的热量以及由熟料和废气带走的热量。料浆中的大量水分使窑的产能降低，同时也增加了废气量。当料浆含水量由 40% 增加到 41%，则每吨熟料需要蒸发的水量约增加 55kg，热耗约增加 $15×10^4$kJ。因此，在保证料浆流动性的前提下，应尽可能地降低其水分含量。

（2）扩大窑体直径

熟料烧结窑通常带有扩大的热端或冷端。冷端扩大后便于安装喷枪或挂链，延长雾化物料处于悬浮状态的时间，加强窑的烘干能力。热端扩大则能提高火焰或窑气的辐射能力。扩大预热分解带的直径，也有利于安装各种类型的换热器和扬料器，强化传热过程。因此扩大窑体直径，使窑呈前后直径一致的直筒形。这种类型的窑便于制造、安装和维护。窑的直径与窑的长度是相关的，处理不同物料的熟料烧结窑有其最宜的长径比。

（3）提高窑的发热能力

窑有足够的发热能力，才有提高产能的前提，窑的发热能力 Q 为：

$$Q = bV = \frac{b}{4}\pi D_{内}^2 L_{燃}　　　　　　（6-26）$$

式中　Q——窑的发热能力，kJ/h；

　　　b——热力强度，kJ/（m^3·h）；

　　　V——燃烧带容积，m^3；

　　　$L_{燃}$——燃烧带长度，m；

　　　$D_{内}$——窑的内径，m。

要提高窑的发热能力，须从增大窑的热力强度和燃烧带长度入手。加强燃料与空气的混合，提高二次空气温度，强化燃烧等都是提高热力强度的途径。燃烧带长度是随燃烧带气流速度和窑的直径增大而增大的。但在通常情况下，窑的发热能力并不是提高产能的限制因素。

（4）提高冷却机的冷却效果

在熟料烧结过程中，熟料带走的热量占燃料燃烧热量的15%左右，虽然通过二次空气可带回一部分热量，熟料出单筒冷却机的温度仍高于200～250℃，因此应尽力增加入窑空气中二次空气的比例。在窑头罩密封良好的情况下，这一比例可以增加为70%～80%。当漏风严重时，它只达到55%左右。改进冷却机的结构，如安装热交换器（扬料板）、扩大冷却机的直径、改用炉算式冷却机等，都可以达到更好的冷却效果。

（5）生料加煤

在生料加煤的作用下，由于生料中的部分煤粉在回转窑的分解带达到着火点燃烧放出热量，增加了这一作业带中的供热量，使这个薄弱环节有所加强而达到增产目的。

（6）选择窑的最佳作业制度

在保证窑内最恰当的热工制度的前提下，加大窑的下料量、燃料量和风量，减少窑的斜度，提高窑的转速，将最充分地发挥窑的产能。窑的转速加快，使炉料在窑内的翻动和传热强化，既能增产，又有利于保证熟料质量。

（7）提高窑的运转率

窑的运转率是指窑在一年内正常运转的时间与日历时间的比值。窑在开窑、停窑、慢转动等操作时，处于产量低而且耗热高的状态，因此不仅要争取正常运转时的高产低耗，而且要保持窑长时期的正常运转。

选择最宜的炉料配方是制取质量好的熟料，使熟料烧成温度较低、烧成温度范围宽的关键。这样的炉料才可以减少或避免结圈、滚成大团等类事故的频繁发生，提高窑的运转率。

6.4 铝酸盐熟料的溶出

6.4.1 熟料溶出的目的和要求

熟料溶出的目的就是将熟料中的铝酸钠 $Na_2O \cdot Al_2O_3$ 和铁酸钠 $Na_2O \cdot Fe_2O_3$ 最大限度地溶解于稀碱溶液中，制取铝酸钠溶液（粗液），而熟料中的原硅酸钙 $2CaO \cdot SiO_2$ 和钛酸钙 $CaO \cdot TiO_2$ 转入固相赤泥中，实现有用成分氧化钠和氧化铝与杂质的分离，并为赤泥分离洗涤创造良好的条件。

炉料烧结与熟料溶出是决定烧结法系统经济效果最主要的两个环节。熟料质量不好，固然不可能有高的溶出率，而溶出制度不当，尽管熟料质量好，溶出过程也会由于发生一系列的二次反应，使已经溶出的 Al_2O_3 和 Na_2O 又进入赤泥而损失，因此选择最适宜的溶出制度是十分重要的。

根据洗净后的赤泥组成计算出的 Al_2O_3 和 Na_2O 的溶出率（$\eta_{A净}$ 和 $\eta_{N净}$）是衡量熟料溶出过程好坏的标志。

由于熟料中大量的 CaO 在溶出后仍全部残留在赤泥中，因而可以将 CaO 作为计算 Al_2O_3 和 Na_2O 溶出率的内标，其计算式如下：

$$\eta_{A净} = \frac{\left[Al_2O_{3熟}\right] - \left[Al_2O_{3泥}\right]\dfrac{\left[CaO_{熟}\right]}{\left[CaO_{泥}\right]}}{\left[Al_2O_{3熟}\right]} \times 100\% \tag{6-27}$$

$$\eta_{N净} = \frac{\left[Na_2O_{熟}\right] - \left[Na_2O_{泥}\right]\dfrac{\left[CaO_{熟}\right]}{\left[CaO_{泥}\right]}}{\left[Na_2O_{熟}\right]} \times 100\% \tag{6-28}$$

式中　　$\eta_{A净}$——Al_2O_3 的净溶出率，%；

$\eta_{N净}$——Na_2O 的净溶出率，%；

$\left[Al_2O_{3熟}\right]$——熟料中 Al_2O_3 含量，%；

$\left[Al_2O_{3泥}\right]$——赤泥中 Al_2O_3 含量，%；

$\left[Na_2O_{熟}\right]$——熟料中 Na_2O 含量，%；

$\left[Na_2O_{泥}\right]$——赤泥中 Na_2O 含量，%；

$\left[CaO_{熟}\right]$——熟料中 CaO 含量，%；

$\left[CaO_{泥}\right]$——赤泥中 CaO 含量，%。

在生产中赤泥洗涤效果用其附液损失（1t 干赤泥所带附液中的碱含量）来衡量。当弃赤泥的液固比为 L/S、附液中全碱浓度为 N_T（g/L）时，附液损失为 $\dfrac{L}{S} \times N_T$（kg Na_2O/t 赤泥）。

6.4.2　熟料溶出过程的主要反应

（1）铝酸钠（$Na_2O \cdot Al_2O_3$）

铝酸钠易溶于水和稀苛性碱溶液，溶解速度很快。由于固体铝酸钠的结构与溶液中铝酸离子结构不同，所以熟料中铝酸钠的溶解实际上是一个化学反应：

$$Na_2O \cdot Al_2O_{3(固)} + 4H_2O \longrightarrow 2Na^+ + 2Al(OH)_4^- \tag{6-29}$$

这一反应为放热反应，在 $NaOH$ 溶液中，于 100℃，3min 内可完全溶解，得到 MR 为 1.6、浓度为 100g/L 的铝酸钠溶液。

在生产中，由熟料制得的铝酸钠溶液，Al_2O_3 浓度通常低于 120g/L，由于含有 5～6g/L 的 SiO_2 及一定量的 $Na_2CO_3 \cdot 2Na_2SO_4$，溶出液稳定性显著增大，MR 可低至 1.20～1.25，在赤泥分离和洗涤过程中溶液仍然不发生明显分解。

（2）铁酸钠（$Na_2O \cdot Fe_2O_3$）

铁酸钠不溶于水，遇水后发生水解：

$$Na_2O \cdot Fe_2O_3 + 4H_2O \longrightarrow 2NaOH + Fe_2O_3 \cdot 3H_2O \tag{6-30}$$

熟料中铁酸钠的水解速度，在室温（20℃）下亦很快。例如，破碎到 0.25mm 的熟料，在 20℃时，其中的铁酸钠在 30min 内完全分解。温度越高，分解速度也越大，50℃时在 15min 内、75℃以上在 5min 内即完全分解。熟料中铁酸钠水解生成的 NaOH，使铝酸钠溶液 MR 值增高，成为稳定因素。

当熟料碱比=1 时，溶出液的 $MR=1+[Fe_2O_3]/([Al_2O_3] \cdot \eta_{A净})$，可见矿石铁含量高，溶出液的 MR 高。我国铝土矿铁含量低，从而提供了低摩尔比的溶出条件。

（3）原硅酸钙（$2CaO \cdot SiO_2$）

熟料中原硅酸钙 $2CaO \cdot SiO_2$ 在溶出时被 NaOH 分解：

$$2CaO \cdot SiO_2 + 2NaOH + H_2O + aq \longrightarrow Na_2SiO_3 + 2Ca(OH)_2 + aq \tag{6-31}$$

如果能从该反应系统中排除两种反应产物，则这一反应可进行到底；否则就会停止。上述反应能达到平衡，至少是与其中一种产物的溶解度有关。在熟料溶出条件下，主要与 SiO_2 在铝酸钠溶液中的介稳平衡溶解度有关。

实践证明，原硅酸钙的分解速度与铝酸钠溶解和铁酸钠水解一样，都相当迅速，直到所得铝酸钠溶液中 SiO_2 达到介稳平衡浓度为止。当然在这段时间内原硅酸钙只是部分地被分解。由于原硅酸钙的分解而引起的 SiO_2 进入溶液是不可避免的，同时，由于原硅酸钙的分解可能造成溶出时产生氧化铝的二次反应损失，这是在烧结法生产中的一个重要技术问题，我们将在下一节中予以较详细的分析。

（4）钛酸钙（$CaO \cdot TiO_2$）

熟料中的钛酸钙 $CaO \cdot TiO_2$ 溶出时不发生任何反应，残留于赤泥中。

（5）Na_2S、CaS 及 FeS 等二价硫化物

熟料中 Na_2S 溶出时直接进入溶液，其余二价硫化物 CaS、FeS 则在溶出时部分地被 NaOH、Na_2CO_3 分解，成为 Na_2SO_4 进入溶液，这样，熟料中的二价硫化物仍能部分地造成碱的损失。

6.4.3　溶出时原硅酸钙的行为和二次反应

原硅酸钙在熟料中的含量在 30% 以上，它是不溶于水的。但在溶出过程中 $2CaO \cdot SiO_2$ 可以与铝酸钠溶液发生一系列的化学反应，使已经溶出来的氧化铝和氧化钠又有一部分重新转入赤泥而损失。这些反应称为二次反应或副反应，由此造成的氧化铝和氧化钠的损失为二次反应损失或副反应损失。因为熟料中氧化铝和氧化钠进入溶液中的反应称为一次反应或者主反应。在烧结过程中，由于氧化铝和氧化钠没有完全化合成铝酸钠和铁酸钠而引起的损失称为一次损失。当溶出条件不当时，二次反应所造成的损失可以达到很严重的程度。

（1）原硅酸钙与 NaOH 的反应

随着溶液中 Al_2O_3 浓度和温度的提高，转入溶液中的 SiO_2 量增大。铝酸钠溶液中 SiO_2 含量在短时间内可达最大值，但是随着时间的延长，由于二次反应作用，溶液中 SiO_2 含量降低，温度越高脱硅速度也越快。图 6-3 为不同温度下的铝酸钠溶液中 SiO_2 含量的变化。随着二次反应的进行，原硅酸钙仍可被进一步分解。

随着原硅酸钙被 NaOH 分解反应的进行，可能进一步发生的反应有：

$$3Ca(OH)_2 + 2NaAl(OH)_4 + aq \longrightarrow 3CaO \cdot Al_2O_3 \cdot 6H_2O + 2NaOH + aq \qquad (6\text{-}32)$$

$$3CaO \cdot Al_2O_3 \cdot 6H_2O + xNa_2SiO_3 + aq \longrightarrow 3CaO \cdot Al_2O_3 \cdot xSiO_2 \cdot (6\text{-}x)H_2O + 2xNaOH + aq \qquad (6\text{-}33)$$

$$2Na_2SiO_3 + (2+x)NaAl(OH)_4 + (n\text{-}2)H_2O + aq$$
$$\longrightarrow Na_2O \cdot Al_2O_3 \cdot 2SiO_2 \cdot x\,NaAl(OH)_4 \cdot nH_2O + 4NaOH + aq \qquad (6\text{-}34)$$

生产实践表明，在多数烧结法熟料溶出条件下，与标准溶出率比较，发生溶出二次反应时，主要是已溶出的 Al_2O_3 的损失，而 Na_2O 的损失很小，这表明溶出时二次反应的产物是水化石榴石（$3CaO \cdot Al_2O_3 \cdot xSiO_2 \cdot nH_2O$，$n=6\text{-}x$）和水合铝硅酸钠 [$Na_2O \cdot Al_2O_3 \cdot 2SiO_2 \cdot xNaAl(OH)_4 \cdot nH_2O$]，而且以溶解度更小的水化石榴石为主。

这说明原硅酸钙被 NaOH 分解，生成的 $Ca(OH)_2$ 是关键，溶液中存在 $Ca(OH)_2$，就会促使反应（6-32）与（6-33）的进行，最终生成水化石榴石进入赤泥，从而造成氧化铝的损失。

所以 NaOH 是熟料溶出时引起二次反应的最主要因素。当溶液中 Al_2O_3 浓度一定时，NaOH 浓度越低，亦即溶液的摩尔比越小，二次反应所造成的损失越低。溶液摩尔比的降低，将使溶液的稳定性下降。但是在溶出过程中由于 $2CaO \cdot SiO_2$ 的分解，溶液中 SiO_2 的含量达到 5~6g/L，溶液摩尔比在 1.25 左右，溶液仍具有足够的稳定性，这就为采取低摩尔比溶出制度提供了条件。

（2）原硅酸钙与 Na_2CO_3 的反应

前述各种溶出条件都是溶液中不含有碳酸钠的情况。但生产中熟料溶出采用 NaOH 和 Na_2CO_3 的混合溶液。熟料中原硅酸钙也可被 Na_2CO_3 分解：

$$2CaO \cdot SiO_2 + 2Na_2CO_3 + H_2O + aq \longrightarrow Na_2SiO_3 + 2CaCO_3\downarrow + 2NaOH + aq \qquad (6\text{-}35)$$

单独的 Na_2CO_3 溶液可使 $2CaO \cdot SiO_2$ 分解较为彻底，分解速度亦较快。但在熟料溶出条件下，所得溶液是更为复杂的成分。根据图 6-4 $Na_2O\text{-}Al_2O_3\text{-}CaO\text{-}CO_2\text{-}H_2O$ 系部分平衡状态图来分析 Na_2CO_3 的作用。

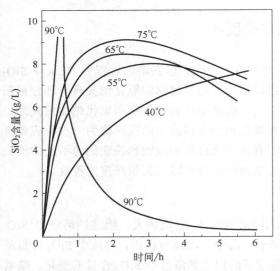

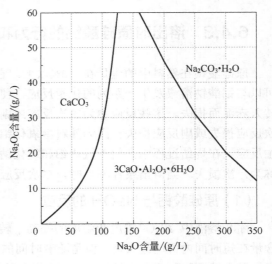

图 6-3　不同温度下的铝酸钠溶液中 SiO_2 含量的变化

Al_2O_3 140g/L，MR=1.7

图 6-4　$Na_2O\text{-}Al_2O_3\text{-}CaO\text{-}CO_2\text{-}H_2O$ 系部分平衡状态图

当溶液中 Na_2O_C 浓度位于 Na_2O-Al_2O_3-CaO-CO_2-H_2O 系苛化平衡曲线以上时，由 $2CaO \cdot SiO_2$ 分解产生的 $Ca(OH)_2$ 即与 Na_2CO_3 作用生成 $CaCO_3$，从而避免 $Ca(OH)_2$ 与 $NaAl(OH)_4$ 和 Na_2SiO_3 之间的作用，进而抑制水合铝硅酸钠和水化石榴石的生成，使 Al_2O_3 二次反应损失大幅度下降。

因此生产中，通过调整溶液的 Na_2O_C 浓度，使溶液的组成位于苛化平衡曲线以上的适当位置，则原硅酸钙分解出的 $Ca(OH)_2$ 只与 Na_2CO_3 发生苛化反应，生成 $CaCO_3$，使溶液中 SiO_2 仍以溶解度较大的铝硅酸络离子状态存在，从而可以抑制原硅酸钙的进一步分解。

（3）水化石榴石的反应

溶出过程生成的水化石榴石也可以被 $NaOH$ 和 Na_2CO_3 溶液分解，相当于其生成反应的逆反应，即：

$$3CaO \cdot Al_2O_3 \cdot xSiO_2 \cdot (6-x)H_2O + 2(1+x)NaOH + aq$$

$$\longrightarrow 3Ca(OH)_2 + xNa_2SiO_3 + 2NaAl(OH)_4 + aq \qquad (6\text{-}36)$$

$$3CaO \cdot Al_2O_3 \cdot xSiO_2 \cdot (6-x)H_2O + 3Na_2CO_3 + aq$$

$$\longrightarrow 3CaCO_3 + \frac{x}{2}(Na_2O \cdot Al_2O_3 \cdot 2SiO_2 \cdot 2H_2O) + (2-x)NaAl(OH)_4 + 4NaOH + aq \qquad (6\text{-}37)$$

但是，增大 $NaOH$ 和 Na_2CO_3 的浓度也会使原硅酸钙的分解加快，在温度较高的情况下，形成水合铝硅酸钠的硅渣析出。

水化石榴石是 $3CaO \cdot Al_2O_3 \cdot 6H_2O$-$3CaO \cdot Al_2O_3 \cdot 3SiO_2$ 系的固溶体，在 $3CaO \cdot Al_2O_3 \cdot 6H_2O$ 中有一部分 OH^- 被 SiO_4^{2-} 所代替，因此在水化石榴石的分子式中 $n=6-x$。x 值被称为水化石榴石中 SiO_2 的饱和度。水化石榴石中 SiO_2 的含量决定于它生成的条件，在熟料溶出条件下，水化石榴石中 SiO_2 的饱和度一般为 0.5。在深度脱硅时生成的水化石榴石中 SiO_2 的饱和度只有 $0.1 \sim 0.2$。一般来说，当溶液中 SiO_2 浓度愈高，温度愈高，所生成的水化石榴石中的 SiO_2 饱和度愈高。而溶液中 $NaAlO_2$ 和 $Ca(OH)_2$ 的浓度愈高，生成的水化石榴石中 SiO_2 的饱和度愈低。水化石榴石中 SiO_2 饱和度不同，其在 $NaOH$ 和 Na_2CO_3 溶液中的稳定性也不同。SiO_2 饱和度愈大，稳定性愈高。也就是说 SiO_2 含量愈大，它愈难被 $NaOH$ 和 Na_2CO_3 分解。

6.4.4　减少二次反应损失的措施

综上所述，熟料溶出时产生 Al_2O_3 和 Na_2O 的二次反应损失的根本原因在于溶出时原硅酸钙的分解，为减少溶出时的二次反应损失，采用的溶出条件（包括溶出液的组成、温度、时间等）必须能最大限度地阻止原硅酸钙的分解。

我国碱石灰烧结法厂在采用熟料的湿磨溶出、沉降分离的溶出流程中，经过长期的实践，在防止溶出二次反应损失、提高 Al_2O_3 和 Na_2O 的溶出率方面取得了成功的经验。

① 低摩尔比　熟料溶出后的铝酸钠溶液的摩尔比控制为 1.25 左右，以减小溶液中游离苛性碱浓度。

② 高碳酸碱　适当提高溶液中 Na_2O_C 浓度，但保持 Na_2O_C 浓度不大于 30g/L，使溶液组成位于苛化平衡曲线上部 $CaCO_3$ 平衡区。

③ 低温度　在不显著影响赤泥沉降速率的条件下采取偏低的温度（78～82℃），使 Al_2O_3 和 Na_2O 有足够的溶出速度。

④ 两段磨　快速分离赤泥，在采用湿磨溶出沉降分离流程时，必须减少赤泥与溶液的接触表面，缩短赤泥与溶液的接触时间，以减少原硅酸钙的分解。

我国氧化铝厂在选用上述低摩尔比、高 Na_2CO_3 浓度溶出工艺的同时，在流程上改用两段磨溶出，即将经过一段磨的粗粒溶出赤泥送进二段磨，用稀碱溶液（即赤泥洗液，氢氧化铝洗液）进行二段溶出，一段细粒赤泥直接进行沉降分离，这样使赤泥和溶出液的接触时间缩短 1h 左右，有效地减少了二次反应。两段磨溶出工艺流程见图 6-5。

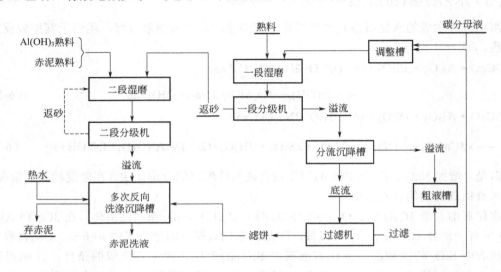

图 6-5　两段磨溶出流程

两段溶出流程比较复杂。随着分离工艺和设备的进步，熟料溶出工艺也在不断改进，目前已经将人工合成絮凝剂用于赤泥分离和洗涤过程，一段磨溶出可以取代两段磨溶出，新提出的溶出设备有流态化溶出器、旋转渗滤溶出器等，它们可以实现赤泥的快速分离，并且将溶出、赤泥分离洗涤结合在一个设备内完成。

6.4.5　熟料溶出工艺

工业上一般采用下面两种方法进行熟料的溶出：一种是颗粒溶出，又称对流溶出。此法是将熟料破碎成 8mm 以下的颗粒，在筒形溶出器内与溶液相对流动，溶出熟料中的 Al_2O_3、Na_2O。在颗粒溶出时，颗粒内部的扩散过程起着很大的作用。这种方法对熟料质量要求高，作业难以控制。另一种是湿磨粉碎溶出，它是将熟料与调整液一起加入溢流型球磨机或格子型球磨机内，在粉碎磨细过程中溶出 Al_2O_3 和 Na_2O。这种方法溶出时间短，溶出率高，我国烧结法氧化铝厂和联合法氧化铝厂熟料的溶出都采用这种溶出方式。

熟料溶出采用的主要设备是球磨机，在湿磨溶出过程中，球磨机在磨细熟料的同时还发生溶出反应。目前，氧化铝厂熟料湿磨溶出用得比较多的球磨机有格子型球磨机、溢流型球磨机、圆锥球磨机等。

6.5　铝酸钠溶液的脱硅

6.5.1　脱硅过程的目的和要求

熟料在溶出过程中，由于 β-2CaO·SiO_2 与溶液中的 NaOH、Na_2CO_3 及 $NaAl(OH)_4$ 相互作用而被分解，使较多的二氧化硅进入溶液。通常在熟料溶出液中，Al_2O_3 浓度约 120g/L，SiO_2 含量高达 5~6g/L（硅量指数为 20~30），高出铝酸钠溶液中 SiO_2 平衡浓度许多倍。这种 SiO_2 过饱和程度很高的溶出粗液用于分解，特别是碳酸化分解时，大部分 SiO_2 将会随同氢氧化铝一起析出，使产品氧化铝不符合质量要求。因此，在进行分解以前，粗液必须经过专门的脱硅过程。

脱硅并经过控制过滤后的铝酸钠溶液，叫作精液。它的脱硅程度用硅量指数（A_{aq}/S_{aq}）来表示。精液的硅量指数越高，表示溶液中 SiO_2 含量越低，脱硅越彻底。在烧结法生产中，铝酸钠溶液大部分是采用碳酸化分解的。在碳酸化分解过程中，不仅要求得到质量高的氢氧化铝，而且为了减少随同碳分母液返回烧结的 Al_2O_3 量，还要求分解率尽可能地提高。因此，溶出后的粗液不仅需要脱硅，而且还须达到一定的脱硅深度。一般要求精液的硅量指数大于 400。

以往烧结法的重要缺点之一是成品氧化铝质量低于拜耳法。随着烧结法脱硅工艺和技术的进步，国内外烧结法厂已经发展了多种脱硅流程和脱硅方法，如两段脱硅工艺、添加石灰的深度脱硅方法、添加水合碳铝酸钙［CaO·Al_2O_3·(0.25~0.5)CO_2·11H_2O］的超深度脱硅方法等，精液的硅量指数可达 1000 以上，超深度脱硅精液的硅量指数可达 5000 以上，使成品氧化铝质量不再低于拜耳法。

目前提出的脱硅方法概括起来有两类：一类是使 SiO_2 成为水合铝硅酸钠析出；另一类是添加石灰使 SiO_2 成为水化石榴石析出。其实质都是使铝酸钠溶液中的 SiO_2 转变为溶解度很小的化合物析出。由于 SiO_2 脱出后的铝酸钠溶液的稳定性显著降低，故在采用低摩尔比溶出熟料的工艺时，为防止脱硅时溶液的分解，在脱硅之前须预先将粗液的摩尔比提高到 1.50~1.55以上。

目前工业上为了减少 CaO 和 Al_2O_3 的损失，通常采用"两段脱硅"工艺，即在一段不添加石灰，使大部分的 SiO_2 成为水合铝硅酸钠结晶析出，脱硅后溶液 A_{aq}/S_{aq} 为 400 左右；再在二段添加石灰进行深度脱硅，使剩余的 SiO_2 呈水化石榴石析出，脱硅后溶液 A_{aq}/S_{aq} 达到1000~1500 左右。

6.5.2　不加石灰的脱硅过程

（1）不加石灰脱硅的基本原理

它是使铝酸钠溶液中过饱和溶解的 SiO_2 经过长时间的搅拌后成为水合铝硅酸钠析出。

$$xNa_2SiO_3+2NaAl(OH)_4+(n+x-4)H_2O+aq \longrightarrow Na_2O \cdot Al_2O_3 \cdot xSiO_2 \cdot nH_2O+2xNaOH+aq$$

（6-38）

脱硅条件不同，析出的水合铝硅酸钠的化学组成和结晶形态也不同。在碱石灰烧结法粗液脱硅过程中，由于在水合铝硅酸钠的核心上吸附了$NaAl(OH)_4$等附加盐，因此，钠硅渣的成分大体上相当于$Na_2O \cdot Al_2O_3 \cdot 1.7SiO_2 \cdot 2H_2O$。

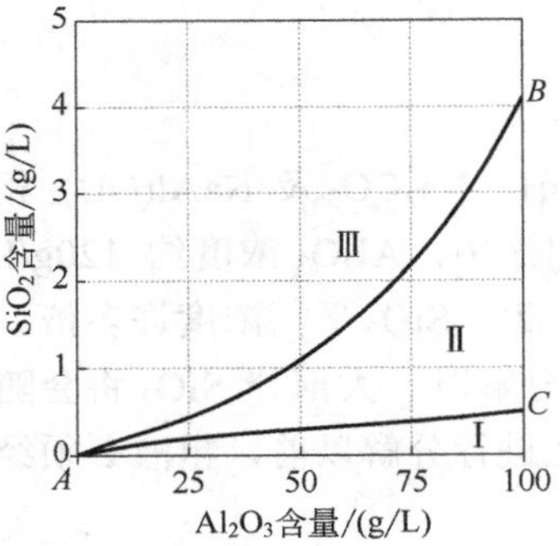

不加石灰的脱硅深度取决于水合铝硅酸钠在溶液中的溶解度。当温度为70℃时，往不同浓度的铝酸钠溶液（$MR=1.7\sim2.0$）中添加Na_2SiO_3，搅拌$1\sim2h$后即可得到图6-6中SiO_2在铝酸钠溶液中的介稳溶解度曲线AB。继续搅拌$5\sim6d$，则得到溶解度曲线AC，析出的固相为水合铝硅酸钠。从图6-6中可以看出，SiO_2在铝酸钠溶液中的溶解度随Al_2O_3浓度的增大而增加。

图6-6　70℃下SiO_2在铝酸钠溶液中的介稳溶解度（AB）及平衡浓度（AC）

曲线AB和曲线AC将此图划分为三个区：AC曲线下为Ⅰ区，即SiO_2的未饱和区，在该区内，铝酸钠溶液能够继续溶解水合铝硅酸钠，直至SiO_2的含量达到AC曲线为止。曲线AB和AC之间为Ⅱ区，SiO_2的介稳状态区，所谓介稳状态是指溶液中的SiO_2在热力学上虽不稳定，但是在不存在水合铝硅酸钠晶种时，虽经较长时间的搅拌，SiO_2仍不致结晶析出的状态。AB曲线的上面为Ⅲ区，是SiO_2的过饱和区，溶液中的SiO_2成为水合铝硅酸钠迅速沉淀析出。曲线AB表示SiO_2在铝酸钠溶液中介稳存在的最高含量，熟料溶出液中SiO_2的含量大体上接近这一极限值。

对于SiO_2在铝酸钠溶液中能够以介稳状态存在的原因有不同的见解。目前较多的人认为：当温度不高时，从铝酸钠溶液中析出的水合铝硅酸钠是极其分散的，它具有较大的溶解度，随着搅拌时间的延长，水合铝硅酸钠才逐渐转变为结晶形态，高度分散的水合铝硅酸钠的溶解度比结晶形态的要大得多，因而出现介稳溶解状态。

图6-7为不同形态的水合铝硅酸钠在铝酸钠溶液（Na_2O 250g/L，Al_2O_3 202g/L）中的溶解度曲线。图中所列钠沸石（相Ⅲ）和方钠石（相Ⅳ）是在结构上分别与A型沸石及方钠石相近的物相；相Ⅲ是在$70\sim110$℃的较低温度下得到的；相Ⅳ是在较高温度下得到的。由图可以看出，在铝酸钠溶液中，无定形的含水铝硅酸钠的溶解度最大，相Ⅲ次之，相Ⅳ最小。无定形含水铝硅酸钠是在低于$50\sim60$℃的温度下，由不利于晶体长大的高黏度溶液得出的，它的溶解度曲线通过一个最高点然后降低，这是它转变为相Ⅲ的结果。相Ⅲ在90℃以下稳定，温度高于100℃转变为相Ⅳ，这些转变是不可逆的。含水铝硅酸钠在铝酸钠溶液中的溶解度按A型沸石→方钠石→黝方石→钙霞石的次序逐渐减小，这与其晶体强度增大的次序是一致的。

含水铝硅酸钠从铝酸钠溶液中结晶析出的过程为其溶解过程的逆过程，此时得到的含水铝硅酸钠是一种人造沸石。所得人造沸石根据其析出条件的不同，在晶体结构上相似于方钠石、黝方石或钙霞石的一种，或者与它们之间的一种过渡形态相类似。在95℃下脱硅时，最初阶段生成的含水铝硅酸钠中发现有A型沸石，它随后转变为黝方石或黝方石-方钠石结构。

（2）影响脱硅过程的主要因素

① 温度　温度影响水合铝硅酸钠在铝酸钠溶液中的溶解度，并且对脱硅过程的影响较复杂。温度在$100\sim170$℃范围内，升高温度，SiO_2溶解度降低，水合铝硅酸钠结晶析出的速

度显著提高，溶液硅量指数 A_{aq}/S_{aq} 不断提高；温度约 170℃（压力＞0.7MPa）时溶液的 A_{aq}/S_{aq} 最高；温度 170～230℃，SiO_2 溶解度增大，使溶液 A_{aq}/S_{aq} 降低；继续提高温度（大于 230℃），SiO_2 溶解度又降低，溶液 A_{aq}/S_{aq} 提高。因此，适当地提高温度可以缩短脱硅时间，增大设备产能，因而生产中多采用"加压"脱硅。

② 原液 Al_2O_3 的浓度　精液中的 SiO_2 平衡浓度是随 Al_2O_3 浓度的降低而降低的，因此降低 Al_2O_3 浓度有利于制得硅量指数较高的精液。不同浓度的铝酸钠溶液在 0.5MPa 的压力下脱硅 3h 所得到的结果见表 6-1。

表 6-1　铝酸钠溶液 Al_2O_3 浓度与精液硅量指数的关系

Al_2O_3 浓度/（g/L）	60～80	80～120	120～200	240～300
硅量指数 A_{aq}/S_{aq}	600～500	400～300	300～200	200～100

③ 原液 Na_2O 浓度　保持溶液中 Al_2O_3 浓度不变，提高 Na_2O 浓度，使得 SiO_2 的平衡浓度提高，见图 6-8，脱硅效果变差，硅量指数显著降低。因此，在保证溶液有足够稳定性的前提下，铝酸钠溶液 Na_2O 浓度越低，脱硅效果越好。

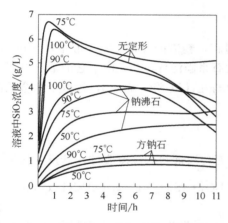

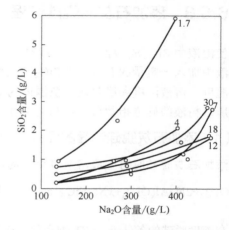

图 6-7　不同温度下各种形态的水合铝硅酸钠在铝酸钠溶液中的溶解度曲线

图 6-8　铝酸钠溶液中 SiO_2 平衡浓度与 Na_2O 含量的关系（曲线旁的数字为摩尔比）

④ 原液中 Na_2CO_3、Na_2SO_4 和 NaCl 的浓度　粗液中往往含有一定量的 Na_2CO_3 和 Na_2SO_4 等盐类，它们都属于水合铝硅酸钠核心能吸收的附加盐，可以生成 3（$Na_2O \cdot Al_2O_3 \cdot 2SiO_2 \cdot 2H_2O$）$\cdot Na_2X \cdot nH_2O$ 一类沸石族化合物，分子式中的 X 代表 CO_3^{2-}、SO_4^{2-}、Cl^- 和 $Al(OH)_4^-$ 等阴离子。由于这一类沸石族化合物在铝酸钠溶液中的溶解度均小于溶液中的 $Na_2O \cdot Al_2O_3 \cdot 2SiO_2 \cdot 2H_2O$ 的溶解度，因此，这些盐类的存在可以起到降低 SiO_2 平衡浓度、提高脱硅深度的作用，见表 6-2。

⑤ 添加晶种　水合铝硅酸钠结晶析出过程，由于受表面性质的影响，自身形成晶核困难，添加适量的晶种可以起到水合铝硅酸钠结晶核心的作用，促使脱硅速度和深度显著地提高。实践证明，钠硅渣、钙硅渣以及粗液中的浮游赤泥都可作为脱硅的晶种。添加晶种数量越多，其效果越好，但是添加大量的晶种使物料流量及硅渣分离负荷加大，管道容易堵塞。我国使用拜耳法赤泥作晶种，当添加量为 15～30g/L 时，可使精液硅量指数提高 100～150。

表 6-2　Na$_2$CO$_3$、Na$_2$SO$_4$ 和 NaCl 含量对铝酸钠溶液中 SiO$_2$ 平衡浓度的影响

温度/℃	SiO$_2$ 平衡浓度/（g/L）						
	无添加盐	Na$_2$SO$_4$ 浓度/（g/L）		Na$_2$CO$_3$ 浓度/（g/L）		NaCl 浓度/（g/L）	
		10	30	10	30	10	30
98	0.182	0.124	0.106	0.132	0.126	0.146	0.127
125	0.167	0.118	0.096	0.122	0.111	0.153	0.132
150	0.184	0.110	0.100	0.129	0.120	0.159	0.137
175	0.210	0.111	0.091	0.150	0.132	0.175	0.148

注：溶液中含 Al$_2$O$_3$ 70.5g/L，MR=1.78。

⑥ 脱硅时间　当温度一定，SiO$_2$ 没有达到平衡浓度以前，溶液的硅量指数随着时间延长而提高。不过时间越长，反应速率越慢，硅量指数增长速度越慢。

6.5.3　添加石灰的脱硅过程

使溶液中 SiO$_2$ 成为含水铝硅酸钠析出的脱硅过程，精液的硅量指数一般很难超过 500。往溶液中加入一定量的石灰，使 SiO$_2$ 成为水化石榴石系固溶体析出，由于它的溶解度在相当高的温度、溶液浓度和摩尔比的范围内为 0.02～0.05g/L（以 SiO$_2$ 表示），远低于水合铝硅酸钠，所以精液的硅量指数可以提高到 1000 以上。

（1）添加石灰脱硅过程的反应

添加石灰脱硅时可生成溶解度更小的水化石榴石使溶液得到深度脱硅，其反应如下：

$$3Ca(OH)_2+2NaAl(OH)_4+xNa_2SiO_3+aq \longrightarrow 3CaO \cdot Al_2O_3 \cdot xSiO_2 \cdot (6-x)H_2O+2(1+x)NaOH+aq$$

（6-39）

在深度脱硅的条件下，SiO$_2$ 饱和度（x）约为 0.1～0.2，即析出的水化石榴石中，CaO 与 SiO$_2$ 的摩尔比为 15～30，而 Al$_2$O$_3$ 与 SiO$_2$ 的摩尔比为 5～10。为了减少 CaO 的消耗和 Al$_2$O$_3$ 的损失，通常是在一段脱硅使大部分的 SiO$_2$ 成为水合铝硅酸钠分离后，再添加石灰进行深度脱硅。

（2）影响添加石灰脱硅过程的主要因素

① 溶液中 Na$_2$O 浓度和 Al$_2$O$_3$ 浓度　溶液中 Na$_2$O 浓度升高促使水化石榴石固溶体分解，使精液中 SiO$_2$ 含量升高，硅量指数 A_{aq}/S_{aq} 降低。由表 6-3 可以看出，当溶液摩尔比一定时，提高溶液的 Al$_2$O$_3$ 浓度，精液的 A_{aq}/S_{aq} 明显地降低，而且 Al$_2$O$_3$ 浓度越高，影响越显著。

② 溶液中 Na$_2$O$_C$ 浓度　随着溶液中 Na$_2$O$_C$ 浓度的升高，脱硅效果变坏。这是由于一方面 Na$_2$CO$_3$ 也可以分解水化石榴石，提高 SiO$_2$ 在溶液中的平衡浓度，不利于脱硅，反应式如下：

$$3CaO \cdot Al_2O_3 \cdot xSiO_2 \cdot nH_2O+3Na_2CO_3+aq \longrightarrow 3CaCO_3+(2-x)NaAl(OH)_4+$$

$$4NaOH+\frac{x}{2}\left[Na_2O \cdot Al_2O_3 \cdot 2SiO_2 \cdot \frac{2(n+2x-6)}{x}H_2O\right]+aq$$

（6-40）

表 6-3　溶液中 Al_2O_3 浓度对添加石灰脱硅过程的影响

原液成分/（g/L）				精液硅量指数 A_{aq}/S_{aq}			
摩尔比 MR	Al_2O_3	Na_2O	SiO_2	10min	30min	60min	120min
1.47	97.5	87.1	0.36	312	694	1080	1162
1.40	101.7	86.6	0.42	289	535	752	1028
1.40	113.3	96.4	0.43	331	607	707	947
1.47	125.4	112.1	0.45	348	467	530	526
1.47	132.9	118.8	0.49	358	428	443	442

注：CaO 添加量 8.5g/L，脱硅在 100℃下进行。

另一方面，Na_2CO_3 与 $Ca(OH)_2$ 发生苛化反应，增加石灰的消耗，苛化后提高了溶液中 Na_2O 的浓度，不利于脱硅。

③ 溶液中 SiO_2 的含量　如前所述，由于在脱硅时生成的水化石榴石中 SiO_2 饱和度很低，所以原液中 SiO_2 含量越高，消耗的石灰以及损失的 Al_2O_3 也越多，但是加入的 CaO 量不足，则不能保证精液的脱硅深度。添加石灰脱硅时，粗液中还不应含有悬浮的钠硅渣，因为随着水化石榴石的生成，溶液对于钠硅渣来说是不饱和的，它将重新溶解进入溶液，使溶液中 SiO_2 含量升高，因此需在分离钠硅渣后再加石灰进行二段脱硅。

④ 石灰的添加量和质量　石灰添加量越多，精液硅量指数越高，但损失的 Al_2O_3 也越多。例如，在 100℃下进行脱硅，添加 CaO 6g/L 左右，Al_2O_3 的损失约 1.9g/L；当 CaO 添加量增加到 13g/L，Al_2O_3 损失量增加到 7.7g/L。添加的石灰应该是经过充分煅烧的，以提高石灰中的有效 CaO 含量。石灰中的 MgO 比 CaO 具有更好的脱硅作用，并且可以大大减轻设备的结垢现象，但是脱硅后得到的含镁渣熟料不适合用于配制铝酸盐炉料和水泥炉料。碱石灰铝土矿炉料中，MgO 含量太高使烧成温度范围变窄，Al_2O_3 和 Na_2O 的溶出率降低。

⑤ 温度　从图 6-9 和表 6-4 可以看出，铝酸钠溶液添加石灰脱硅过程的速度和深度是随着温度的升高而提高的。当其他条件相同时，温度越高，水化石榴石中 SiO_2 的饱和度越大，溶液中 SiO_2 的平衡浓度也越低，有利于减少石灰用量和 Al_2O_3 的损失。图 6-9 所示为铝酸钠溶液添加石灰的二段脱硅过程，第一段脱硅后的溶液，

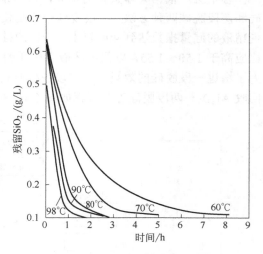

图 6-9　铝酸钠溶液添加石灰的脱硅
过程与温度的关系

在沉降分离钠硅渣以后，温度下降为 95～100℃，由表 6-4 中的数据可以看出，在此温度下进行添加石灰的第二阶段的脱硅是适当的。

表 6-4   温度对于添加石灰脱硅过程的影响

温度/℃	原液成分/(g/L)					精液硅量指数 A_{aq}/S_{aq}		
	Al_2O_3	Na_2O	Na_2O_C	MR	A_{aq}/S_{aq}	30min	60min	120min
80	104.8	121.8	23.09	1.55	320	326	356	420
80	104.5	120.8	23.46	1.53	368	374	418	552
100	103.6	121.9	24.20	1.55	360	1176	1800	2500
100	101.4	122.4	25.30	1.57	368	840	1280	2130

注：CaO 添加量为 10g/L。

（3）从水化石榴石中回收氧化铝

铝酸钠溶液添加石灰脱硅得到的水化石榴石渣中含 Al_2O_3 量为 26%，将它直接返回烧结过程必然造成氧化铝的大量循环和损失，不如采用 Na_2CO_3 溶液来提取其中的 Al_2O_3 合适。这一反应为：

$$3CaO \cdot Al_2O_3 \cdot xSiO_2 \cdot (6-x)H_2O + 3Na_2CO_3 + aq$$

$$\longrightarrow 3CaCO_3 + \frac{x}{2}(Na_2O \cdot Al_2O_3 \cdot 2SiO_2 \cdot nH_2O) + (2-x)NaAl(OH)_4 + 4NaOH + aq \qquad (6-41)$$

从水化石榴石渣回收 Al_2O_3 时，溶液中 Na_2CO_3 浓度愈高，得到的溶液苛性碱的浓度愈高。从水化石榴石渣回收 Al_2O_3 的过程中同时发生碳酸钠的苛化，所得的铝酸钠-碱溶液的摩尔比在 3.4 左右，可以送去配制调整液或提高溶出粗液的摩尔比。

6.5.4 脱硅工艺

各个工厂根据具体条件的不同，可以采用多种多样的脱硅方法，但大体可以分为一段脱硅和两段脱硅两种方法。一段脱硅一般是使溶液中的 SiO_2 成为含水铝硅酸钠结晶析出。为了使精液的硅量指数达到 400 以上，一段脱硅是在 160~170℃下添加晶种进行的。精液的摩尔比应高于 1.50~1.55，以保证溶液有必要的稳定性，防止氢氧化铝在叶滤时析出，堵塞滤布。为了增进一段脱硅的效果，将二段脱硅时析出的水化石榴石渣送到一段去，然后从所得泥渣回收 Al_2O_3。两段脱硅工艺流程如图 6-10 所示。

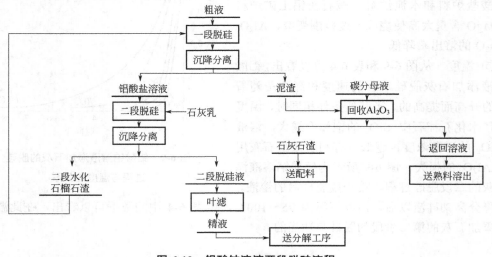

图 6-10   铝酸钠溶液两段脱硅流程

脱硅作业可以在高压下（在高压釜内）进行，也可以在常压下进行，还可以加石灰或不加石灰、加晶种或不加晶种等。其方法的选择主要取决于脱硅深度，而脱硅深度又取决于碳分分解率和产品 $Al(OH)_3$ 的质量要求。在生产上为了保证碳分分解率在 90%左右，而又不影响产品 $Al(OH)_3$ 的质量，一般都采用高压下加晶种（为硅渣或拜耳法赤泥）进行脱硅。高压脱硅的主要设备为高压釜，其结构和作用原理与拜耳法溶出铝土矿用的高压釜相同，为区别起见，前者称为脱硅机，后者常称为高压溶出器。但脱硅所用的压力一般都低于拜耳法高压溶出铝土矿所用的压力，因而脱硅机的直径比高压溶出器大，而高度则较小。

6.6　铝酸钠溶液的碳酸化分解

6.6.1　碳酸化分解的目的和要求

碳酸化分解是决定烧结法氧化铝产品质量的重要过程之一。碳酸化分解是将脱硅后的精液通入 CO_2，使 NaOH 转变为碳酸钠，促使氢氧化铝从溶液中析出，得到氢氧化铝和主要成分为碳酸钠的碳分母液，碳分母液经蒸发浓缩后返回配制生料浆，氢氧化铝则在洗涤煅烧后成为氧化铝。为了制得纯净的氢氧化铝，首先要求铝酸钠溶液具有较高的纯度，但是，这样还不能保证获得优质的氢氧化铝，还需要保持适当的碳酸化条件。如果碳酸化条件控制得不好，仍可能得到结构不良含杂质高的氢氧化铝。反之，如果正确地控制碳酸化条件，甚至从硅量指数不太高的铝酸钠溶液中亦可以得到质量较好的氢氧化铝。由此可见，合理地选择和正确地控制碳酸化条件是保证高产优质的重要措施。

碳酸化分解作业，必须在保证产品质量的前提下，尽可能地提高分解率和分解槽的产能，极力减少随同碳分母液送去配制生料浆的 Al_2O_3 量，借以降低整个流程中的物料流量和有用成分的损失。

6.6.2　碳酸化分解的原理

碳酸化分解是同时存在气、液、固三相的多相反应过程。发生的物理化学反应包括：
① 二氧化碳为铝酸钠溶液吸收，使苛性碱中和；

$$2NaOH+CO_2 \!=\!\!= Na_2CO_3+H_2O \tag{6-42}$$

② 氢氧化铝析出；

$$NaAl(OH)_4 \!=\!\!= NaOH+Al(OH)_3 \tag{6-43}$$

③ 水合铝硅酸钠的结晶析出；

$$2Na_2SiO_3+2NaAl(OH)_4+(n\!-\!2)H_2O+aq \longrightarrow Na_2O \cdot Al_2O_3 \cdot 2SiO_2 \cdot nH_2O+4NaOH+aq \tag{6-44}$$

④ 水合碳铝酸钠（$Na_2O \cdot Al_2O_3 \cdot 2CO_2 \cdot nH_2O$）的生成和破坏，并在碳酸化分解终了时沉淀析出。

$$Na_2CO_3+Al(OH)_3 \longrightarrow Na_2O \cdot Al_2O_3 \cdot 2CO_2 \cdot nH_2O+NaOH \qquad (6\text{-}45)$$

铝酸钠精液，其组成点处于 $Na_2O\text{-}Al_2O_3\text{-}H_2O$ 系状态图中的未饱和区（见图 6-11），必须使它进入过饱和区才能分解。通入 CO_2 气体后的第 I 阶段溶液发生反应（6-42），Na_2O 浓度沿直线 AB 变化到 B 点而使溶液组成点处于过饱和区，并开始碳酸化分解过程的第 II 阶段——析出 $Al(OH)_3$，溶液成分沿 BC 线改变至 C 点。继续通入 CO_2，与反应（6-43）生成的 $NaOH$ 相互作用，使溶液成分变至 B' 点。如此连续不断地进行上述两个反应，那么在 $Na_2O\text{-}Al_2O_3\text{-}H_2O$ 系中形成由 $Al(OH)_3$ 结晶线（BC、$B'C'$ 等）和 Na_2CO_3 生成线（CB'、$C'B''$ 等）组成的许多折线。这两个过程是同时发生的，所以溶液浓度实际上是沿 BO 线变化的，其位置稍高于平衡曲线 OM。

水合铝硅酸钠的析出主要是在碳分过程的末期，它使氢氧化铝被 SiO_2 和碱污染。

碳酸化分解末期（第 III 阶段），当溶液中剩下的 Al_2O_3 少于 2%～3% 时，由于溶液温度不高，使水合碳酸钠按反应（6-45）生成，从溶液中析出。所以，当溶液彻底碳酸化分解时，所得氢氧化铝中含有大量的碳酸钠。

6.6.3　碳酸化分解过程中 SiO_2 的行为

在碳酸化分解过程中，溶液中 SiO_2 含量变化曲线按分解进程可分为三段（图 6-12）。

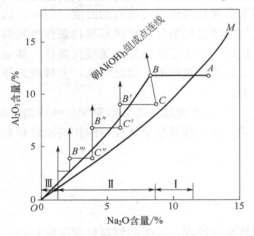

图 6-11　碳酸化分解过程铝酸钠溶液中
Al_2O_3 含量的变化

OM——在 80℃下 $Al(OH)_3$ 在 $NaOH$ 溶液中的
溶解度等温线

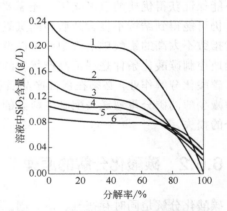

图 6-12　碳分过程中不同硅量指数的
铝酸钠溶液中 SiO_2 含量的变化

硅量指数：1—350；2—470；3—600；4—710；5—850；6—970

第一段，分解初期，曲线的变化表明有 SiO_2 与 $Al(OH)_3$ 共同析出。精液的硅量指数越高，这一段曲线越短，越平缓，即与 $Al(OH)_3$ 共同析出的 SiO_2 量越少。

第二段，分解中期，曲线近乎与横坐标平行，表明在这一阶段中只有 $Al(OH)_3$ 析出而 SiO_2 几乎未析出，因此在这一阶段得到的 $Al(OH)_3$ 质量最好。这一段的长度随分解原液硅量指数的提高而增长。

第三段，分解末期，这段曲线的斜度较大，表明随 $Al(OH)_3$ 析出的 SiO_2 显著增加。溶液中的 SiO_2 大部分是在这一段析出的。如果将 Al_2O_3 全部分解析出，则 SiO_2 几乎也全部析出。

因为铝硅酸钠在碳酸钠溶液中的溶解度是非常小的。

研究表明，碳分初期析出的 SiO_2 是吸附在氢氧化铝上的。因为此时分解出来的氢氧化铝粒度细，比表面积大，吸附能力强。碳分原液的硅量指数越低，吸附的 SiO_2 越多。这部分氢氧化铝的铝硅比甚至低于分解原液的硅量指数。由于氢氧化铝表面被含 SiO_2 的物相所覆盖，阻碍了晶体的长大，因而从 SiO_2 含量高的溶液中分解出来的氢氧化铝粒度较小。添加晶种可以改善氢氧化铝的粒度组成，同时可以在很大程度上防止碳分初期 SiO_2 的析出。

当铝酸钠溶液继续分解时，氢氧化铝颗粒增大，比表面积减小，吸附能力降低，这时只有氢氧化铝析出，SiO_2 析出极少。故分解产物中 SiO_2 相对含量逐渐降低，但是溶液中 SiO_2 的过饱和度则逐渐增大。

最后，当溶液中 SiO_2 的过饱和度增至一定程度后，SiO_2 开始迅速析出，分解产物中的 SiO_2 含量急剧增加。碳分温度对 SiO_2 的行为有一定影响。温度低，生成的氢氧化铝晶体不完善，粒度小，对 SiO_2 的吸附能力强。同时细粒氢氧化铝晶体包裹着更多的母液，从而使第一阶段 SiO_2 析出的量增加。例如用同一成分的铝酸钠溶液，分别在 80℃ 和 60℃ 温度下分解，便发现在 80℃ 析出的 SiO_2 比在 60℃ 析出的少。

根据 SiO_2 在铝酸钠溶液中可以较长时间地呈介稳状态存在的特性，在碳酸化分解时，可按分解原液的硅量指数来控制分解率。在 SiO_2 大量析出之前便结束碳酸化过程并迅速分离氢氧化铝，便可以得到 SiO_2 含量低的优质氢氧化铝。

6.6.4　影响碳酸化分解过程的主要因素

（1）精液的纯度与碳分分解率

精液的纯度包括硅量指数和浮游物含量两个方面。精液浮游物是由 $Na_2O \cdot Al_2O_3 \cdot x SiO_2 \cdot nH_2O$ 和 $3CaO \cdot Al_2O_3 \cdot xSiO_2 \cdot nH_2O$ 及 $Fe_2O_3 \cdot nH_2O$ 等组成的，它们在分解初期就全部进入 $Al(OH)_3$ 中，成为氧化铝产品中杂质的主要来源。因此，精液必须经过控制过滤，使其浮游物含量降低到 0.02g/L 以下。精液的硅量指数愈高，可以达到的分解率也愈高。

由于碳分过程中全碱 Na_2O_T（$Na_2O+Na_2O_C$）绝对量基本上不变，碳分过程中铝酸钠溶液的 Al_2O_3 的分解率计算式如下：

$$\eta_{Al_2O_3} = \frac{A_a - A_m \times \dfrac{N_T}{N_T'}}{A_a} \times 100\% \tag{6-46}$$

式中　$\eta_{Al_2O_3}$——精液中的 Al_2O_3 分解率，%；

A_a——精液中 Al_2O_3 含量，g/L；

A_m——母液中 Al_2O_3 含量，g/L；

N_T——精液中全碱浓度，g/L；

N_T'——母液中全碱浓度，g/L。

$\dfrac{N_T}{N_T'}$ 叫作溶液的浓缩比或浓缩系数，反映了分解过程中溶液体积的变化。因为分解过程中排出的废气和结晶析出的 $Al(OH)_3$ 都带走部分水分，使溶液浓缩。在采用石灰窑窑气分解时浓缩比可达 0.92～0.94。

（2）CO₂ 气体的纯度、浓度和通入速度

石灰窑窑气（CO_2 浓度为 35%～40%）和烧结窑窑气（CO_2 浓度为 8%～12%）都可作为碳酸化分解的 CO_2 气体来源。我国碱石灰烧结法以石灰配料，是利用石灰窑窑气进行分解的。

CO_2 气体的纯度主要是指它的含尘量。因为粉尘的主要成分 CaO、SiO_2 和 Fe_2O_3 等都是氧化铝中的有害杂质。碳酸化分解的用气量很大，气体中的粉尘全部进入氢氧化铝中。为了保证氢氧化铝的质量，石灰窑窑气必须经过净化洗涤，使粉尘含量少于 $0.03g/m^3$。

CO_2 气体的浓度及通入速度决定着分解速度，它对碳酸化分解设备的产能、压缩机的功率及碳酸化的温度都有极大影响。

实践表明，采用高浓度 CO_2（含量在 38% 左右）气体进行碳酸化，分解速度快，有利于产量以及 CO_2 利用率的提高。此时，CO_2 与 Na_2O 起中和反应及氢氧化铝结晶析出所放出的热量足以维持碳酸化过程在较高的温度下进行，有利于氢氧化铝晶体长大。不仅无须利用蒸汽保温，而且还可以蒸发出一部分水分。

提高通气速度可以缩短分解时间，提高分解槽的产能。我国氧化铝厂碳分通气时间为 3h 左右。但由于分解速度快，氢氧化铝来不及长大，所以氢氧化铝粒度较细，晶间空隙中包含的母液增加，因此使不可洗碱含量增加。为了克服这一缺点，需要控制通气速度，特别是在分解末期，氢氧化铝粒度往往明显变细，便须降低通气速度。

（3）温度

提高分解温度，有利于氢氧化铝晶体的长大，减小其吸附碱和二氧化硅的能力，便于它的分离洗涤。在工业生产中，碳分控制的温度与所用的 CO_2 气体浓度有关。如果用高浓度的石灰窑窑气，可使碳分温度维持在 85℃ 以上。而采用低浓度的熟料烧结窑窑气，则碳分温度只能保持在 70～80℃，因此需要通入蒸汽保温。

（4）晶种

预先往精液中添加一定量的晶种，在碳酸化分解初期不致生成分散度大、吸附能力强的氢氧化铝，减少它对 SiO_2 的吸附，所得氢氧化铝的杂质含量减少而晶体结构和粒度组成也有改善。由图 6-13 可以看出，添加晶种时，分解率达 50% 以前，析出的氢氧化铝几乎不含 SiO_2。当分解率相同时，添加晶种析出的氢氧化铝中 SiO_2 含量也比不添加晶种时低。

添加晶种还能改善氢氧化铝的结晶结构，使氢氧化铝粒度均匀，降低碱含量。如图 6-14 所示，当晶种系数由 0 增加到 0.8 时，氢氧化铝中的碱含量从 0.69% 降低为 0.32%。

添加晶种的不足之处是使部分氢氧化铝循环积压在碳分流程中，并且增加了分离设备负担。

（5）搅拌

铝酸钠溶液的碳酸化分解过程是一个扩散控制过程。加强搅拌可使各部分溶液成分均匀并使氢氧化铝处于悬浮状态，加速碳酸化分解过程，防止局部过碳酸化现象的发生。加强搅拌还能改善氢氧化铝的结晶结构和粒度，减少碱的含量，提高 CO_2 的吸收率，减轻槽内结疤程度以及减少沉淀的产生。生产实践证明，只靠通入 CO_2 气体的鼓泡作用所产生的搅拌强度是不够的，还必须装置机械搅拌或空气搅拌才能将氢氧化铝搅起。

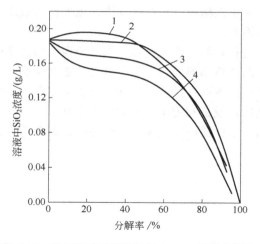

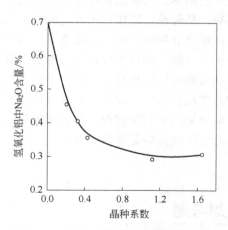

图 6-13　添加晶种对碳分过程中 SiO₂ 析出的影响

1,2—晶种系数 1.0；3—晶种系数 0.4；4—不加晶种
晶种中 SiO₂ 含量（以晶种中 SiO₂ 占 Al₂O₃ 含量的
百分数表示）：1—0.75%；2,3—0.05%

**图 6-14　氢氧化铝中碱含量与碳分时
晶种添加量的关系**

6.6.5　碳酸化分解过程工艺

铝酸钠溶液的碳酸化分解作业在碳分槽内进行。我国采用的是带挂链式搅拌器的圆筒形平底碳分槽，如图 6-15 所示。二氧化碳气体经若干支管从槽的下部通入，经槽顶汽水分离器排出。国外有的工厂采用气体搅拌分解槽，如图 6-16 所示。槽里料浆由锥体部分的径向喷嘴系统送入的二氧化碳气体进行搅拌，而沉积在不通气体部分（喷嘴以下）的氢氧化铝由空气升液器提升到上部区域。

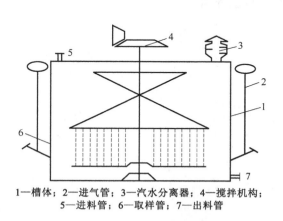

1—槽体；2—进气管；3—汽水分离器；4—搅拌机构；
5—进料管；6—取样管；7—出料管

图 6-15　圆筒形平底碳分槽

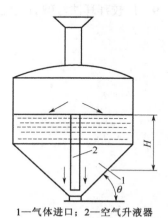

1—气体进口；2—空气升液器

图 6-16　圆筒形锥底碳分槽

在生产上所采用的碳分槽，由于从下部通入二氧化碳气体，气体通过的液柱高，因而存在动力消耗大的缺点，所以碳分槽改进的方向是从上部导入二氧化碳气体，降低气体通过的液柱高度。试验证明，二氧化碳利用率并不与液柱高度成正比。为了提高低液柱条件下二氧

化碳的利用率，应使二氧化碳气体分散成细的气泡进入槽内，且在气体进入处保持溶液的不断更新，从而保证气体与溶液之间有很大的接触面积。

碳酸化分解作业可以连续进行，也可以间断进行。间断作业，即在同一个碳分槽内完成一个作业周期，缺点是设备利用率低，氢氧化铝的合格率偏低，劳动强度大。连续作业即在一组碳分槽内连续进行，而每一个碳分槽都保持一定的操作条件。连续碳分的优点是生产过程较易实现自动化，并保持整个生产流程的连续化，设备利用率和劳动生产率高。

氧化铝厂采用深度脱硅与连续碳分技术，对于企业提产降耗和提高产品质量具有重大意义，其经济效益也是非常显著的。

 思考题

1. 碱石灰烧结法生产氧化铝的基本原理是什么？包括哪几个主要生产工序？
2. 碱石灰烧结法炉料烧结过程，判断熟料烧结质量好坏的标准有哪些？
3. 针对我国铝土矿类型，分析我国碱石灰烧结法中为什么采用低碱高钙配方。
4. 熟料溶出过程造成二次反应损失的主要原因是什么？生产上为减少二次反应损失采取的主要措施有哪些？
5. 碱石灰烧结法中为什么设置专门的脱硅工序及两段脱硅流程？
6. 碱石灰烧结法中铝酸钠溶液碳酸化分解的原理是什么？
7. 分析碳酸化分解过程 SiO_2 的析出行为对生产上提高氧化铝分解率和氧化铝纯度的指导意义。
8. 碱石灰烧结法中，为了获得粒度较粗、强度较大和杂质含量低的 $Al(OH)_3$，在碳分过程中应采取什么措施？
9. 比较拜耳法与碱石灰烧结法生产氧化铝的异同。

第7章

生产氧化铝的其他方法

7.1 拜耳-烧结联合法生产氧化铝

如前所述，目前生产氧化铝的工业方法主要是拜耳法和碱石灰烧结法，两者各有其优缺点和适用范围。在某些情况下，采用拜耳法和烧结法的联合生产流程，取长补短，可以得到比单纯的拜耳法或烧结法更好的经济效果，使铝土矿资源得到更充分的利用。根据铝土矿的化学成分、矿物组成以及其他条件的不同，联合法有并联、串联和混联三种基本流程。联合法在我国氧化铝生产中占有非常重要的地位。

7.1.1 并联法

当矿区有大量低硅铝土矿同时又有一部分高硅铝土矿时，可采用并联法。其工艺流程是由两种方法并联组成，以拜耳法处理低硅优质铝土矿为主，烧结法处理高硅铝土矿为辅。烧结法系统得到的铝酸钠溶液并入拜耳法系统，以补偿拜耳法系统苛性碱的损失。其工艺流程见图 7-1。

并联法的主要优点是：

① 可充分利用矿区矿石资源，在处理高品位铝土矿的同时还处理了部分低品位的矿石，并取得了较好的经济效果。

② 生产过程的全部碱损失都是用价格较低的纯碱补充的，能降低氧化铝生产成本。

③ 种分母液蒸发时析出的 $Na_2CO_3 \cdot H_2O$ 可直接送烧结法系统配料，因而省去了碳酸钠苛化工序。$Na_2CO_3 \cdot H_2O$ 吸附的有机物也在烧结过程中被分解，最终以 CO_2 的形式排除，减少了有机物循环积累及其对种分过程的不良影响。当铝土矿中有机物含量高时，这一点尤为重要。

④ 烧结法系统中低摩尔比的铝酸钠溶液加到拜耳法系统混合，使拜耳法溶液的摩尔比降低，能提高晶种分解速度。由于全部精液都用种分分解，因而烧结法溶液的脱硅要求可以放低些，但种分母液的蒸发过程也可能因此增加困难。

并联法的主要缺点是：

① 工艺流程比较复杂。烧结法系统送到拜耳法系统的铝酸钠溶液液量应该正好补充

拜耳法部分的碱损失，保证生产中的流量平衡。拜耳法系统的生产不免受烧结法系统的影响和制约。为此，必须设置足够的循环母液储槽及其他备用设施，以应对烧结法生产的波动。

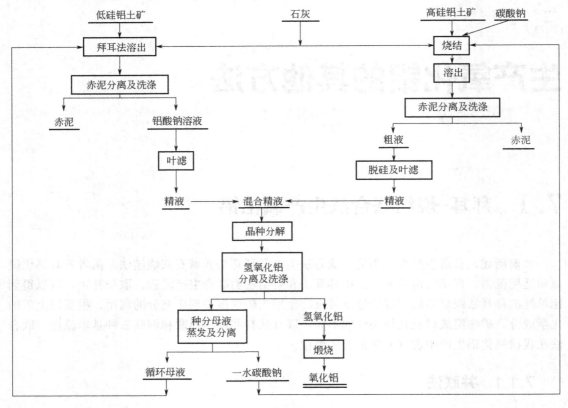

图 7-1 并联法工艺流程

② 用铝酸钠溶液代替纯苛性碱补偿拜耳法系统的苛性碱损失，使拜耳法各工序的循环碱量有所增加，同时还可能带来 Na_2SO_4 在溶液中积累的问题，对各个工序的技术经济指标也将有所影响。

国外的某些并联法工厂采用所谓两成分烧结，即不加石灰而仅以苏打与铝土矿配制生料。这样的炉料烧成温度低，易于控制，熟料烧结以外的过程却可以结合在拜耳法部分完成，流程简化，但烧结部分的铝土矿中的 SiO_2 以水合铝硅酸钠形态进入赤泥，所以只能处理高品位铝矿石。

7.1.2 串联法

串联法适用于处理中等品位的铝土矿和低品位的三水铝石型铝土矿。它是首先将矿石用拜耳法处理，提取其中大部分氧化铝，然后再用烧结法处理拜耳法赤泥，进一步提取其中的氧化铝和碱。得到的铝酸钠溶液与拜耳法溶出液混合，进行晶种分解。种分母液蒸发析出的一水碳酸钠送烧结法系统配制生料。其工艺流程见图 7-2。

串联法的主要优点：

① 由于矿石经过拜耳法与烧结法两次处理，因此氧化铝总回收率高，碱耗较低，在处理难溶铝土矿时可以适当降低对拜耳法溶出条件的要求，使之较易于进行。

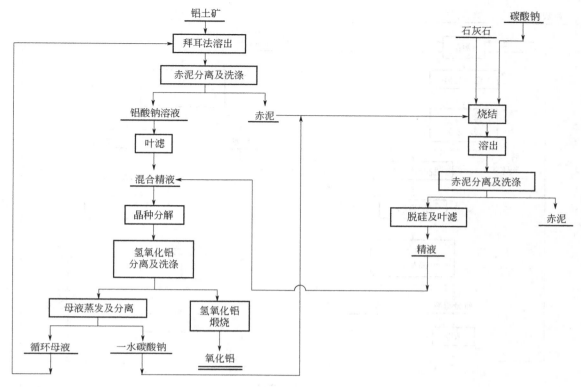

图 7-2　串联法工艺流程

②　矿石中大部分氧化铝由加工费用和投资都较低的拜耳法提取出来，只有少量是由烧结法处理，减少了回转窑的负荷与燃料消耗量，使氧化铝生产成本降低。

③　全部产品是用晶种分解法得到的，产品质量高。

串联法除具有以上优点外，也具有并联法所有的优点。而缺点也与并联法相似。主要是工艺流程复杂，工序多，两系统相互制约，给生产带来组织调度上的困难。烧结过程的技术条件也受拜耳法系统赤泥成分的制约，很难控制在适宜范围内。另外由于赤泥熟料的氧化铝含量低，生产每吨氧化铝需要的熟料量大，使熟料中氧化铝和碱的溶出率比铝土矿烧结熟料低。

7.1.3　混联法

采用串联法处理中等品位矿石的困难是拜耳法赤泥的烧结熟料的铝硅比低，烧成温度范围窄，烧结技术较难控制。如果铝土矿中 Fe_2O_3 含量低，生产中的碱损失还不能全部由串联法中的烧结法系统提供的铝酸钠溶液补偿。解决这个问题的方法之一是添加一部分低品位矿石与赤泥一起进行烧结，以提高熟料的铝硅比，扩大烧成温度范围。这种兼有串联法和并联法的方法叫混联法。混联法要求赤泥熟料的铝硅比不低于2.3，其工艺流程见图7-3。

混联法也兼有串联法和并联法的优点，例如：

①　拜耳法系统的赤泥，用烧结法回收其中的氧化铝和氧化钠，提高了氧化钠的总回收率，降低了碱耗，例如在处理铝硅比平均为8.5的矿石时，Al_2O_3 的总回收率为90%～91%，苏打消耗低于 $60kg/t\ Al_2O_3$。

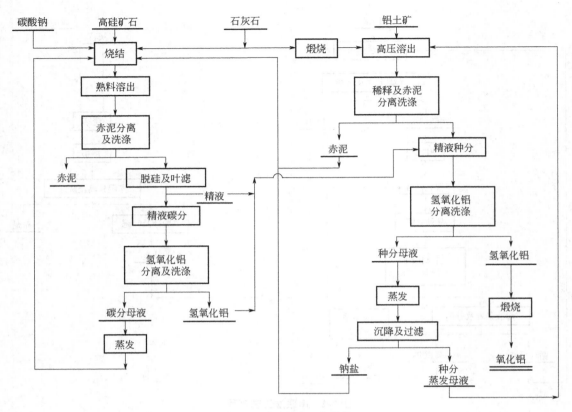

图 7-3　混联法工艺流程

②　在烧结法系统中配制生料浆时添加一定量的低品位铝土矿，既提高了熟料铝硅比，改善了烧结过程，同时也有效地利用了一部分低品位矿石。混联法厂可以看成是一个串联法厂和一个烧结法厂综合在一起。通过碳分生产出一部分氢氧化铝，使拜耳法与烧结法部分的产能可以灵活地调节。

③　用廉价的苏打补偿烧结法生产过程中的苛性碱损失。

混联法的主要缺点则是流程很长，设备繁多，很多作业过程互相牵制等等。

7.2　高铝粉煤灰生产氧化铝

高铝粉煤灰是一种典型的含铝非铝土矿资源，具有较高的经济开发价值。相对于铝土矿资源，高铝粉煤灰中 Al_2O_3 含量较高，可达 40%～50%，但 A/S 偏低，仅为 1.0～1.2。如果采用传统烧结法工艺直接处理，会造成渣量过大和能耗过高的问题。所以，高铝粉煤灰提取氧化铝通常采用不同于铝土矿提取氧化铝的工艺技术。高铝粉煤灰生产氧化铝的方法较多，概括起来分为碱法、酸法和酸碱联合法，碱法工艺主要有碱石灰烧结法、石灰石烧结法、高压水化学法等；酸法工艺主要有盐酸法、硫酸法、硫酸铵/硫酸氢铵法等；酸碱联合法工艺就是将酸法和碱法两种工艺优化组合。目前实现工业化应用的具有代表性的方法有碱石灰烧结法和盐酸法。

7.2.1 碱石灰烧结法

碱石灰烧结法的原理是将粉煤灰与添加剂（石灰和 Na_2CO_3）在高温下烧结，粉煤灰中的 Al_2O_3 与 Na_2CO_3 反应生成易溶于水的铝酸钠，同时 SiO_2 与石灰形成不溶性原硅酸钙，用稀碱或水溶出熟料实现硅铝分离，溶出液脱硅净化后种分或碳酸化分解析出氢氧化铝，氢氧化铝煅烧得到氧化铝。

$$3Al_2O_3 \cdot 2SiO_2+4CaO+3Na_2CO_3 \longrightarrow 2(2CaO \cdot SiO_2)+6NaAlO_2+3CO_2 \qquad (7\text{-}1)$$

为提高入炉粉煤灰的 A/S，可先将粉煤灰进行预脱硅处理，A/S 提高到 3 以上，再采用碱石灰烧结法。预脱硅是指将粉煤灰直接用 NaOH 溶液浸出或将粉煤灰进行焙烧活化处理后再用 NaOH 溶液浸出，脱出粉煤灰中活性的 SiO_2，从而提高粉煤灰的铝硅比 A/S。

具有代表性的碱石灰烧结法是大唐国际再生资源开发有限公司的高铝粉煤灰碱石灰法生产氧化铝联产活性硅酸钙，如图 7-4 所示。该工艺通过预脱硅提高了粉煤灰的 A/S，减少了

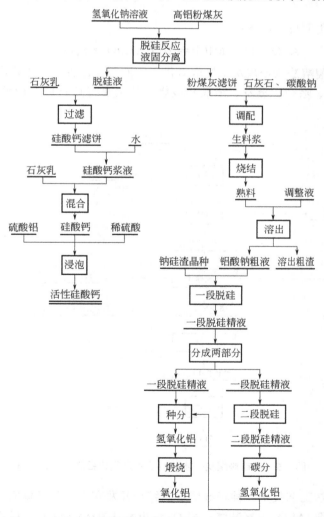

图 7-4　高铝粉煤灰碱石灰烧结法生产氧化铝联产活性硅酸钙工艺原则流程

烧结过程中石灰石和 Na_2CO_3 的消耗量以及硅钙渣的产生量，同时用预脱硅产生的富硅溶液制备活性 $CaSiO_3$，可用做造纸的填料，硅钙渣脱碱后制备水泥，实现了硅资源的高效利用。目前，由于成本等原因，以该方法建成的年产 20 万吨氧化铝的生产线处于停产状态。

7.2.2 盐酸法

由于粉煤灰中的二氧化硅含量较高，通常铝硅比低于 2，如果采用碱法从粉煤灰中提取氧化铝，不仅工艺能耗高，效率低，而且会产生大量的废渣，造成二次污染。与碱法相比，酸法在处理高硅铝比的矿物时具有效率高、能耗小、废渣量小等优势。高铝粉煤灰盐酸法生产氧化铝在我国已进行工业化推广应用，神华集团与吉林大学联合开发的一步酸溶法提取氧化铝工艺是盐酸法中比较具有代表性的工艺方法。首先采用湿法磁选工艺去除粉煤灰中的部分铁，除铁后的粉煤灰用盐酸溶液浸出，溶出后的粗液经过一系列除杂（树脂除杂系统除去铁和钙等离子）后得到精制液，精制液经浓缩结晶和煅烧，得到最终氧化铝产品。

盐酸法提铝的主要反应如下：

$$Al_2O_3+SiO_2+6HCl \Longrightarrow 2AlCl_3+SiO_2 \cdot H_2O+2H_2O \qquad (7\text{-}2)$$

图 7-5 为一步酸溶法从粉煤灰中提取氧化铝的原则工艺流程，主要步骤包括粉煤灰与盐酸混合酸溶、过滤、除杂、蒸发、结晶和煅烧，其主要特点是低反应温度、短流程和常压操作。

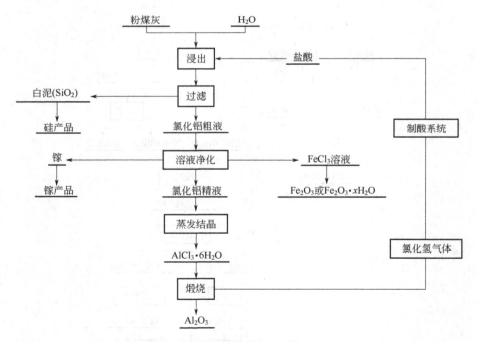

图 7-5　高铝粉煤灰一步酸溶法生产氧化铝原则工艺流程

基于一步酸溶法工艺技术，神华准能资源综合开发有限公司已建成了 4000t/a 的"一步酸溶法"粉煤灰提取 Al_2O_3 中试装置，Al_2O_3 溶出率达到 85% 以上，制备出的 Al_2O_3 产品纯度达 99.39%，达到国家冶金一级品标准。

盐酸浸出法工艺流程短，可以实现白泥、镓、铁和 HCl 的回收利用，结晶 AlCl$_3$ 分解温度低，更为节能，缺点是对循环流化床粉煤灰提取率高，而对煤粉炉粉煤灰提取率偏低，且溶出过程选择性差，除杂工艺较为复杂，高温盐酸对设备材质和密封性要求较高。随着有效除杂技术、耐腐蚀关键设备、完善的气液固处理技术的开发，盐酸法的工艺成本将会大幅度降低，该法具有较强的市场竞争力。

7.2.3 酸碱联合法

酸碱联合法主要利用 Al$_2$O$_3$ 和 SiO$_2$ 在酸碱溶液中的不同溶解特性实现硅、铝分离，同时获得铝和硅的高提取率。酸碱联合法主要有两种流程：①将无水碳酸钠与粉煤灰按一定比例混合进行烧结，烧结熟料用不同浓度的稀盐酸（或稀硫酸）进行溶解，反应结束后进行过滤以实现粉煤灰中硅和铝的分离。滤渣为硅胶，可用于制备白炭黑等硅产品。滤液除杂后加入氢氧化钠进行中和、沉淀生成氢氧化铝，最后煅烧得到氧化铝。②先酸浸（盐酸）脱硅，粉煤灰与盐酸反应生成氯化铝，同时灰中的铁、钙、镁等杂质离子也被溶出，而二氧化硅和二氧化钛等酸性氧化物并未溶解，从而达到脱硅的目的。酸溶反应的产物经过渣液分离后排除硅渣，滤液经蒸发浓缩结晶后得到结晶氯化铝，氯化铝煅烧后得到粗氢氧化铝，煅烧产生的酸气经过吸收系统重新产生盐酸，用于粉煤灰的酸溶出，实现酸的闭路循环。工艺的第二段为粗氧化铝除杂提纯，过程基本和拜耳法提取氧化铝相同，在得到铝酸钠溶液后进行种分和洗涤，然后将得到的氢氧化铝煅烧生成氧化铝。

7.2.4 亚熔盐法

针对现有高铝粉煤灰提取氧化铝技术存在的不足，例如烧结法存在温度高、氧化铝回收率低和硅组分难以利用等问题，酸法存在酸蒸气污染和杂质去除成本高等问题，硫酸铵法存在流程复杂和 NH$_3$ 排放污染环境等问题，中国科学院过程工程研究所基于亚熔盐非常规介质能强化矿物分解的原理，提出全湿法流程的亚熔盐法高铝粉煤灰提取氧化铝新技术。

亚熔盐法是一种高浓度碱浸冶金方法。与熔盐不同的是，亚熔盐中有水，其实质上还是水溶液，只是高压高浓度。如图 7-6 所示，亚熔盐区域为介于熔盐区和常规电解质水溶液之间的介质体系。亚熔盐非常规介质指的是可提供高离子活度和高化学活性的负氧离子的碱金属盐高浓介质，具有高反应活性、高沸点、低蒸气压等显著优异特性。亚熔盐非常规介质能强化分解两性金属矿物的机理是由于亚熔盐介质中含有大量活性氧负离子，氧负离子与矿物晶格极易吸附并造成晶格的破坏，从而对反应进行了强化，使得亚熔盐介质具有很强的分解矿物能力。

亚熔盐法高铝粉煤灰提取氧化铝技术原理为：在亚熔盐非常规介质（45%NaOH 溶液）中，n(Na$_2$O)∶n(Al$_2$O$_3$)=25（摩尔比），按 n(CaO)∶n(SiO$_2$)=1.1 加入 CaO，在 260～300℃下，高铝粉煤灰中稳定存在的含铝物相被浸出到亚熔盐介质中，形成铝酸钠溶液，而绝大多数杂质进入渣相中，从而实现铝和其他组分的分离，此过程发生的主反应如下：

$$3Al_2O_3 \cdot 2SiO_2 + 2CaO + 8NaOH = 6NaAlO_2 + 3H_2O + 2NaCaHSiO_4 \qquad (7-3)$$

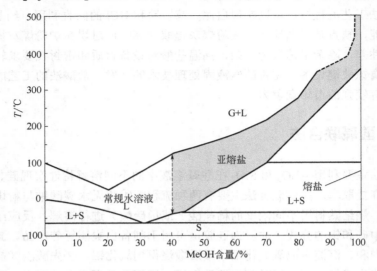

图 7-6　全浓度范围内多元盐水流动体系的分类

　　亚熔盐法高铝粉煤灰提取氧化铝工艺的流程如图 7-7 所示。高铝粉煤灰经亚熔盐介质分解转化成 $NaAlO_2$ 溶液和提铝渣（$NaCaHSiO_4$），$NaAlO_2$ 溶液经过冷却结晶和拜耳法种分可以制备氢氧化铝产品，并实现介质循环。相比于传统烧结法中粉煤灰与氧化钙的固-固烧结反应，粉煤灰与液态亚熔盐介质之间的液-固反应改变了反应的动力学途径，极大地促进了反应传质过程，强化了氧化铝的溶出，因此显著提高了氧化铝溶出效率，同时大幅降低反应温度，节省能耗。

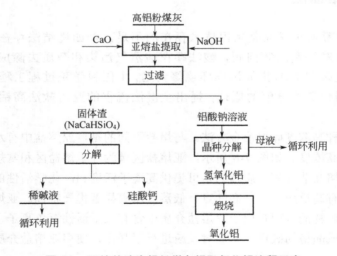

图 7-7　亚熔盐法高铝粉煤灰提取氧化铝流程示意

7.2.5　硫酸铵法

高铝粉煤灰硫酸铵法的提铝原理如下：

$$3Al_2O_3 \cdot 2SiO_2 + 12(NH_4)_2SO_4 = 6NH_4Al(SO_4)_2 + 18NH_3 + 9H_2O + 2SiO_2 \quad (7\text{-}4)$$
$$3Al_2O_3 \cdot 2SiO_2 + 9(NH_4)_2SO_4 = 3Al_2(SO_4)_3 + 18NH_3 + 9H_2O + 2SiO_2 \quad (7\text{-}5)$$

硫酸铵法采用$(NH_4)_2SO_4$焙烧高铝粉煤灰，用水溶出铝和铁溶液，再添加NH_3沉淀出$Al(OH)_3$和$Fe(OH)_3$，然后加入$NaOH$溶液形成$NaAlO_2$溶液，再经种分制备$Al(OH)_3$。该工艺流程长，热效率较低，NH_3排放量大，污染环境。

7.3 其他方法生产氧化铝

7.3.1 选矿拜耳法生产氧化铝

选矿拜耳法是指在拜耳法生产流程中增设选矿过程，以处理品位较低的铝土矿的氧化铝生产方法。其原则工艺流程如图 7-8 所示。选矿拜耳法旨在应用选矿手段提高矿石 A/S，以提高拜耳法处理较低品位铝土矿生产氧化铝时的整体经济效益。

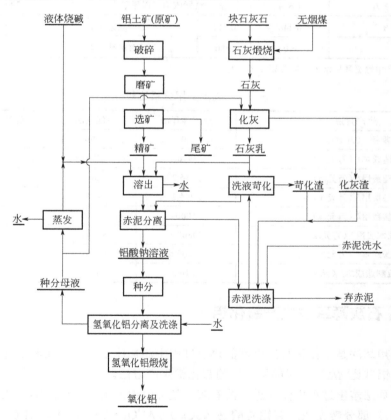

图 7-8 选矿拜耳法原则工艺流程

选矿是利用各种矿物之间不同的性质，采用对应的方法将有用矿物与伴生杂质矿物分离的工艺流程。因为自然界中的金属或非金属矿物，总是分散地嵌在矿石之中，所以可以将有用矿物富集起来的选矿方法就十分重要。目前常用的选矿方法有重选法、浮选法、磁选法、电选法、化学选矿法、微生物选矿法等。由于铝土矿的化学组成和矿物组成复杂，针对其的选矿方法也不尽相同，应用较多的选矿方法主要有浮选法和磁选法，如高硫或高硅的铝土矿可采用浮选法，即根据主要含铝矿物与含硫、含硅矿物表面物理化学性质的不同，通过浮选药剂作用而使有用的含铝矿物和含硫、含硅等脉石矿物分离，从而提高矿石品位。另外，高铁铝土矿可通过磁化焙烧将含铁矿物转化成磁性矿物，然后采用磁选方式将含铁矿物选出，进而提高矿石品位。

通过选矿法，可将我国铝土矿资源的平均 A/S 由 5～6 提高到 10～11，选矿拜耳法虽然增加了选矿过程，但由于精矿 A/S 高，且适用于流程简单的拜耳法生产氧化铝的工艺流程，比原矿混联法方案的投资成本要低。选矿拜耳法的缺点是原矿耗量较大，氧化铝回收率较低，比混联法低了约 20%。

表 7-1 和表 7-2 给出了选矿拜耳法和混联法工艺消耗指标和成本费用的比较。

表 7-1 工艺消耗指标（生产 1t 氧化铝）

生产方法	选矿拜耳法	混联法	生产方法	选矿拜耳法	混联法
铝土原矿（干）/t	2.015	1.639	回收率（以精矿中 Al_2O_3 计）/%	84.7	
精矿（干）/t	1.674	—	回收率（以原矿中 Al_2O_3 计）/%	72.6	90.9
石灰石/t	0.348	0.812	工艺耗能/GJ	15.6	32.7
水/t①	6.0	10.0	综合耗能/GJ	17.4	35.0

注：① 指生产中除循环用水外，需要额外添加的水。

表 7-2 成本费用分析比较

生产方法	选矿拜耳法	混联法	前者比后者降低/%
规模/（万 t/a）	60	60	
制造成本/（万元/a）	72978.7	79561.9	8.27
管理费用/（万元/a）	2836.2	3303.7	14.15
财务费用/（万元/a）	3994.2	4796	16.72
销售费用/（万元/a）	1000	1000	0
总成本费用/（万元/a）	80809.1	88661.6	8.86
经营成本/（万元/a）	59266.6	62662.9	5.42
单位制造成本/（元/t）	1216.3	1326	8.27

7.3.2 石灰拜耳法生产氧化铝

所谓石灰拜耳法是指在拜耳法生产的溶出过程中添加比常规拜耳法溶出过量的石灰，以处理品位（或铝硅比 A/S）较低的铝土矿的氧化铝生产方法。

通过在拜耳法溶出过程中添加过量的石灰，使赤泥中的水合铝硅酸钠（$Na_2O \cdot Al_2O_3 \cdot 1.7SiO_2 \cdot nH_2O$）部分转变成水合铝硅酸钙（$3CaO \cdot Al_2O_3 \cdot 0.9SiO_2 \cdot 4.2H_2O$），以降低赤泥中 Na_2O 含量及生产碱耗。在最佳石灰添加量的条件下，用石灰拜耳法处理铝土矿（$A/S=11$）生产氧化铝，生产碱耗低于 80kg/t Al_2O_3。

石灰拜耳法工艺流程如图 7-9 所示。

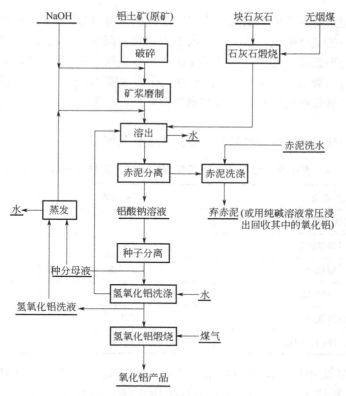

图7-9 石灰拜耳法的工艺流程

石灰拜耳法与混联法主要工艺消耗指标见表7-3（以每产一吨产品氧化铝计）。

表7-3 工艺消耗指标比较

生产方法	石灰拜耳法	混联法
铝土矿/t	2.10	1.645
氧化铝回收率/%	71.7	91
工艺综合能耗/GJ	13～16	28～32

石灰拜耳法的特点：

① 石灰拜耳法工艺流程简单，工程建设的投资费用比混联法节省。

② 由于石灰拜耳法工艺没有高热耗的熟料烧结过程及相应的湿法系统，其工艺生产能耗和总成本费用比混联法低；但矿石耗量较大，氧化铝的回收率比混联法要低。

③ 石灰拜耳法与国内外典型的拜耳法比，在相同建设条件下的建设投资基本相当，石灰石耗量和能耗略高，碱耗较低，氧化铝生产的消耗指标基本处于同一水平。

对于利用我国中低品位铝土矿生产氧化铝来说，石灰拜耳法比混联法有更大的优势。中铝山西分公司扩建的年产80万吨氧化铝厂和河南分公司扩建的年产70万吨氧化铝厂均采用石灰拜耳法。

7.3.3 富矿烧结法生产氧化铝

传统的烧结法适宜处理 A/S 在 3.5 以上的低品位铝土矿，富矿烧结法生产氧化铝是通过采用适宜的熟料配方及相应的烧结制度生产高品位的熟料,以降低生产氧化铝需要的熟料量,提高熟料烧结工序的氧化铝生产能力,降低生产热耗,降低生产成本的一种新的氧化铝生产工艺。该法可以处理铝硅比为8~10的铝土矿,炉料采用低钙比的不饱和配方,烧结熟料采用高 MR 溶出,溶出液 $MR=1.35\sim1.45$,粗液氧化铝浓度160g/L。同传统的碱石灰烧结法相比,富矿烧结生产氧化铝的原料、动力和燃料消耗低,工艺能耗降低,氧化铝产量增加,生产成本降低。

富矿烧结法与传统碱石灰烧结法的主要技术条件及指标差异见表7-4。

表7-4 富矿烧结法与传统碱石灰烧结法的主要技术条件及指标差异

生产方法	富矿烧结法	传统碱石灰烧结法
供矿铝硅比（质量比）	8.0	4.0~5.0
碱比（摩尔比）	0.91	0.95~1.0
钙比（摩尔比）	1.5~1.8	1.95~2.05
铁铝比（摩尔比）	约0.08	约0.07
熟料量	3.1	3.9
烧结煤耗/（kg/t Al_2O_3）	682	858

当然,与拜耳法相比,富矿烧结工艺流程复杂,能耗较高,所以目前新建氧化铝生产企业一般以拜耳法为主,不适合采用富矿烧结法。但是对于我国现有的传统烧结法氧化铝厂,采用富矿烧结法生产氧化铝,将带来增产降耗、降低成本的经济效益和环境效益。

7.3.4 高压水化学法生产氧化铝

在用拜耳法处理高硅铝土矿时,由于赤泥中有大量的水合铝硅酸钠的存在,会造成 Al_2O_3 和 Na_2O 的大量损失,使拜耳法的应用价值降低。高压水化学法,或称水热碱法,可以克服拜耳法的这一缺点,从而可以用来处理高硅铝土矿。最初提出的高压水化学法用以处理霞石矿,在高温(280~300℃)、高浓度(Na_2O 400~500g/L)、高 MR (30~35)的循环母液中,添加石灰 $[n(CaO):n(SiO_2)=1(摩尔比)]$,溶出矿石中的 Al_2O_3 ,得到 $MR=12\sim14$ 的铝酸钠溶液。矿石中的 SiO_2 则转化为水合硅酸钠钙 $[Na_2O\cdot2CaO\cdot2SiO_2\cdot H_2O$ 或 $NaCa(HSiO_4)]$,它在浓的高 MR 铝酸钠溶液中是稳定固相,从溶液中分离后,通过它的水解回收其中的 Na_2O ,二氧化硅最终以偏硅酸钙 $CaO\cdot SiO_2\cdot H_2O$ 形态排出。高 MR 铝酸钠溶液蒸发到500g/L Na_2O ,结晶析出水合铝酸钠 $Na_2O\cdot Al_2O_3\cdot2.5H_2O$,将其溶解为 MR 比较低的铝酸钠溶液,便可由种分制得氢氧化铝。这种方法在理论上不会导致 Al_2O_3 和 Na_2O 的损失。但由于技术和经济上的原因,它没有获得工业应用。

（1）高压水化学法的原理

在温度280℃, Na_2O 浓度1%~40%, Al_2O_3 浓度1%~20%, $n(SiO_2):n(Al_2O_3)=2$, $n(CaO):n(SiO_2)=1$ 的条件下, Na_2O-CaO-Al_2O_3-SiO_2-H_2O 系的固相结晶区域表示于图7-10中。

当溶液 MR 大于 2 时，图中各结晶区的平衡有：Ⅰ—$NaCa(HSiO_4)$，$Ca(OH)_2$；Ⅱ—$4Na_2O \cdot 2CaO \cdot 3Al_2O_3 \cdot 6SiO_2 \cdot 3H_2O$；Ⅲ—$Ca(OH)_2$，$3(Na_2O \cdot Al_2O_3 \cdot 2SiO_2) \cdot 4NaAl(OH)_4 \cdot H_2O$；Ⅳ—$CaO \cdot SiO_2 \cdot H_2O$；Ⅴ—$4Na_2O \cdot 2CaO \cdot 3Al_2O_3 \cdot 6SiO_2 \cdot 3H_2O$，$3CaO \cdot Al_2O_3 \cdot xSiO_2 \cdot (6-2x)H_2O$；Ⅵ—$3CaO \cdot Al_2O_3 \cdot xSiO_2 \cdot (6-2x)H_2O$，$3(Na_2O \cdot Al_2O_3 \cdot 2SiO_2) \cdot NaOH \cdot 3H_2O$。

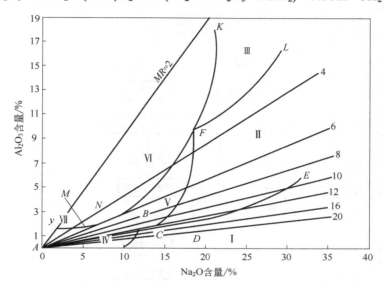

图 7-10　280℃下 Na_2O-CaO-Al_2O_3-SiO_2-H_2O 系固相结晶区域

可以看出，当所得碱溶液的 $MR > 12$ 时，即在 AE 曲线以下的区域内，含铝原料中的 Al_2O_3 全部进入溶液。溶液中含 SiO_2 的平衡固相在高碱浓度时为水合硅酸钠钙，在 $Na_2O < 12\%$ 低浓度时为水合偏硅酸钙。

水合硅酸钠钙在铝酸钠溶液中不存在介稳溶解现象，其化学成分和结构，在碱浓度（200～500g/L Na_2O）和溶出温度（150～320℃）较宽的范围内都是稳定的。它在铝酸钠溶液中的溶解度，在 Na_2O 300g/L 时为 3.5g/L SiO_2，Na_2O 500g/L 时为 7～8g/L SiO_2。这样的铝酸钠溶液仍须进行脱硅处理，才能使蒸发结晶析出水合铝酸钠的过程顺利实现。

从图 7-10 的Ⅳ区中可以看出，在低碱浓度高 MR 的溶液中，平衡固相为 $CaO \cdot SiO_2 \cdot H_2O$，这个图是在保持 $n(CaO):n(SiO_2)=1$ 的条件下研制的。实际上水合原硅酸钙，特别是 $2CaO \cdot SiO_2 \cdot 0.5H_2O$ 是在此条件下更稳定的平衡固相。

（2）高压水化学法生产氧化铝的工艺流程

生成水合硅酸钠钙的高压水化学法的工艺流程如图 7-11 所示。

霞石精矿与石灰及循环母液混合，在高压下溶出，得到铝酸盐浆液，进行分离和一次泥渣洗涤。洗涤后的泥渣在水或稀碱液中高压下分解，或添加石灰在常压下使之分解，便可得到含苛性碱的溶液，从中制得苛性钾和苛性钠。所得水合硅酸钠钙泥渣经洗涤后用作生产水泥的原料。第一次高压溶出的铝酸盐溶液脱硅后通过蒸发结晶得到水合铝酸钠（$Na_2O \cdot Al_2O_3 \cdot 2.5H_2O$），结晶后的母液返回高压溶出工序，重新溶出下批霞石。水合铝酸钠结晶溶于水得到组成接近于拜耳法种分原液的铝酸盐溶液。采用种分方法即可从其中得到氧化铝。

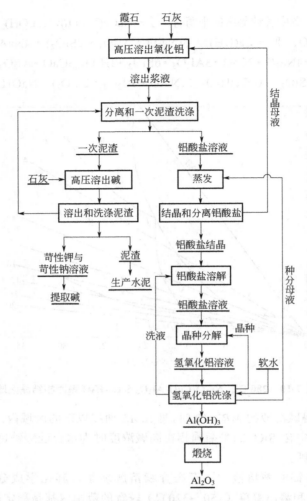

图 7-11   高压水化学法生产氧化铝的基本工艺流程

✎ **思考题**

1. 除了拜耳法和烧结法，我国生产氧化铝的其他方法有哪些？
2. 拜耳-烧结联合法生产氧化铝包含哪几种工艺流程？它们各有何优缺点？
3. 相比于铝土矿资源，高铝粉煤灰资源有何特点？
4. 将高铝粉煤灰作为生产氧化铝的原料时，可采用哪些方法？

第8章

氧化铝生产过程中镓和钒的回收

8.1 镓的回收

8.1.1 氧化铝生产过程中回收镓的意义

镓（Ga）在地壳中的含量仅为 0.0015%，是典型的稀有分散金属，镓虽然是地壳丰度最高的稀有分散金属，但独立矿物最少。目前，自然界中镓的矿物主要有硫镓铜矿（$CuGaS_2$）、硫铜镓矿 [$(Cu, Fe, Zn)GaS_4$] 和羟镓石 [$Ga(OH)_3$] 等，但无大规模矿床形成，暂不具有工业价值。镓绝大多数以伴生金属的形式存在，由于 Ga^{3+}、Al^{3+}、Cr^{3+} 和 Fe^{3+} 的离子半径接近，且价数相同，所以镓多以类质同象的形式存在于铝土矿、铅锌矿、闪锌矿、锗石矿等矿物中，铝土矿含镓 0.002%～0.02%，铅锌矿含镓 0.005%～0.01%，闪锌矿含镓 0.01%～0.02%，锗石矿中镓含量最高，约 0.1%～0.8%。另外，在煤中也含有镓，且储量丰富，但目前提炼技术难度较大，暂未产业化。

全球镓资源远景储量超过 100 万吨。绝大部分伴生在铝土矿床中，主要分布在非洲、大洋洲、南美洲（含加勒比）、亚洲和其他地区，所占比重分别为 32%、23%、21%、18% 和 6%；还有约 19 万吨镓资源与铅锌矿床伴生，主要分布在美国、加拿大、意大利、波兰、奥地利、墨西哥等，如美国三州（Tri State）矿床、上密西西比（Upper Mississippi）矿床和墨西哥 Tizapa 矿床。

我国镓资源丰富，较好的镓工业矿床有河南巩义铝土矿、广东凡口（韶关）铅锌矿、广东大宝山（韶关）多金属矿、四川攀枝花钒钛磁铁矿、江西德兴硫化铜矿、吉林大黑山硫化钼矿、湖南永州煤矿和云南个旧锡矿。从主矿产来看，伴生在铝土矿中的镓主要位于广西、山东、河南和吉林等省（区）；伴生在闪锌矿中的镓主要位于江西和湖南等省（区）；伴生在煤矿中的镓主要位于内蒙古、云南和黑龙江等省（区）。

镓是自然界中为数不多在常温环境下呈液态的金属，熔点虽然很低（29.78℃），沸点却很高（2403℃），是自然界液相条件下温差最大的金属元素。镓固态时呈淡蓝色光泽，而液态时呈银白色光泽，将其加热至熔点后，需冷却至-120℃才能凝固（即"过冷现象"），镓还具有独特的"热缩冷涨"的特性，凝固后体积增加约 3.2%。

金属镓能够浸润玻璃，互溶于同周期的锌、硒和钛等金属，同时还溶于铝、铟、铋、锗、铊、镉、锡和汞等金属，对这些金属形成腐蚀，改变其原本的物理性能。因此，以镓金属为基体制备的一系列化合物，如半导体材料、光学电子材料、特殊合金、有机金属材料和新型功能材料等，是通信、军工、航空航天、新能源、医药等高新技术领域重要的基础材料之一。特别是在半导体行业，可以说镓引领着半导体材料的发展方向，是电子信息时代的领航员。镓作为21世纪的新兴矿产材料，已成为我国重要的战略资源之一。

根据镓的资源特点，自然界中暂时未发现具有工业价值的镓矿独立矿床，而作为伴生资源存在于其他金属矿床中。在现有技术条件下，目前仅有10%的镓元素被计入潜在资源中，并且镓只能在生产主金属的同时，作为副产品综合回收。在氧化铝生产过程中，原料中80%~85%的镓富集于循环母液中，少数进入赤泥中，且提镓方法不复杂，生产成本低，因此目前全球90%的镓作为氧化铝工业的副产物而产出。

我国是氧化铝生产大国，且镓资源储量丰富，因此镓生产在我国铝工业中占有举足轻重的地位。作为副产物回收镓的氧化铝企业有中铝山东分公司、贵州分公司、山西分公司和中州分公司，中国长城铝业有限公司，东方希望集团有限公司等大型氧化铝厂。我国已成为世界镓生产大国之一，对促进我国高新技术的快速发展具有重要意义。

8.1.2　从拜耳法溶液中回收镓

碱法生产氧化铝过程中，镓主要由铝土矿和煤粉带入流程，一部分镓进入循环母液，另一部分镓被产品、废赤泥及其洗液、结垢和烟尘带走而损失。母液中镓的浓度与铝土矿中镓含量、生产方法以及分解作业技术条件等许多因素有关。在拜耳法过程中，铝土矿中80%以上的镓进入拜耳法母液中，仅有不足20%的镓进入赤泥，因此目前从拜耳法氧化铝生产工艺中回收镓主要是从拜耳法母液中回收，如从种分母液、循环母液或二者的混合溶液中回收镓，受技术和经济效益方面的限制，国内外几乎没有对赤泥中的镓进行工业化的回收。

拜耳法溶出过程中，铝土矿中的镓与氢氧化钠溶液反应式如下：

$$Ga_2O_3 + 2NaOH + 3H_2O + aq \longrightarrow 2NaGa(OH)_4 + aq \qquad (8-1)$$

经过拜耳循环的不断累积，拜耳法母液中镓的浓度可达0.2~0.3g/L，可从中回收镓。工业上从拜耳法母液中回收镓的方法主要有离子交换树脂吸附法、有机溶剂萃取法、汞合金电解法等。

（1）离子交换树脂吸附法

近年来，随着离子交换技术的革新，吸附金属镓的树脂研究取得了较大进展，使得提取镓的成本大幅度降低。

离子交换是一种新型的化学分离过程，也可以说是一种液固体系的传质过程，主要利用离子交换剂与溶液中的离子发生交换作用，使欲提取的组分与其他组分进行分离。目前，应用最为广泛的离子交换剂是树脂。离子交换树脂按照活性基团的性质可分为3种：阳离子交换树脂、阴离子交换树脂和特殊树脂。螯合树脂属特殊树脂，其吸附金属离子的机理是树脂上的功能原子与金属离子发生配位反应，形成类似小分子螯合物的稳定结构，因此其与金属离子的结合力更强，选择性也更高，目前多采用螯合树脂从拜耳法母液中吸附镓。

离子交换树脂吸附法从拜耳法母液中回收镓的工艺流程如图8-1所示。

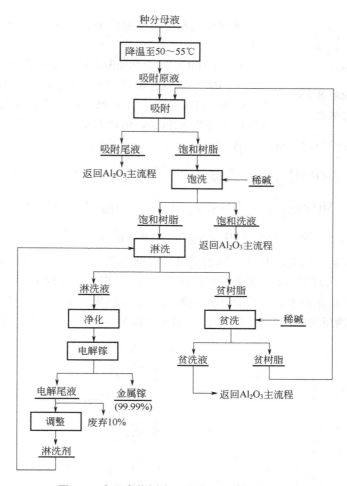

图 8-1 离子交换树脂吸附法回收镓工艺流程

  将拜耳法生产氧化铝过程中的种分母液与吸附镓性能良好的螯合树脂在密实移动床吸附塔中进行大面积充分接触，使镓被树脂选择性吸附并与其他杂质分离，然后通过解吸把镓从树脂上转移至溶液中，在此过程中镓得到纯化和富集。解吸液经调整 pH 值，得到含镓浆液，经过多次除杂处理后，纯化的含镓溶液电解沉积得到金属镓。

  离子交换树脂吸附法具有紧凑的流程、很高的镓回收率、简单的操作和对氧化铝生产无干扰等优点，是现有氧化铝生产工艺回收富集镓的最佳方法。现有新建镓生产线大多采用该法。目前，在镓的回收过程中，钒的共吸附与胺肟基团的变质还是工业生产中面临的主要问题。

（2）有机溶剂萃取法

  溶剂萃取法是将溶液中目标元素有选择性地转移到另一相中或保留在原有相中，从而使目标元素与原来的复杂基体相互分离，后经反萃取分离提取目标元素。从拜耳法母液中萃取镓，有机萃取剂与稀释剂、调整剂等制成有机萃取溶剂体系作为有机相，铝酸钠溶液作为水相。在萃取过程中，水相中的镓被萃取到有机相中，从而实现镓元素与铝酸钠溶液的分离。

  萃取剂的选择十分重要，直接影响镓的萃取效果。目前从拜耳法种分母液中萃取镓所采

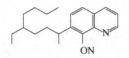

图 8-2 八羟基喹啉的衍生物
Kelex-100 的分子式

用的萃取剂为八羟基喹啉的衍生物 Kelex-100（HL），其分子式见图 8-2。

Kelex-100 不同于八羟基喹啉，即使在强碱性介质中也不溶解，但溶解于很多有机溶剂中。有机相的稀释剂为煤油。在用 Kelex-100（HL）萃取时，在萃取镓的同时还从铝酸钠溶液中萃取出少量的铝和钠，但铝和钠与萃取剂生成的配合物在碱性介质中的稳定性低于与镓生成的配合物：

$$Ga(OH)_{4(水相)}^- + 3HL_{(有机相)} \Longleftrightarrow GaL_{3(有机相)} + OH^- + 3H_2O \qquad (8-2)$$

$$Al(OH)_{4(水相)}^- + 3HL_{(有机相)} \Longleftrightarrow AlL_{3(有机相)} + OH^- + 3H_2O \qquad (8-3)$$

$$Na^+ + OH^- + HL_{(有机相)} \Longleftrightarrow NaL_{(有机相)} + H_2O \qquad (8-4)$$

从上述反应可见，拜耳法种分母液的高碱度对钠的萃取有利，而对镓和铝的萃取不利。但 Kelex-100 可保证镓的萃取达到满意的选择性。另外，用 Kelex-100 萃取镓时，萃取过程进行的速度很慢，添加正癸醇作改性剂和羧酸等表面活性物质，可以大大缩短萃取镓达到平衡的时间。表面活性物质的作用是增加有机相与水相的接触面积，以提高萃取率和缩短萃取时间。

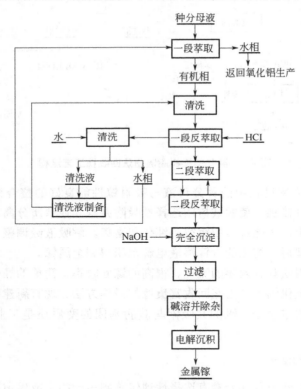

图 8-3 萃取法回收镓工艺流程

图 8-3 为拜耳法种分母液溶剂萃取法回收镓的工艺流程，种分母液经过多级逆流循环萃取，水相与有机相分离后，提取镓的铝酸钠溶液返回氧化铝生产流程，反萃后的有机相经水洗除酸后返回再利用。富集镓的有机相通过水洗、反萃取后得到富镓溶液，富镓溶液再经过

调节 pH 和除杂等操作便可进入电解沉积流程，电解得到金属镓。

溶剂萃取法是从母液中富集回收镓的有效办法，可以从镓含量较低的母液中不经富集直接提取镓，其主要优点是操作流程简单和镓回收率高。在初期使用时，该法几乎不会污染循环母液，对氧化铝生产影响很小。然而，在工业生产中并没有大规模应用萃取法进行镓的富集回收，主要原因是较慢的萃取速度、较高的萃取剂成本与损耗及长期使用时萃取剂对循环母液的污染问题。

（3）汞合金电解法

汞合金电解法是使用液态汞阴极对拜耳法母液中的镓进行直接电解沉积，实现镓的富集回收。实际上，碱性溶液中镓的标准电极电位为-1.219V，与析氢电位接近，使用其他电极对母液直接进行电解，由于剧烈的析氢反应，镓是无法析出的。但氢在汞上析出的超电压很高，同时镓与汞发生汞合金化使镓的析出电位明显降低。因此，拜耳法母液中如此低浓度的镓离子也可以在汞阴极表面还原变为金属镓。汞合金电解法回收拜耳法母液镓的工艺流程如图 8-4 所示。

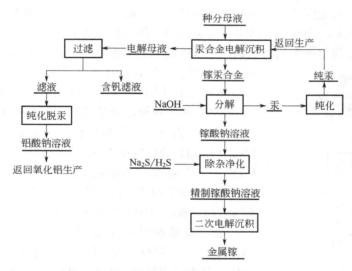

图 8-4　汞合金电解法回收镓的工艺流程

用液态汞和惰性金属为阴极和阳极，对拜耳法母液进行电解沉积，镓在阴极析出后在搅拌时进入汞中，发生汞合金化，得到镓汞合金（一般含镓 0.3%～1%）。工业上一般使用旋转汞阴极与镍阳极进行电解。槽压为 3.8～4.2V，阴极电位为 1.9～2.2V，电流密度为 45A/m²，电解温度为 45～50℃，电解时长为 18～24h。钒、铬、铁等杂质对该电解过程是有害的，特别是钒杂质将导致析氢超电压非常显著地降低。若母液中含有钒等杂质，电解前需要进行纯化。

得到的镓汞合金用苛性碱溶液在不锈钢槽中分解制得镓酸钠溶液（含镓 10%～80%）。在工业生产中，这一步骤是在 100℃剧烈搅拌的条件下进行的，同时，不锈钢对这一过程具有明显的催化作用。镓汞合金分解的产物是汞和镓酸钠溶液，汞返回汞合金电解过程，但要定期地净化除去其中的铁和积累的其他杂质。镓酸钠溶液经净化后再进行电解，镓析出在不锈钢或液体汞阴极上，得到金属镓。二次电解后的溶液可返回用于分解镓汞合金，当其中杂质含量积累到使电解过程明显受到影响时，则需加以净化，或送往氧化铝生产系统应用。

汞合金电解法对氧化铝生产流程干扰很小，但镓在汞中的溶解度很小（室温下仅为1.3%）。需要大量的汞作为阴极，汞的成本高，且毒性大，使其工业生产受到了限制。

8.1.3 从烧结法溶液中回收镓

（1）碳酸化法

在烧结法生产中，将含镓的脱硅精液进行碳酸化分解时，镓主要是在分解后期才部分地析出。因此碳酸化分解本身就是一次分离铝、富集镓的过程。碳分过程中镓的共沉淀损失取决于碳分作业条件，提高分解温度、添加晶种、降低通气速度可以减少碳分过程中的镓损失，使碳分母液中镓的浓度提高。当碳分条件适宜时，镓的损失约为原液中镓含量的15%。

碳分母液中含镓 0.03～0.06g/L，可直接采用碳分工艺回收镓，即在生产中采用两段碳酸化分解工艺。一段碳酸化（缓慢碳酸化）分解析出大部分 Al_2O_3（85%～90%）和 20% Ga_2O_3，使镓留在溶液中，这是因为铝在 pH 为 10.6 时开始沉淀，而镓在 9.4～9.7 之间开始沉淀。当向母液中缓慢通入 CO_2 气体时，将会缓慢降低溶液的 pH 至 10.6，氢氧化铝开始析出。同时，氢氧化铝的析出反应将产生氢氧化钠，与缓慢通入的 CO_2 共同作用使溶液的 pH 保持在 10.6 左右。最终，氢氧化铝几乎全部析出，而镓则留在溶液中。

分离氢氧化铝后的碳分母液送往二段碳酸化（深度碳酸化），其目的是使母液中的镓尽可能完全析出，以获得初步富集了镓的沉淀。二段碳酸化的沉淀富集了水合碳铝酸钠（$Na_2O \cdot Al_2O_3 \cdot 2CO_2 \cdot nH_2O$）和与铝类质同晶的镓（0.05%～0.2%）。降低温度和加速碳分都有利于镓的共沉淀，作业必须进行到 $NaHCO_3$ 浓度为 15～20g/L 时结束。二段碳酸化历时 6～8h，镓的沉淀率达 95%～97%。

从二段碳酸化分离出的富镓沉淀物与铝酸钠溶液（MR=2.3～3）混合，搅拌继续分解析出氢氧化铝，以进一步去除其中的铝组分。分离氢氧化铝后的溶液再进行深度碳酸化以制得镓精矿，镓精矿溶于苛性碱溶液后，再用电解法制取金属镓。碳酸化法回收镓工艺流程如图 8-5 所示。

碳酸化法是一种较为环保的方法。与石灰法相比，仅需一次深度碳酸化，大大缩短了流程。回收富集镓之后的溶液还可以返回氧化铝生产流程，基本实现了氧化铝生产与回收富集镓的循环。该方法的最大缺点是会对铝产品品质产生影响，根据计算，每生产 1kg 金属镓，将会产生 1.5t 低品质的氧化铝。与此同时，二氧化碳气体的缓慢加入是很难控制的，大大增加了整个生产流程的人力成本。

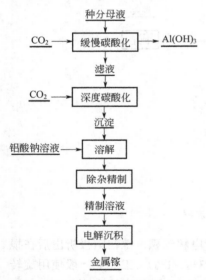

图 8-5 碳酸化法回收镓工艺流程

（2）石灰法

从氧化铝循环母液中回收富集镓的最关键步骤是铝和镓的分离，使用石灰对铝和镓进行分离在中国铝业山东分公司率先采用，成功对镓进行回收。图 8-6 为典型的石灰法工艺流程。

在石灰法里，首先通入二氧化碳对循环母液进行第一次深度碳酸化，使母液中的铝以氢氧化铝［$Al(OH)_3$］和丝钠铝石（$Na_2O \cdot Al_2O_3 \cdot 2CO_2 \cdot nH_2O$）形式沉淀。由于类质同象取代作用，镓也存在于沉淀中，该沉淀含镓量约为 0.1%～0.2%。然后加入石灰乳，使丝钠铝石分解为氢氧化铝、氢氧化镓及碳酸钙。过量的石灰乳使沉淀中的镓几乎全部溶解到碳酸钠溶液中，而铝则不能溶解，实现了铝的分离。该过程涉及的化学反应方程如下：

$$Na[Al(Ga)(OOH)HCO_3]+H_2O \!=\!\!=\! NaHCO_3+Al(Ga)(OH)_3 \downarrow \qquad (8\text{-}5)$$

$$2NaHCO_3+Ca(OH)_2 \!=\!\!=\! Na_2CO_3+CaCO_3 \downarrow +2H_2O \qquad (8\text{-}6)$$

$$2Ga(OH)_3+Na_2CO_3+Ca(OH)_2 \!=\!\!=\! 2NaGa(OH)_4+CaCO_3 \downarrow \qquad (8\text{-}7)$$

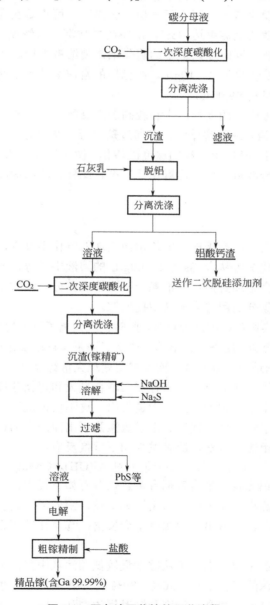

图 8-6　石灰法回收镓的工艺流程

然而，随着石灰乳添加量的增大，碳酸钠会被逐渐苛化变为氢氧化钠，化学反应方程式如下：

$$Na_2CO_3+Ca(OH)_2 \rightleftharpoons 2NaOH+CaCO_3\downarrow \tag{8-8}$$

此时氢氧化铝和氢氧化镓都可被溶解，导致铝-镓分离效果大大下降。因此石灰乳应当分两步加入。第一步加入的石灰乳应当仅仅和碳酸钠反应[$n(CaO):n(CO_2)=1:1$]，使85%以上的镓和30%～40%的铝进入溶解。第二步石灰乳按$n(CaO):n(Al_2O_3)=3:1$加入，则使绝大多数铝以水合铝酸钙形式沉淀，而镓留在溶液中，因为溶液中镓的浓度低于镓酸钙的溶解度。这样就大大提高了溶液中的镓铝比。石灰添加量太多会增加镓的损失。

为了提高溶液中的镓含量，以利于下一步电解提镓，可将石灰乳处理后所得的溶液再进行第二次深度碳酸化，镓的沉淀率达95%，所得的二次沉淀（镓精矿）含镓1%左右。镓精矿再用氢氧化钠溶液溶解，同时加入适量的硫化钠，使溶液中铅、锌等重金属杂质成为沉淀而分离，净化后溶液的镓含量为2～10g/L。净化后的富镓溶液经电解得到粗镓，粗镓加入盐酸精制处理，其含镓量可达99.99%。

石灰法优点明显，如较低的原料成本和较高的产品质量。但缺点较为严重：生产1kg金属镓将产生7t铝酸钙废渣。对于烧结法，可通过焙烧等方法进行回收处理；对于拜耳法，则无法解决这一问题。而且，经过第一次的深度碳酸化，循环母液中的碳酸氢钠含量高达60g/L以上，这种变质的循环母液将严重干扰氧化铝生产。此外，两次深度碳酸化也需要大量的二氧化碳。

（3）置换法

置换法是基于金属之间的电极电位的差别而实现的电化学过程，它不需用外部电流就可实现金属离子的还原。此法可从含Ga 0.2～1.0g/L的溶液中提镓，而不要求更高的镓浓度。当然，溶液中镓含量低会增加置换剂的消耗，一次彻底碳分沉淀物用石灰乳脱铝后的溶液，可不再进行第二次彻底碳分而用置换法从中提取镓。

从铝酸钠溶液中置换镓可以用钠汞合金，此时钠成为离子进入溶液，而溶液中的镓则还原为金属镓并与汞形成汞合金。用钠汞合金的主要缺点为汞有毒以及镓在汞中的溶解度小（40℃时约1.3%），因此要频繁地更换汞合金，而且需要处理大量镓汞合金才能获得少量镓。

用铝粉置换镓避免了上述缺点，但也存在铝消耗量大和置换速度小等缺点。因为氢在铝中的析出电位与镓的析出电位相近，故氢大量析出，这不仅消耗了铝，而且铝的表面为析出的氢气所屏蔽，使镓离子难以被铝置换。由于氢激烈析出而产生的很细的镓粒，也会重新溶解于溶液中。工业上采用镓铝合金，此时发生如下置换反应：

$$NaGa(OH)_4+Al+aq \rightleftharpoons NaAl(OH)_4+Ga+aq \tag{8-9}$$

与用钠汞合金及纯铝比较，采用镓铝合金置换镓有如下优点：①镓在镓铝合金中可无限溶解；②生产过程无镓蒸汽，无毒；③与用纯铝比较，铝的消耗减少；④只要在合金中始终有负电性的金属铝存在，已还原出来的镓就不会反溶；⑤氢在镓铝合金上析出的超电压比在固体铝上高。

镓铝合金置换方法的主要优点是可从镓含量较低的溶液中直接提镓，工艺比较简单，得到的金属镓质量较好，镓的回收率高（50%～80%），不污染环境，也不改变铝酸钠溶液的性质。缺点是对溶液的纯度要求很高，特别是钒对铝的消耗量影响很大。钒酸根离子比镓酸根离子的还原速度更快，导致镓铝合金迅速分解，并大大降低镓的置换率。

8.2 钒的回收

8.2.1 氧化铝生产过程中回收钒的意义

自然界中钒的分布很广，约占地壳质量的 0.02%，比锌、镍、铜、铅、锡、锑在地壳中的含量还高。但钒在地壳中十分分散，以高品位钒的独立矿物形式存在的很少。在成矿过程中，由于钒参加海水中有机体的循环过程等，使得它在自然界常以痕量形式存在于许多矿物中，铝土矿就是其中之一。钒的地球化学性质和铝、铁相似，故三价钒离子常取代三价铝离子或三价铁离子，呈类质同象形式赋存在铝土矿中。

铝土矿中都不同程度地含有 V_2O_5（0.001%～0.35%），铝土矿生产氧化铝的过程中，根据处理方法的不同，钒将不同程度地进入氧化铝生产流程中。拜耳法在铝土矿溶出时加入少量石灰，使一部分钒成为不溶性的钒酸钙进入赤泥，同时也有 25%～30%的钒同铝一起被碱溶解进入溶液中。由于氧化铝流程中的碱溶液是循环使用的，钒在最初的分解过程也不随氢氧化铝析出，随着氧化铝流程中溶液的循环，钒将在溶液中积累而使其浓度逐渐增大（0.2～0.4g/L）。因此从拜耳法循环母液中或拜耳法赤泥中均可回收钒。烧结法由于炉料中配入了大量石灰，使铝土矿中绝大部分钒转化成不溶性钒酸钙而进入赤泥，因此，烧结法的循环母液中钒的含量很低，不具有提取价值，而只能从赤泥中进行回收。

据估算，我国每年有 1 万～6 万吨钒进入氧化铝生产流程，而 2020 年我国 V_2O_5 产量为 13.6 万吨，由此可见氧化铝生产流程中的钒也是一种重要的资源。此外，氧化铝生产流程中的钒是不断积累的，当其浓度达到一定程度后，不仅会阻碍分解过程氢氧化铝晶粒的长大，而且使产品氧化铝中钒含量增加，从而大大影响铝电解过程的电导率。因此经济、无污染地提取拜耳法生产氧化铝流程中的钒不仅对我国钒化工，同时也对我国氧化铝工业具有重要意义。

8.2.2 从拜耳法母液中回收钒

拜耳法溶出过程中，铝土矿中的钒与氢氧化钠溶液反应生成钒酸钠进入铝酸钠溶液中，反应式如下：

$$V_2O_5+3NaOH+aq = 2Na_3VO_4+aq \tag{8-10}$$

从氧化铝生产流程中提取钒是以种分母液或氢氧化铝洗液为原料的，钒的回收方法和工艺流程很多，按其原理可分为结晶法、萃取法和离子交换法三种。目前，工业应用较多的方法为结晶法，此法工艺成熟、设备简单，但回收率低。萃取法和离子交换法回收率高、成本低，但操作条件苛刻，且投资高，工业上应用得较少。

结晶法是以钒、磷、氟等的钠盐溶解度随着溶液温度的降低而降低为依据的。钒酸钠、磷酸钠、氟化钠、硫酸钠和碳酸钠等各种杂质在铝酸钠溶液中的溶解度是比较大的，但是这些盐类同时存在时，它们的溶解度比它们单独存在时要小得多，因此将溶液蒸发到一定浓度且降低温度后，钒酸钠和磷酸钠便会结晶析出。结晶法提取 V_2O_5 的工艺因工厂各自的特点而有所不同，代表性的回收钒的工艺流程如图 8-7 所示。

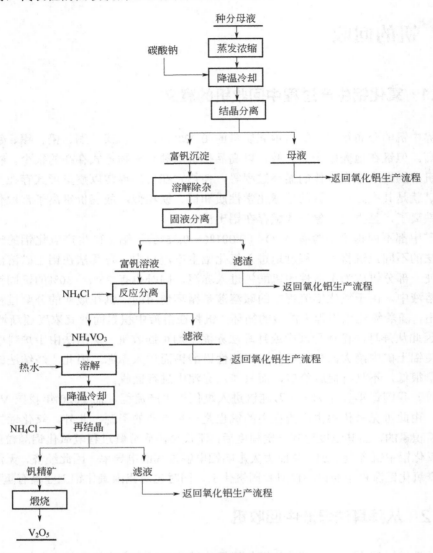

图 8-7 结晶法回收钒的工艺流程

将部分种分母液蒸发到 200～250g/L，而后冷却到 20～30℃，并在此温度下添加钒盐做晶种进行搅拌，钒酸钠便会结晶析出。分离富钒沉淀后的溶液返回生产流程，而将富钒沉淀进行除杂处理后，添加 NH_4Cl 便可得到 NH_4VO_3。将 NH_4VO_3 溶解于热水中，分离残渣后的溶液进行钒酸铵再结晶。再结晶的条件为：原液 V_2O_5 浓度为 50g/L，pH 值为 6.5，结晶温度不宜超过 20℃，并加入一定量的 NH_4Cl 以提高 V_2O_5 结晶率。钒酸铵经过滤洗涤后，500～550℃煅烧，即可得纯的 V_2O_5。

以明矾石为原料的氧化铝厂蒸发母液中含有不同价态的硫（以 SO_3 计）和 K_2O，磷钒比也高。因此在回收 V_2O_5 时，首先要通过冷却结晶的方法进一步从母液中排除碱金属磷酸盐。然后将分离磷酸盐以后的溶液与氢氧化铝洗液混合并冷却到 20℃，得到钒精矿，将后者溶于洗涤磷渣的洗液中并加入硫酸：

$$Na_3VO_4+H_2SO_4\mathbin{=\mkern-5mu=}NaVO_3+Na_2SO_4+H_2O \qquad （8-11）$$

往 Na_3VO_4 溶液中加 $CaSO_4$，以除去其中的 P、F 及 As 等杂质，再往净化后的溶液中加入 NH_4^+（硫酸铵），得到钒酸铵，钒酸铵经过煅烧，即可制得 V_2O_5。

 思考题

1. 金属镓的特性和主要用途有哪些？
2. 为什么氧化铝生产中回收镓是目前镓的主要来源？
3. 拜耳法和烧结法回收镓都有哪些方法？各自的原理是什么？
4. 钒对氧化铝生产有何影响？
5. 从拜耳法母液中回收钒的主要方法是什么？

第9章

赤泥的综合利用

9.1 赤泥的概况

9.1.1 赤泥的产生和排放

赤泥，亦称红泥，是从铝土矿中生产氧化铝后排出的工业固体废物。一般含氧化铁量大，外观与赤色泥土相似，因而得名。但有的因含氧化铁较少而呈棕色，甚至灰白色。根据拜耳法、烧结法和拜耳-烧结联合法生产氧化铝工艺，所产出的赤泥通常分为拜耳法赤泥、烧结法赤泥和联合法赤泥。不同氧化铝生产方法产出的赤泥，其组成及物理化学特性有所不同。

一般每生产 1t 氧化铝，平均产生 1.0～2.0t 赤泥。近些年，我国氧化铝产量均居世界首位，这就使得我国赤泥的产生量巨大，图 9-1 为我国 2010～2021 年赤泥的产生和利用情况，图 9-2 为我国 2010～2020 年赤泥累积堆存量。可以看出，我国赤泥的产生量逐年增加，2021 年达到 1.09 亿吨，但利用率不足 20%，导致目前赤泥的堆存量达到 6.5 亿吨左右，环境影响压力巨大。

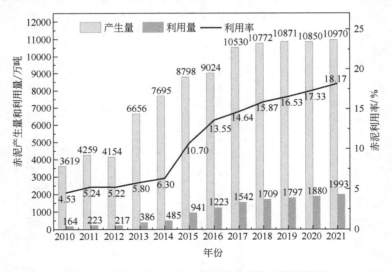

图 9-1　我国 2010～2021 年赤泥的产生和利用情况

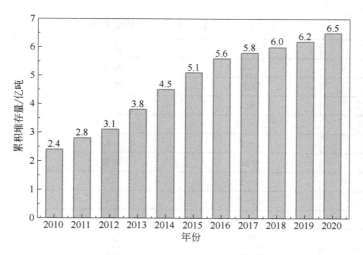

图 9-2　我国 2010～2020 年赤泥累积堆存情况

9.1.2　赤泥的组成特性

赤泥的化学成分主要是 SiO_2、CaO、Fe_2O_3、Al_2O_3、MgO、TiO_2、Na_2O、K_2O 等，此外还含有 Re、Ga、Y、Sc、Ta、Nb、U、Tu 和镧系元素等微量的有色金属化合物。由于铝土矿成分和生产工艺的不同，赤泥中各种组分含量变化很大。我国赤泥和澳大利亚赤泥化学成分见表 9-1。

表 9-1　我国赤泥和澳大利亚赤泥主要化学组成　　　　　　　　　单位：%

企业所在地	贵州		广西	山西	河南		山东	澳大利亚
生产方法	拜耳法	烧结法	拜耳法	联合法	联合法	烧结法	烧结法	拜耳法
SiO_2	12.8	25.9	7.79	21.4～23	18.9～20.7	20.94	32.5	24～29
CaO	22.0	38.4	22.60	37.7～46.8	39～43.3	48.35	41.62	0.5～4
Fe_2O_3	3.4	5.0	26.34	5.4～8.1	10～12.6	7.15	5.7	21～36
Al_2O_3	32.0	8.5	19.01	8.2～12.8	5.96～8	7.04	8.32	15～20
MgO	3.9	1.5	0.81	2.0～2.9	2.15～2.6	—	—	0.5～1
TiO_2	0.2	0.2	0.041	0.2～1.5	0.47～0.59	—	—	—
Na_2O	4.0	3.1	2.16	2.6～3.4	2.58～3.68	2.3	2.33	4～10
K_2O	6.5	4.4	8.27	2.2～2.9	6.13～6.7	3.2		
灼减	10.7	11.1	9.46	8.0～12.8	6.5～8.15	—		7～12
其他	4.5	1.9	1.519	—	—			

赤泥的矿物组成，根据矿石成分、处理工艺的不同而有所区别。拜耳法赤泥中主要矿物成分为钠硅渣、赤铁矿、针铁矿、水化石榴石、钙钛矿、方解石等，烧结法赤泥中主要矿物分别为硅酸钙、钠硅渣、水化石榴石、赤铁矿、钛矿物等。我国不同地区氧化铝厂赤泥矿物组成的典型数据见表 9-2。

表 9-2　我国不同地区赤泥的矿物组成　　　　　单位：%

成分	广西	河南	山东
一水硬铝石	2～8	微量	微量
一水软铝石	微量	微量	微量
原硅酸钙	无	53	微量
水化石榴石	20～28	10	50～60
钙霞石	12～17	11	5～9
方钠石	微量	微量	6～11
赤铁矿	27～33	7.5	微量
针铁矿	4.5～7	—	6～11
钛酸钙	11～14	11	—
金红石	微量	微量	2～5
锐钛矿	微量	微量	微量
石英	微量	5	微量
方解石	1.5～2	微量	微量

以一水硬铝石为原料生产氧化铝过程中排出的赤泥与以三水铝石为原料生产氧化铝过程中排出的赤泥的物相组成具有一定的区别。由于一水硬铝石溶出温度高，反应时间长，矿石中的硅主要以钙硅渣和钠硅渣的形式进入赤泥，而三水铝石不需要高温溶出，一部分反应活性高的硅矿物以钙霞石的形态进入赤泥，而反应活性差的硅矿物则直接进入赤泥。

9.1.3　赤泥的物理特性

赤泥因氧化铁含量不同而呈现为灰白色至暗红色。赤泥颗粒的直径一般为 0.005～0.075mm，由于颗粒非常细，孔隙率远大于普通土壤，具有较大的比表面积，内部具有丰富的毛细孔，导致赤泥吸湿性强，含水率高。赤泥的密度为 2.70～2.98g/cm³，熔点为 1200～1500℃，塑性指数为 17～30。赤泥颗粒聚集状态在微观上主要分为 3 类：薄片状或者大块状聚集体，片状、柱状、颗粒状等规则形态，毛发状、细丝状聚集体。赤泥的物理性质见表 9-3。

表 9-3　赤泥的物理性质

物理指标	指标值	评价
粒径/mm	0.0005～0.075	＜黏土
干容重/（kN/m³）	2.7～2.89	＞黏土
比表面积/（m²/g）	64.9～186.9	＞＞黏土
密度/（kg/m³）	2700～2980	＞黏土
孔隙率比	2.53～2.95	＞＞黏土
含水量/%	82.3～105.9	＞＞黏土
储水量/%	79.03～93.23	＞＞黏土
液限含水率/%	71～100	＞高塑性黏土
塑限含水率/%	44.5～81	＞＞黏土
塑性指数	17～30	＞黏土

物理指标	指标值	评价
流动性指数	0.92~3.37	高
饱和程度/%	91.1~99.6	完全饱和
熔点/℃	1200~1500	<耐火材料

9.1.4 赤泥的污染特性

根据 GB 5085—2007《危险废物鉴别标准》，赤泥属于一般性固体废物，但是赤泥中存在大量 Na_2O，pH 一般高达 11 ± 1.0，属强碱性有害废物。赤泥含有大量的盐分（EC1.4~28.4mS/cm），主要包括 SO_4^{2-}、CO_3^{2-}、HCO_3^- 等阴离子，以及 Na^+、K^+、Ca^{2+}、Mg^{2+} 等阳离子，其中 Na^+ 是主要的盐分离子。此外，赤泥还含有少量 As、Cr、Cd、Hg、Pb 等重金属元素以及 Sr、Ra、Th、U 等放射性元素。

赤泥中碱主要分为可溶性碱和不可溶性碱，各占约 50%。可溶性碱即在铝土矿溶出氧化铝过程中带出的附着碱，如 $NaOH$、Na_2CO_3、$NaAl(OH)_4$、KOH、K_2CO_3 等；不可溶性碱即铝土矿中 SiO_2 与铝酸钠溶液反应生成的不溶性水合铝硅酸钠，如钙霞石等。水洗可除去部分可溶性碱，但仍有部分可溶性碱残留于难溶固相表面；不可溶性碱赋存于赤泥难溶固相中，并存在一定溶解平衡，导致赤泥具有较强的酸缓冲能力。因此，赤泥中碱难以去除，从而随赤泥进入赤泥堆场。

赤泥中尽管含有一定量重金属离子，但这些重金属离子迁移能力较弱，仅在强酸（pH<2）环境中大量溶出。赤泥的危害主要为高碱和高盐性物质产生的危害。赤泥的堆存有干法和湿法，干法堆存是目前最普遍的处理方式。湿法堆存即将赤泥水洗后直接排至堆场，赤泥湿法堆场容纳大量碱液，堆场坝体稳定性较弱，容易发生溃坝。赤泥堆场如发生渗漏，碱液中盐分以及部分重金属离子会造成地表水和地下水污染，同时对周边土壤造成盐碱化，影响植物正常生长。

干法堆存即赤泥通过固液分离后排放至赤泥堆场，干法堆存主要造成两个方面的环境影响：空气污染和地下水污染。由于含水量少，赤泥颗粒很细，平均粒径小于 10μm 左右，同时存在一定量<0.1μm 的超细颗粒，这些粒级的颗粒容易形成干燥的赤泥颗粒造成周边粉尘污染。相对而言，赤泥干法堆场库体稳定，但是也存在渗漏的风险，如发生渗漏事故，赤泥中的盐组分、金属离子以及碱液进入地下水，造成环境污染。

赤泥治理与资源化利用是铝工业绿色发展进程中不得不面对的议题，因此加大赤泥的大宗化综合利用力度已刻不容缓。

9.2 赤泥的脱碱处理

赤泥的高碱性是其形成危害和难以资源化利用的主要原因，因此，在综合利用之前对赤泥进行脱碱处理是十分必要的。赤泥碱性物质分为自由碱（可溶性碱）和化学结合碱（不可溶性碱），各占 50%左右。自由碱包括 NaOH、Na_2CO_3、$NaAl(OH)_4$、Na_2SiO_3 等，主要附着于赤泥表面，通过水洗仅能去除部分自由碱，自由碱溶于水会电离出碱性阴离子和 Na^+（见表 9-4），使赤泥体系的 pH 值升高。化学结合碱主要包括方钠石 [$Na_6Al_6Si_6O_{24} \cdot NaX$，其中 X=$SO_4^{2-}$、$CO_3^{2-}$、$Al(OH)_4^-$ 或 Cl^-]、钙霞石（$Na_6Al_6Si_6O_{24} \cdot 2CaCO_3$）、水合铝硅酸钠（$Na_2O \cdot Al_2O_3 \cdot xSiO_2 \cdot nH_2O$）等，这类矿物并不稳定，存在一定的溶解平衡，从而导致赤泥仍然具有碱性但难以通过水洗直接去除。

表 9-4　赤泥中主要自由碱的电离方程式

自由碱	电离方程式
NaOH	$NaOH \longrightarrow Na^+ + OH^-$
Na_2CO_3	$Na_2CO_3 \longrightarrow 2Na^+ + CO_3^{2-}$
$NaHCO_3$	$NaHCO_3 \longrightarrow Na^+ + HCO_3^-$
$NaAl(OH)_4$	$NaAl(OH)_4 \longrightarrow Na^+ + Al(OH)_4^-$

赤泥脱碱方法包括水洗法、酸浸法、石灰法、盐类浸出法、CO_2 法、工业"三废"中和法、生物法、膜脱钠技术及选择性絮凝技术等。上述方法均有各自的特性和适用条件，企业需根据赤泥的性质，当地水、电和脱碱剂的供应情况及赤泥堆存的地理位置等因素，选用较适宜的方法。根据脱碱剂的类型，可将上述赤泥脱碱方法分为物理法、化学法和生物法。

9.2.1　物理法脱碱

最简单的物理脱碱方法就是水洗法，即直接用水洗涤赤泥。水作为稀释剂可使赤泥中的自由碱发生电离产生碱性阴离子 [OH^-、CO_3^{2-}、HCO_3^-、$Al(OH)_4^-$] 和可溶性 Na^+。水电离后与赤泥自由碱电离出的 OH^- 发生中和反应从而降低体系的 pH 值，同时体系中的可溶性 Na^+ 经水洗脱除可达到脱碱的目的。

水洗赤泥时，赤泥颗粒表面与水溶液之间存在 Na^+ 浓度差，赤泥中附着的自由碱能溶解于赤泥-水体系中，随着浸泡时间的延长，赤泥-水体系中的 Na^+ 浓度将不断升高，赤泥颗粒表面与水溶液之间的 Na^+ 浓度差也不断减小，随着洗涤次数的增加，这种浓度差会逐渐缩小直至达到平衡状态，此时附着碱的脱除基本完成。

水洗法的脱碱率较低，为提高脱碱率，可通过多级浸出、压滤赤泥浆、赤泥活化焙烧等手段强化赤泥脱碱。水洗法脱碱简单、没有药剂消耗，但脱碱洗涤次数多、用水量大、时间长，仅可去除赤泥中的自由碱，因此其脱碱效果有限，一般作为初步脱碱的选择。

9.2.2　化学法脱碱

（1）酸浸法

酸浸法是指直接用无机酸或有机酸对赤泥脱碱，酸能与赤泥中的自由碱和化学结合碱发生中和反应，显著降低赤泥的碱性。目前已有研究用草酸、柠檬酸等有机酸，硫酸、盐酸、磷酸等无机酸对赤泥脱碱。草酸能破坏赤泥中钙霞石和方解石的结构，可以选择性地脱除赤泥中的钠，赤泥脱碱率超 95%。不同种类（硫酸、盐酸、磷酸、草酸）及浓度的酸对赤泥脱碱效果不同：当同种酸对赤泥脱碱时，赤泥脱碱率会随酸浓度的增加而逐渐升高；当同浓度的酸对赤泥脱碱时，硫酸的赤泥脱碱率最高，可达 91%，其次是盐酸、草酸、磷酸。

赤泥酸浸后会导致方钠石、方解石、钙霞石等分解，使部分化学结合碱转化为自由碱而脱除。酸浸法脱碱主要是酸碱中和反应后生成相应的可溶性钠盐等物质，主要反应如下：

$$NaOH+H^+ \longrightarrow Na^++H_2O \tag{9-1}$$

$$Na_2CO_3+H^+ \longrightarrow 2Na^++HCO_3^- \tag{9-2}$$

$$Na_2SiO_3+2H^+ \longrightarrow 2Na^++H_2SiO_3 \tag{9-3}$$

$$NaAl(OH)_4+H^+ \longrightarrow Na^++Al(OH)_3+H_2O \tag{9-4}$$

$$CaCO_3+2H^+ \longrightarrow Ca^{2+}+CO_2+H_2O \tag{9-5}$$

$$Ca_3Al_2O_6+12H^+ \longrightarrow 3Ca^{2+}+2Al^{3+}+6H_2O \ (pH=8.7\sim9.9) \tag{9-6}$$

$$Na_6Al_6Si_6O_{24} \cdot Na_2CO_3+26H^+ \longrightarrow 8Na^++6Al^{3+}+6Si(OH)_4+H_2O+CO_2 \tag{9-7}$$

$$Na_6Al_6Si_6O_{24} \cdot 2CaCO_3+10H^++16H_2O \longrightarrow 6Na^++2Ca^{2+}+6Al(OH)_3+6H_4SiO_4+2CO_2 \tag{9-8}$$

酸可以完全中和赤泥中的自由碱，还可以与化学结合碱反应，但也会溶解钙和铝等金属元素，引入大量其他物质。目前酸浸法主要用于提取赤泥中的有价金属，如用盐酸、硫酸等提取赤泥中的铁、铝和钛等金属。酸浸法脱碱因用酸量大、操作性差、废液量大且易造成二次污染而难以推广使用。

（2）石灰法

石灰法脱碱是在低压、常压或高压下加入石灰，使之与赤泥中的碱发生反应，通常包括常压石灰法、石灰水热法和石灰纯碱烧结法。常压石灰法脱碱不需加压，对脱碱条件要求较低，是石灰法中较常用的方法。我国对石灰法脱碱的研究较多，主要原因是石灰易于生产、价格低廉，且脱碱效果良好。

石灰法赤泥脱碱的原理：在赤泥-水溶液中加入石灰，生成的 Ca^{2+} 可在水热条件下与自由碱充分反应，生成低浓度碱液；在与自由碱反应的同时，赤泥中部分化学结合碱的 Na^+ 直接或间接与 Ca^{2+} 发生置换反应，使不同形态的化学结合碱转化为自由碱扩散到溶液中或形成更稳定的不溶物。石灰法脱碱发生的主要反应如下：

$$Na_2CO_3+Ca(OH)_2 \longrightarrow CaCO_3+2NaOH \tag{9-9}$$

$$Na_2SO_4+Ca(OH)_2+2H_2O \longrightarrow CaSO_4 \cdot 2H_2O+2NaOH \tag{9-10}$$

$$Na_2SiO_3+Ca(OH)_2 \longrightarrow CaSiO_3+2NaOH \tag{9-11}$$

$$Na_2O \cdot Al_2O_3+Ca(OH)_2+6H_2O \longrightarrow CaO \cdot Al_2O_3 \cdot 6H_2O+2NaOH \tag{9-12}$$

$$Na_6Al_6Si_6O_{24} \cdot Na_2CO_3+Ca^{2+}+2H_2O \longrightarrow Na_6CaAl_6Si_6(CO_3)O_{24} \cdot 2H_2O+2Na^+ \tag{9-13}$$

$$Na_2O \cdot Al_2O_3 \cdot 2SiO_2 \cdot nH_2O+Ca^{2+} \longrightarrow CaO \cdot Al_2O_3 \cdot 2SiO_2 \cdot nH_2O+2Na^+ \tag{9-14}$$

$$Na_6Al_6Si_6O_{24} \cdot 2CaCO_3+6Ca^{2+}+2H_2O \longrightarrow Ca_3Al_6Si_6O_{24} \cdot 2CaCO_3 \cdot 2H_2O+6Na^++3Ca^{2+} \tag{9-15}$$

（3）盐类浸出法

盐类浸出法是采用某些无机盐溶液或其酸性溶液来溶解赤泥中的自由碱或化学结合碱而进行脱碱的。目前常用的盐类主要有 $CaCl_2$、$MgCl_2$、NH_4Cl、$CaSO_4$、$Fe_2(SO_4)_3$。盐类对赤泥进行脱碱时，主要与赤泥中的碱发生离子交换反应，使得赤泥中的 Na^+ 进入溶液中从而脱除。盐类脱碱的主要化学反应如下：

$$NaOH+NH_4Cl \longrightarrow NaCl+NH_3+H_2O \tag{9-16}$$

$$Na_2CO_3+2NH_4Cl \longrightarrow 2NaCl+2NH_3+CO_2+H_2O \tag{9-17}$$

$$2NaOH+CaCl_2/MgCl_2 \longrightarrow 2NaCl+Ca(OH)_2/Mg(OH)_2 \tag{9-18}$$

$$Na_2CO_3+CaCl_2/MgCl_2 \longrightarrow CaCO_3/MgCO_3+2NaCl \tag{9-19}$$

$$Na_2SO_4+CaCl_2/MgCl_2 \longrightarrow CaSO_4/MgSO_4+2NaCl \tag{9-20}$$

$$Na_2SiO_3+CaCl_2/MgCl_2+H_2O \longrightarrow CaO \cdot SiO_2 \cdot H_2O/MgO \cdot SiO_2 \cdot H_2O+2NaCl \tag{9-21}$$

$$Na_2O \cdot Al_2O_3 \cdot 1.7SiO_2 \cdot nH_2O+CaCl_2/MgCl_2$$
$$\longrightarrow CaO/MgO \cdot Al_2O_3 \cdot 1.7SiO_2 \cdot nH_2O+2NaCl \tag{9-22}$$

石膏及磷石膏也可作为改良剂对赤泥进行脱碱，用工业生产中产生的大量脱硫石膏作为脱碱剂处理赤泥，实现了赤泥和石膏的资源化利用，脱碱成本低。此外，海水中和赤泥也是盐类浸出法脱碱的一种，海水中和赤泥只能去除自由碱，对化学结合碱无作用或作用小，海水中的 Ca^{2+} 和 Mg^{2+} 能与赤泥中的碱性阴离子发生沉淀反应，将其转化为化学结合碱使赤泥的 pH 值降低。

盐类浸出法脱碱率高，但脱碱后赤泥酸性强且过滤性差，这极大地限制了其工业化推广应用。

（4）CO_2 法

CO_2 法脱碱是在赤泥浆液中通入 CO_2 或含 CO_2 的气体，用 CO_2 溶于水后形成的弱酸性溶液来进行脱碱。美国铝业公司在西澳大利亚州已大规模应用 CO_2 法脱碱，公司将气态和液态 CO_2 添加到增稠的赤泥浆液中，CO_2 与浆液中的碱性成分发生反应达到脱碱目的。CO_2 是酸性气体，与水混合后形成 H_2CO_3，所以大气或工业废气中的 CO_2 是中和赤泥的另一个潜在的重要酸源。

CO_2 法脱碱属于气、液、固三相反应，当 CO_2 通入赤泥体系中，首先会溶解于溶液中，与附着在赤泥中的 Na 盐等碱性物质反应，使其变为可溶性离子，逐渐脱离赤泥进入溶液中。随着反应继续进行，赤泥表面的氢氧化物反应完全，CO_2 逐渐渗入赤泥固体内部，与碱性固体物质发生化学反应（沉淀反应等），最终完成脱碱反应。赤泥的短期碳酸化是简单的酸碱中和反应，长期碳酸化可能会发生矿物成分（铝酸三钙）的溶解，导致 pH 值降低。CO_2 法脱碱发生的主要反应如下：

$$H^+ + OH^- \longrightarrow H_2O \tag{9-23}$$

$$NaOH+CO_2 \longrightarrow NaHCO_3 \tag{9-24}$$

$$Na_2CO_3+CO_2+H_2O \longrightarrow 2NaHCO_3 \tag{9-25}$$

$$Na_2SiO_3+CO_2+H_2O \longrightarrow Na_2CO_3+SiO_2 \cdot H_2O \tag{9-26}$$

$$NaAl(OH)_4+CO_2 \longrightarrow NaAlCO_3(OH)_2+H_2O \tag{9-27}$$

$$Ca_3Al_2(OH)_{12}+3CO_2 \longrightarrow 3CaCO_3+Al_2O_3 \cdot 3H_2O+3H_2O \tag{9-28}$$

（5）工业"三废"中和法

工业"三废"中和法是利用工业生产中产生的废气、废水、废渣，如含 CO_2、SO_2 等气体的酸性废气，含 HNO_3、H_2SO_4 等物质的废水，酸性废渣等来处理赤泥，"三废"多为酸性物质，可用于中和赤泥以降低赤泥的碱性。基于 SO_2 易溶于水，水溶液呈酸性的特性，用赤泥进行尾气脱硫，可同时达到赤泥脱碱的目的。赤泥能有效吸收 SO_2，用赤泥对电厂工业废气进行脱硫，脱硫率高达 93%。赤泥浆吸收 SO_2 并脱除赤泥中碱的过程可描述为 SO_2 的吸收、SO_2 的扩散传质，以及 SO_2 与赤泥中碱性物质发生反应。

此外还可以用废酸、废渣对赤泥进行脱碱，如：钛白废酸、糖蜜酒精废液、木质纤维素酸性废渣等。"三废"中和法可实现废物之间的协调处置，不仅降低了废气、废水、废渣排放量，而且解决了赤泥碱含量高这一关键问题。

（6）其他化学脱碱法

膜分离技术借助半透膜等将赤泥浆与分散剂隔开，使赤泥中的钠及其他碱金属等渗过半透膜进入分散剂中被除去；选择性絮凝技术，高效絮凝剂选择性吸附于赤泥颗粒表面，而钠及其他碱土金属离子化合物仍保持稳定的分散状态，经固液分离后达到脱碱的目的。但这些脱碱法技术成本太高，未能得到广泛应用。

9.2.3 生物法脱碱

赤泥的高 pH 值、高碱性、高盐性、有机质及植物养分少等缺点制约着生物在其中的生存，但一些耐盐耐碱植物及微生物能在赤泥中生长，故目前国内外生物法脱碱主要集中在耐性植物和微生物的筛选等方面。尽管早期就已发现生物法脱碱具有较大前景，但现在针对生物法脱碱的研究还是较少。植物生长对赤泥的 pH 值、可交换钠含量、土壤有机质、水稳定聚集和结构稳定性等方面有积极影响，这可能是由于植物根系的存在和相关微生物具有活性。赤泥团聚结构较差，难以支撑原生植物的生长，植物重建是目前生态化处理赤泥较有前景的方法。

筛选合适菌种，建立适宜微生物生长的环境，提高微生物代谢产酸是当前生物法脱碱的研究重点。微生物脱碱主要是在赤泥中添加有机质或接种特定的微生物，从而产生有机酸、无机酸、CO_2 和 EPS（细胞外聚合物），破坏赤泥体系的离子平衡，然后通过中和反应促进赤泥颗粒团聚体的形成，提高稳定性，降低赤泥的碱性。生物法脱碱所需周期较长，无二次污染，通常用于赤泥堆场的改良及修复。

赤泥脱碱的方法较多，国内外常见的赤泥脱碱方法如表 9-5 所示，目前实现工业化应用的较少。

表 9-5　国内外赤泥脱碱方法分析

脱碱技术	技术方法	优劣性分析
水洗法	直接水洗	需要大量水且只能去除自由碱
酸浸法	直接酸浸中和	酸耗大且造成二次污染

脱碱技术	技术方法	优劣性分析
石灰法	加入石灰与赤泥混合反应	有时需升温升压，所需时间长
盐类浸出法	用某些盐溶液作为浸出剂浸出	脱钠率高，但脱碱后赤泥浆过滤性差
CO_2法	加入 CO_2 碳酸化	无二次消耗，但对设备要求高
工业"三废"中和法	工业"废水、废气、废渣"处理赤泥	成本较低，时效性差
生物法	耐性植物修复、细菌浸出等技术	周期较长，时效性较差
膜分离技术	借助半透膜将赤泥浆与分离剂隔开，使赤泥中的 Na^+ 等渗过半透膜进入分离剂而被去除	成本较高，不能大量应用
选择性絮凝技术	用高效絮凝剂选择性吸附于赤泥颗粒表面，经固液分离后达到脱碱的目的	成本较高，不能大量应用

9.3 赤泥中有价金属的回收

赤泥的综合利用属于世界性的难题，近年来国内外的研究人员为了实现赤泥的综合利用，最大限度地减小赤泥的危害，开展了大量从赤泥中提取铁、铝、钛、钒、钪、镓等有价金属的研究，有些已经实现了产业化。下面将分别介绍从赤泥中提取各种有价金属的工作。

9.3.1 铁的回收

赤泥中铁含量较多，铁含量大概在 7.4%～44.5%之间，其中，高铁赤泥被视为铁元素资源的可用储备。赤泥中的铁主要以赤铁矿的形式存在，另外还有少量的针铁矿和磁铁矿。不同于硅、铝、钙等其他元素的赋存形式，铁存在于一些独立矿物中。但是由于赤泥粒径很小，各种成分相互包裹，常规物理方法很难将其分离出来。到目前为止，对于赤泥中铁的回收主要有三种方法：直接物理分选法、火法分选法和湿法分选法。

（1）直接物理分选法

直接物理分选法包括磁选和重选，该方法不涉及化学反应变化以及物态变化，由此也被称为直接分选法。

磁选法是依据赤泥中铁主要以弱磁性赤铁矿形式存在的原理进行磁选分离富集铁精矿，采用的设备主要是 SLon 立环脉动高梯度磁选机或超导高梯度磁分离系统（HGSMS）。有研究表明，采用 SLon 立环脉动高梯度磁选机回收赤泥中的铁，获得的铁精矿铁品位为 54.70%，回收率为 35.36%，该铁精矿可直接作为高炉炼铁原料。此外，超导高梯度磁分离（HGSMS）工艺目前已经成为一种有效的细颗粒弱磁性矿物分离方法，该系统可利用设备提供的超强磁场对弱磁性组分进行分选，为赤泥中弱磁性组分的有效富集以及抛尾提供方法，有利于赤泥的分步处理。

重选法是依据赤泥颗粒粒径细小、微细粒含量高、不同矿粒密度的差异特征进行粒径分级和重选富集铁，工艺不用高强度的磁选设备，但是由于赤泥颗粒之间相互团聚包覆，小颗粒高密度组分和大颗粒低密度组分在分选时难以分开，因此需要进行分级处理。

总体而言，物理分选法优点在于流程简单，操作便捷，作业成本低，适用于处理铁含量较高的赤泥，缺点是物理分选法所得铁精矿铁品位较低，回收率较低，因此应用范围有限。目前，该方法在一些国家和地区已经实现了工业化应用。

（2）火法分选法

赤泥的火法分选法主要包括还原焙烧-磁选法以及还原熔分法两种。还原焙烧-磁选法是指在赤泥中添加还原剂，通过还原焙烧（焙烧温度通常低于1200℃）处理使赤泥中磁性较弱的赤铁矿还原成为磁性较强的磁铁矿或者金属铁，然后用弱磁选的方法回收赤泥中的铁。该方法常用的还原剂分为碳质还原剂和气体还原剂（通常为 CO 和 H_2）。该过程中也研究钠盐、钙盐等添加剂在焙烧作用中的影响，实现赤泥中铁、铝资源综合回收利用。赤泥经过还原焙烧-磁选法处理后，能够得到铁品位47%～91%的铁精矿，铁回收率约为61%～95%。通常来说，提高还原焙烧温度以及延长焙烧时间能够提高铁的回收率，同时得到高品位的铁精矿，但是成本和能耗较高。相反，采用低温还原焙烧可以有效降低能耗，节约生产成本，但是所得铁精矿品位较低，铁回收率也较低。因此，该方法能否得到工业应用的关键在于，未来能否在较低成本和能耗的条件下得到高质量的铁精矿，同时获得高的铁回收率。

还原熔分法是指在赤泥中加入还原剂和添加剂造球，然后在高温下（通常高于1200℃）还原熔分生成铁水和炉渣，实现渣铁分离。该方法中还原剂的作用主要是将铁氧化物还原为铁，常用的还原剂包括无烟煤、冶金焦、半焦、石墨等。添加剂的作用则主要是调节炉渣成分，降低炉渣的熔点和黏度，促进渣铁分离，常用的添加剂包括石灰石、白云石、生石灰、SiO_2、Al_2O_3、CaF_2、$CaSiO_3$ 等。根据目前的研究结果，还原熔分法可用的设备包括高炉、电弧炉、等离子炉以及竖式管炉等，熔分后所得铁水含铁90%以上，铁的回收率约为70%～92%。还原熔分法所得铁水的质量接近高炉铁水，是一种很有发展前景的工艺，但是，由于还原熔分过程需要很高的温度，消耗大量能量，导致生产成本较高，限制了该工艺的发展。

（3）湿法分选法

赤泥的湿法分选法主要是指酸浸法。目前，酸浸法所用的酸主要为草酸、盐酸、硫酸、磷酸、硝酸，其中，草酸提取赤泥中铁的研究在当前的酸浸法研究中占有较大比重。影响浸出率的因素较多，除反应温度和浸出剂浓度外，随着浸出时间的改变，浸出剂类型也会对铁的浸出率有影响，这是因为不同酸根离子和铁离子的结合强度不同。

相对于直接物理分选法的分选率低，火法分选法的能耗高、设备要求高，湿法分选法具有流程简单、操作方便、能耗低的优点，虽然目前相关研究较少，但却有深远的实际意义。目前湿法分选的主要问题在于对赤泥中元素分选的选择性差，难以严格地提取赤泥中的特定元素，这是湿法分选法今后研究的重点。此外，为了中和赤泥中的碱性物质，需要加入大量的酸，使酸的消耗量大大增加，同时会产生大量的强酸性浸出尾渣，污染环境，这也是后续研究中需要解决的问题。

9.3.2 铝的回收

赤泥中的 Al_2O_3 含量大概为 5%～30%（与其生产方法有关），主要是以三水铝石、一水软铝石、铝硅酸钠以及铝硅酸钙等矿物形式存在。赤泥中氧化铝的回收方法主要有碱法和酸法。烧结法属于碱法，归为火法冶金。酸法有盐酸、硫酸直接浸出法等，归为湿法冶金。近年来，有学者采用亚熔盐法回收赤泥中的氧化铝，以氢氧化钠为亚熔盐介质，没有高温烧结工艺，也归为湿法冶金。

火法回收铝一般需将赤泥与一定添加剂混合，在高温条件下烧结之后碱溶或碳酸化进行回收，此类方法对设备的性能要求较高，而且消耗大量能源，产生废气，造成二次污染。

湿法冶金回收铝主要是采用酸浸的方法提取铝，常用的酸有盐酸、硫酸、硝酸、磷酸四种酸，溶解的铝大部分是铝硅酸盐溶解的结果，因为相对于一水软铝石和三水铝石，铝硅酸盐不太稳定。此外，还可以采用有机和无机酸，如柠檬酸、草酸和硫酸，单独或混合使用浸出铝，但由于有机酸价格高，此方法经济性较差。由于赤泥呈碱性，用酸处理会消耗大量酸并产生酸度高的废液，也会腐蚀设备，若能降低酸耗并将酸液进行处理再利用，才能符合绿色发展的理念。

9.3.3 稀有金属的回收

（1）钛的回收

钛是一种稀有金属，而钛铁矿、金红石、钙钛矿是主要的含钛资源，但随着这些原生资源的不断减少，把赤泥作为替代资源回收其中的稀有金属就显得十分重要。赤泥中 TiO_2 的含量范围为 3.5%～15.6%，采用拜耳法或烧结法生产氧化铝时，铝土矿中 95%～100% 的钛都留在赤泥中，因此可以将赤泥作为二次资源加以利用以提取其中的钛。赤泥中钛的赋存状况比较复杂，并不是以单一的矿物形式存在的，而是多种矿物共存，所以赤泥提钛并不容易。国内外对赤泥提钛进行了大量的研究，主要回收工艺可归结为三种：湿法冶金提钛、火法-湿法联合回收钛和选冶联合回收钛工艺。

湿法冶金提钛技术是利用溶液中的酸与赤泥中的氧化物、硅酸盐发生化学反应生成可溶性盐及含钛沉淀物，将钛进行初步富集，之后再通过水解或焙烧等方法进行二次富集，主要可归纳为硫酸浸出、盐酸浸出和其他酸浸出。除硫酸、盐酸等常用浸出酸外，磷酸、硝酸、草酸等也可用于赤泥酸浸提钛，酸的类型和反应条件的不同直接影响赤泥中各金属组分的回收，针对赤泥中特定组分使用特定的酸浸出溶解，除杂更加彻底。湿法提钛简化了赤泥提钛的工艺流程，节约能耗。通过单酸酸浸或多酸多段酸浸，均可有效地回收赤泥中的钛，且浸出率较高。但酸浸提钛条件较为苛刻，分离过程复杂，条件控制不当就会直接影响钛的浸出，而且酸浸没有选择性，一些金属元素溶于酸液中难以分离，导致资源浪费，同时也会产出大量废酸。

火法-湿法联合回收钛技术是在酸浸作业前进行焙烧预处理。先将赤泥与焦炭等还原剂或铵盐、碳酸盐混合，在一定温度气氛下进行焙烧，除去部分杂质而富集钛，然后对剩余残渣进行酸浸处理，进而对钛再次富集，最后通过水解、焙烧等方法得到最终钛产品。火法-湿法联合工艺首先对赤泥进行高温焙烧，使其矿物结构发生改变，提高浸出选择性，进而达到富集的目的。在回收钛的同时，其他有价金属元素也得以富集，但工艺较为复杂、能耗较大，且过程中也会产生废渣。

选冶联合回收钛技术是一种将酸浸工艺、焙烧工艺与传统选矿工艺（重、磁、浮）相结合的赤泥提钛新方法。它在回收钛的同时可以兼顾其他有价金属的回收，可通过酸浸-浮选、焙烧-磁选-酸浸、焙烧-磁选-重选-酸浸等工艺逐级回收各种有价金属。选冶联合回收钛工艺在湿法冶金工艺和火法-湿法联合回收钛工艺的基础上进行了优化升级，与传统选矿工艺（重、磁、浮）相结合，通过多段选别作业，逐级回收各种有价金属元素，大大提高分离效率，降低能耗，同时对其他有价金属也进行了高效回收。工艺可实现规模化、产业化，使赤泥资源得以高效综合利用，创造更大的经济效益。

（2）钒的回收

赤泥中的钒含量约为 0.3%～0.8%，钒在赤泥中并不是以独立矿物存在的，它主要赋存于其他矿物晶格中，难以回收。目前，酸浸是从赤泥中提取稀有金属的主要方法，常用的浸出剂为硫酸、盐酸、硝酸，其中硫酸提钒的效果较好。赤泥中的四价 V^{4+} 会与 SO_4^{2-} 形成 $VOSO_4$，因此提高了钒的溶解度。随着 H_2SO_4 浓度增大，赤泥中的钒更易溶解，并且溶解产物 $VOSO_4$ 更稳定。另外，赤泥中的钛和钒在盐酸浸出提取钪的过程中会一同被浸出，故可将它们一起回收。

（3）镓的回收

通常氧化铝工业原料铝土矿中镓的平均含量为（20～80）×10⁻⁶。在拜耳法生产工艺中，铝土矿中所含的镓约有 80%随氧化铝一同溶出，并随着种分母液的循环富集，镓的浓度可达到 100～400mg/L，这部分镓多数企业已回收利用。其余 20%残存于赤泥中外排，由于目前技术及经济效益的限制，国内外几乎没有对赤泥中的镓进行工业化的回收。

近年来，具有操作简单、污染小、原料不限等优点的水热法回收镓引起人们的注意。赤泥与碱液、石灰混合后在高压反应釜中反应，Fe、Al 等形成水化石榴石赤泥不溶物 $[Ca_3AlFe(SiO_4)(OH)_8]$，镓进入溶液中，然后通过沉淀和两步碳酸化回收镓和钒。该方法操作简单，易于分离性质不同的稀有金属，为未来二次资源中镓的提取提供了良好的发展方向，缺点是需要一定的压力和温度，对设备的要求高。

也可用溶剂萃取法提取赤泥中的镓。从赤泥中分离镓需要将赤泥中的镓溶解到溶液中，后经萃取反萃取提取。用 HCl 浸出烘干的赤泥，蒸发水解得到钛渣，去除钛渣后加入硫酸形成硫酸钙沉淀，除去硫酸钙后加碱生成铝酸钠，然后通入 CO_2 生成氢氧化铝沉淀，还原 Fe^{3+} 到 Fe^{2+}，减少萃取时对镓的影响，用 TBP 萃取剩余液中的镓，再用 NaCl 溶液反萃取，水解过滤烘干后镓被回收。由于赤泥是强碱性物质，酸浸消耗大量的酸，浸出液中的杂质离子也会对 TBP 萃取镓产生影响。

9.3.4 稀土元素的回收

赤泥中通常会含有大量的稀土元素，有很大的利用价值。目前，从赤泥中回收稀土金属主要采用硝酸、盐酸或硫酸等浸出工艺。由于硝酸具有较强的腐蚀性，且不能与随后提取工艺的介质相衔接，因此，大多采用盐酸或硫酸浸出。在工艺方面，有酸浸-萃取（或离子交换）法，将赤泥直接进行酸浸处理，然后从酸浸液中萃取（或离子交换）回收稀土；也有还原熔炼-酸浸-提取法，将赤泥先还原除铁、炉渣提铝后，再用其他方法回收稀土。

9.4 赤泥的其他应用领域

9.4.1 建筑领域

（1）赤泥生产水泥

烧结法赤泥和联合法赤泥均在工艺流程中经历了高温烧结过程，因此这两种赤泥一般具有一定的水硬性组分，并且含有硅酸盐水泥所必需的二氧化硅、氧化铝、氧化铁和氧化钙等组分，接近水泥熟料的组成，可以较好地应用于水泥等建材的制备。拜耳法赤泥本身及其组分的活性较差，一般情况下不会有效地与自身或其他物质反应，不过可以通过高温烧结提高其反应活性。

中国铝业集团 20 世纪 60 年代分别在山东分公司和河南分公司配套建设了水泥厂，主要将赤泥作为原料制备水泥加以利用，以减少氧化铝厂大量赤泥的排放。然而赤泥的配比只能被限制在 25%左右，因为赤泥中含碱量偏高，掺入太多会使碱含量超标，不符合水泥生产所要求的低碱特性。后来进行了脱碱处理，使用烧结法和联合法脱碱后赤泥生产水泥，将赤泥配比提高到 45%。随着烧结法工艺逐渐被工艺简单且能耗低的拜耳法工艺所替代，除了烧结法和联合法赤泥，该水泥厂也开始逐步掺加提铁后的拜耳法赤泥尾渣生产水泥。

（2）赤泥做路基材料

公路工程建设路基填筑需要使用大量的土石方，不仅消耗土地资源，而且破坏环境和生态。利用铝工业废弃物赤泥作为路基填筑材料用于修建道路，既能大量消纳赤泥，又能减少二次污染。水泥、石灰均能提高拜耳法赤泥的力学性能和稳定性，二者配合后改良效果更优，改良赤泥填筑路基的整体强度和承载能力良好。赤泥为主要原料，配以少量的石灰和粉煤灰作固化材料，配制的赤泥道路基层填充材料具有较高的抗压强度、较好的冻融稳定性和干缩、温缩性能，稳定赤泥强度的形成主要是因为逐步形成了水化硅酸钙凝胶和水化硅铝酸盐，这与铝酸盐水泥的水化作用存在一定的类似之处。

将赤泥作为混凝土骨料，制得的路基材料抗压强度可达到 70MPa。赤泥能够改善混凝土的耐蚀性能，当赤泥加入量达到 75%时，混凝土的耐蚀性能最强，并且赤泥中的金属元素被稳定地固定在混凝土的无定形结构中，不会造成环境污染。此外，使用赤泥制备混凝土，混凝土的弹性模量、抗压强度以及劈裂抗拉强度均增加，混凝土的收缩率下降。利用赤泥生产混凝土可以减少混凝土中水泥的用量以及污染物的排放。

（3）赤泥制砖

由于赤泥粒度较细，塑性较强，赤泥配以粉煤灰、尾矿渣等为主要原料可以生产烧结砖、免烧砖、保温砖、透水砖和清水砖等，产品的性能均可达到国家标准。

赤泥与黏土有相似的物理性质，可替代黏土用于生产烧结砖。除了有良好的成型性能以外，赤泥还因其碱含量高而熔点较低，其微粒表面在高温下易形成部分熔融态，使颗粒间互相粘连，促进各成分之间的反应，使新生成物迅速结晶长大，在砖坯内形成网状结构，从而使产品具有较高的强度。不同于烧结砖，免烧砖是不须高温煅烧，利用赤泥的胶凝活性激发粉煤灰、矿渣等材料的活性而制备的一种建筑材料。由于赤泥粒度较细，其粒度分布与生产保温砖用的黏土很相似，且赤泥塑性较强，加入其他辅料和成孔剂后可以使材料内部形成互相独立的气孔，起到较好的保温作用，可制成保温砖。此外，赤泥还可制备具有良好的隔音、隔热、防水等性能的清水砖等。

（4）赤泥生产地聚物

"地聚物 Geopolymer"由法国教授 J. Davidovkt 于 1978 年首先提出并采用，指由固体铝硅酸盐经碱金属的氢氧化物或硅酸盐溶液激发制得的无定形铝硅酸盐类凝胶材料，包括所有采用天然矿物或固体废物制备成的硅氧四面体与铝氧四面体聚合成的具有非晶态和准晶态特征的凝胶体。地聚物材料与普通硅酸盐水泥（OPC）有着本质的不同，两者通过不同的反应机理来获得材料结构和强度。OPC 依赖于水化硅酸钙的存在来形成凝胶基质并获得强度。地聚物则依靠硅、铝前驱物在碱性条件下的缩聚作用形成铝硅酸盐凝胶来获得强度。

拜耳法赤泥含有大量地聚物反应所需的 Na_2O、SiO_2、Al_2O_3 成分，因此以拜耳法赤泥为原料制备地聚物具有潜在的可能。以拜耳法赤泥为原料制备地聚物相对于传统建筑材料的好处在于，碱金属在地聚物中参与了铝氧四面体的电荷配位，被包裹在结构中，而不是呈游离状态。因此能够避免赤泥生产传统建筑材料时普遍存在的碱骨料反应或泛霜问题。

综上所述，使用赤泥制备的建材在密度、抗压强度、抗折强度等性能方面符合建筑要求，且原料廉价，但是赤泥的强碱性和放射性依旧是限制其生产建材的主要因素，比如赤泥制备的砖存在泛霜现象，影响建筑物外观。而且赤泥改性材料与传统建材相比，在市场上的竞争力较弱，应用范围较小，导致赤泥建材在应用方面存在较大阻力。

9.4.2　材料领域

（1）赤泥制备微晶玻璃

赤泥基微晶玻璃是一种新型环保建筑材料，赤泥中含有氧化铁、氧化铬等物质，可以作为微晶玻璃成核剂，赤泥混合不同的掺加料可以制备出硬度较好、弯曲强度高、耐酸耐碱性能优良、不同晶型的微晶玻璃，一般可以通过熔融法（整体析晶法）或烧结法制备。熔融法制备微晶玻璃的工艺流程为：配料→熔融→压延→降温成型→退火→升温核化→晶化；烧结法主要是利用缺陷成核，与熔融法相比，烧结法熔融温度低，时间短，产品更易晶化，烧结法的工艺流程为：配料→熔制→淬冷→粉碎→成型→烧结。

（2）赤泥制备陶瓷

赤泥中氧化铝、二氧化硅等成分含量高，并且耐化学腐蚀、热导率低，具备生产陶瓷材料的基本条件。赤泥陶瓷中钙长石和玻璃对赤泥陶瓷强度的提高和成瓷都起到了重要作用。因此，不少研究者在陶瓷材料中掺入赤泥，制备陶瓷材料。以拜耳法赤泥为主要原料，掺入高岭土和石英砂制备的建筑陶瓷，掺入钾长石、玻璃粉制备的轻质保温陶瓷，以及掺入废瓷制备的发泡陶瓷等，均达到了相应陶瓷材料的性能要求，并且赤泥的掺量可达 30%～40%。以赤泥、钾长石、玻璃粉为原料制备轻质保温陶瓷时，赤泥的掺量高达 70%。以赤泥做助熔剂能有效降低发泡陶瓷的发泡温度，大幅提升碳化硅发泡剂的利用效率。

目前，虽然在利用赤泥生产陶瓷和微晶玻璃等方面做了大量研究，而且制备的材料在性能方面均可达标，但是存在能耗高、碱性与放射性高的问题，故在工业上并未有大规模应用实例。

（3）赤泥制备功能性材料

利用赤泥可以制备新型功能材料，应用于塑料、化学和杀菌等领域。赤泥可用于PVC（聚氯乙烯）塑料的填充剂，具有补强作用；还可用于PVC的热稳定剂，高效廉价。赤泥PVC有较强的耐热和抗老化性、较好的流动性和阻燃性，使用寿命是普通PVC的2～3倍，多项性能优于普通PVC，可用来制备赤泥塑料太阳能热水器、塑料建筑材料等。

制备抗菌材料是赤泥利用的一个新发展方向。赤泥中添加锌盐制备的新型抗菌材料，能有效吸附和杀死空气中的微生物，抑菌率达到99%以上，对材料的灭菌和环境的改善大有裨益。赤泥中添加锌、银制备的耐热蜂窝陶瓷材料，对大肠杆菌的杀菌率达到98%以上，具有良好的抗菌效果。

赤泥在制备新型功能材料领域有着很大的潜力，赤泥PVC材料具有较强的耐热和抗老化性、较好的流动性和阻燃性等性能，赤泥抗菌材料也展现了良好的抗菌性能。但是这些材料的制备均处于实验室探索阶段，尚未达到工业应用的要求。

9.4.3 化工领域

赤泥在化工领域主要作为催化剂使用。赤泥的一些特殊物理化学性质决定着其在催化剂领域有着广阔的应用前景。赤泥主要由氧化铁、氧化铝、二氧化钛、二氧化硅、氧化钙等组成。另外，赤泥的粒径分布比较均匀，平均粒径小于10μm。通过一些物理和化学的方法对其进行活化处理之后，可以形成具有介孔-大孔多级孔结构的材料，其比表面积可达225m²/g，孔体积为0.39cm³/g。更为重要的是，赤泥具有较高的热稳定性、抗烧结以及抗毒化性能，这些性质有利于赤泥作为催化剂载体和催化剂广泛应用于多种催化反应过程，如加氢反应、加氢脱氯反应、气体净化及氨分解制氢等。

以赤泥为原材料来合成催化剂是提高赤泥附加值最为高效的方法之一。根据赤泥的化学组成特征，再结合其优越的结构特性，可以将赤泥或改性后的赤泥直接作为催化剂使用，如赤泥中含有大量的金属氧化物，具有一定的氧化能力，可以直接用于催化降解水中的污染物。另外，载体是负载型催化剂重要的组成部分，还可以将赤泥作为载体负载一些活性物质应用于催化反应，如负载KF可以催化酯交换反应合成生物柴油，负载Zn/Al氧化物可以催化甘油转化为高附加值的甘油碳酸酯，负载ZrO_2用于减压渣油的蒸汽催化裂化反应等。

9.4.4 环境领域

赤泥在环境领域的主要应用是制备吸附剂。赤泥的颗粒直径小，且具有孔架状结构，孔隙比远大于普通土壤，具有较大比表面积，并且赤泥中含有赤铁矿、针铁矿、三水铝石和一水铝石等，经热处理后可形成多孔结构，对水体中的重金属离子和磷、砷等非金属及某些有机物质有较好的吸附作用。赤泥可吸附污水中Sr、Cs、Th、U等放射性物质，Cu^{2+}、Pb^{2+}、

Zn^{2+}、Cd^{2+}、Ni^{2+}等重金属离子以及 PO_4^{3-}、As^{3+}、F^-等非金属有害物质及某些有机污染物，还可以用于污水废水的脱色、澄清等。

赤泥除了具有较大的比表面积外，还富含 Na_2O、MgO、CaO 和 Al_2O_3 等碱性成分，这些碱性物质能够有效地吸附 SO_2、H_2S、NO_2 等酸性污染气体，因此赤泥也可以用于吸附气体污染物，替代石灰等材料处理废气。赤泥用于烟气脱硫方面的研究较多，赤泥脱硫分干法和湿法两种方法。由于赤泥干法脱硫需要将赤泥进行化学处理、热处理、添加催化剂处理，步骤烦琐，并且赤泥粉末还容易团聚在一起从而堵塞输送管，因此多数研究者研究赤泥湿法脱硫。湿法是利用酸性烟气与高碱性的赤泥浆接触后，SO_2 在水中生成 SO_3^{2-} 和 H^+，H^+ 与碱性赤泥发生中和反应，SO_3^{2-} 在烟气中被氧化成 SO_4^{2-}，SO_4^{2-} 则继续与赤泥中的金属离子结合生成络合物或沉淀，最终达到固定 SO_2 的目的。

赤泥也能用于封装贮存 CO_2。吸收 CO_2 的主要矿物是赤泥中的含钙相（硅铝钙石、钙霞石等），碳酸钙是赤泥固定 CO_2 的主要产物。由于缺少可溶性二价阳离子，不能生成稳定的碳酸盐矿物，赤泥固定 CO_2 的能力并未得到充分发挥。赤泥中的钛酸根和硅酸根离子会与碳酸根离子竞争可用游离 Ca，补充游离 Ca 和 Mg 能够提高赤泥固定 CO_2 的能力，同时降低赤泥的碱度。据估计，在已排放赤泥的自然陈化、碳酸化过程中，全球大约有 1 亿吨的 CO_2 被自然固定在了赤泥中。而根据赤泥目前的排放量，每年大约有 6 百万吨 CO_2 会通过自然碳酸化反应固定在赤泥中。

9.4.5　农业领域

赤泥在农业领域的应用主要是土壤修复、赤泥堆场的复垦以及赤泥生产肥料等。

在土壤修复方面，赤泥主要用于修复被重金属污染的土壤。土壤重金属污染主要包括 Pb、Zn、Cu、Cr、Cd、As 等。赤泥对重金属土壤修复的作用机制主要是作为土壤钝化剂和土壤改良剂，提高微生物活性，恢复土壤的可利用性。赤泥作为钝化剂，一是通过吸附作用把土壤溶液中的金属离子吸附在赤泥所含的氧化物表面，从而固定金属；二是通过赤泥中所含的碳酸盐沉淀土壤溶液中的金属离子。赤泥作为土壤改良剂，一方面是通过赤泥本身的强碱性调节土壤的 pH 值和电导率，进而改善土壤的理化性质；另一方面是赤泥中含铁铝的矿物组分还可提高土壤的固磷、固氮能力，有利于土壤中的植物和微生物生存及繁衍，进一步提高土壤有机质含量。

全世界的赤泥每年在以一亿吨的速度增长，要实现赤泥的全部综合利用是氧化铝界一直追求的目标和良好愿望，但难度大，任重而道远。对赤泥堆场进行土壤改良，造土还田，对赤泥堆场进行绿化美化是低成本综合治理赤泥堆场有效的解决方案。由于赤泥呈强碱性，不经处理的赤泥堆场植物难以生长，因此可用石膏、污泥、粉煤灰、石英砂等作为赤泥的改良剂，改善土壤的性质和营养结构，利于作物和植被生长。

赤泥中含有多种农作物需要的常量元素（Si、Ca、Mg、Fe、K、S、P）和微量元素（Mo、Zn、V、B），且具有较好的弱酸溶解性，可用作微量元素复合肥料、改良酸性土壤、合成硅钙肥料等。此外，将赤泥用 KOH 进行水热浸出处理，能够在脱钠的同时得到硅钾复合肥。该硅钾复合肥的质量符合市场上对无机肥料的要求，有很大的应用潜力，为赤泥的无害化、大规模应用提供了一条新途径。

9.5　赤泥综合利用展望

近些年来，随着科学技术的进步，国内外在赤泥的综合利用研究方面已有较大的进展。就目前研究来看，一个主要的趋势为：高铁赤泥用于回收铁、铝等金属，低铁赤泥用于建材。目前已实现工业化应用的有高铁赤泥强磁选提铁，赤泥生产水泥、制砖和改性路基等。然而，赤泥的综合利用仍存在较多问题，如赤泥中回收高附加值的有价金属的研究大多尚处于实验室研究阶段；赤泥在建筑材料方面受泛霜现象和放射性元素的影响，其大规模应用受到限制；将赤泥用作吸附剂时，容易产生赤泥中金属的反溶现象等。因此针对赤泥在资源化综合利用方面的一些问题，提出如下建议：

① 就目前赤泥中有价金属资源回收而言，在铁资源回收利用的同时也应注重其他金属的回收，还原焙烧应力求降低能耗与成本，提高安全性，保护环境；针对酸浸提取赤泥中有价金属的研究，寻求回收金属精准浸出以及降低酸耗浸出的工艺方法至关重要。

② 赤泥脱碱是其在建筑材料中规模化应用的主要制约因素和亟待解决的技术问题，采用经济合理的技术减轻碱对建材制品性能的影响是实现赤泥大宗量资源化利用的关键要素。另外，需保证原料中有害元素清除干净，材料强度达到使用要求，一切指标均达到国家标准。

③ 赤泥用作吸附剂处理污水时，应预先评估并消除赤泥所含重金属元素对水体的影响，同时可通过高温焙烧等方式对赤泥进行改性处理，以增强其吸附效果。

④ 赤泥的利用关键是要充分利用好周边钢铁、建材、电力等行业资源优势，积极开发赤泥短距离运输半径的产品及相关利用技术，创造企业的环境优势，降低赤泥的资源化利用成本。

由于赤泥较高的年生产量，展望未来赤泥综合利用工作，应该以赤泥的减量化、高值化、无害化、全组分利用为目标，采用以大量消耗赤泥为主、开发赤泥的高附加值产品为辅的多途径综合开发方式，提高其综合利用率。应注重赤泥综合利用的新产品与行业、市场接轨，成本造价和经济效益的高低决定了赤泥产品能否实现工业化应用，需避免有成果无产业、有技术无市场的尴尬局面，还需要有政府扶持和政策支持，齐头并进。在今后的研究中，针对赤泥的资源化利用研究，应避免赤泥利用过程的二次污染，同时尽量实现赤泥的零排放。随着社会对循环经济和资源综合利用产业发展的迫切需要，赤泥大规模资源化利用必将成为现实。

 思考题

1. 赤泥的主要化学组成以及矿物成分有哪些？
2. 比较拜耳法赤泥和烧结法赤泥有何不同？
3. 赤泥的污染特性有哪些？
4. 赤泥的脱碱有哪些方法？
5. 赤泥中有哪些有价金属元素有回收利用价值？其中铁和铝的回收方法有哪些？
6. 分析赤泥在建筑、材料领域的应用前景如何？

参考文献

[1] 杨重愚. 轻金属冶金学 [M]. 北京：冶金工业出版社，2019.

[2] 毕诗文，于海燕. 氧化铝生产工艺 [M]. 北京：化学工业出版社，2006.

[3] 符岩，张阳春. 氧化铝厂设计 [M]. 北京：冶金工业出版社，2008.

[4] 王捷. 氧化铝生产工艺 [M]. 北京：冶金工业出版社，2006.

[5] 李旺兴. 氧化铝生产理论与工艺 [M]. 长沙：中南大学出版社，2010.

[6] 陈万坤. 有色金属进展轻金属卷 [M]. 长沙：中南工业大学出版社，1995.

[7] 许文强，嫣艳，潘晓林，等. 中国氧化铝生产技术大型化发展现状与趋势 [J]. 矿产保护与利用，2017（01）：108-112，118.

[8] 安鹏宇. 氧化铝市场分析回顾及预测 [J]. 轻金属，2019（05）：1-6，11.

[9] 许文强，董菲，王宁. 铝土矿溶出技术装备大型化发展现状和趋势分析 [J]. 中国金属通报，2019（02）：1-3.

[10] 李秀江. 拜耳法低温管道化溶出工艺技术改造研究 [D]. 西安：西安建筑科技大学，2010.

[11] 任红艳. 氧化铝高压溶出套管预热器的设计分析 [J]. 有色金属设计，2019，46（02）：51-55.

[12] 王颖. 新型沉降槽及赤泥沉降性能的研究 [D]. 沈阳：东北大学，2014.

[13] 路光远，宋虎，张盼龙，等. 赤泥专用过滤机的研制开发及工业应用 [J]. 矿山机械，2021，49（09）：47-50.

[14] 张超. 氧化铝厂大型搅拌槽 HSG/HQG 高性能搅拌技术的研发与应用 [J]. 轻金属，2021（01）：19-24.

[15] 王宝奎. 种分槽新型高效搅拌技术研究和应用 [J]. 轻金属，2021（06）：12-15.

[16] 刘征，彭小奇. 氧化铝晶种分解能量传递过程的动态建模 [J]. 中南大学学报（自然科学版），2013（3）：1037-1042.

[17] 尹德明，闫勇杰，付义东. 3500t/d 氢氧化铝气态悬浮焙烧炉的研发与实践 [J]. 轻金属，2017（02）：17-20，24.

[18] 刘春力. 高铝粉煤灰铝硅分离应用基础研究 [D]. 北京：中国科学院大学（中国科学院过程工程研究所），2019.

[19] 王卫江，张永锋. 从粉煤灰提取氧化铝的技术现状及工艺进展 [J]. 有色金属工程，2021，11（10）：79-91，122.

[20] 张宇娟，张永锋，孙俊民，等. 高铝粉煤灰提取氧化铝工艺研究进展 [J]. 现代化工，2022，42（1）：66-70.

[21] 朱辉，谢贤，李博琦，等. 从粉煤灰中提取氧化铝技术进展 [J]. 矿产保护与利用，2020，40（6）：155-161.

[22] 马越. "一步酸溶法" 高铝粉煤灰提取氧化铝工艺技术研究 [J]. 中国金属通报，2021（11）：87-88.

[23] 梁凯. 高铝粉煤灰酸法多金属协同提取过程关键技术的研究 [D]. 重庆：重庆大学，2020.

[24] 汪泽华. 亚熔盐法粉煤灰提铝渣资源化利用应用基础研究 [D]. 北京：中国科学院大学（中国科学院过程工程研究所），2019.

[25] 王腾飞，张金山，李侠，等. 碱法提取高铝粉煤灰中氧化铝的研究进展 [J]. 矿产综合利用，2019（01）：16-21.

[26] 许德华. 高铝粉煤灰 NH_4HSO_4/H_2SO_4 法提取氧化铝基础研究 [D]. 北京：中国科学院大学（中国科学院过程工程研究所），2017.

[27] 丁健. 高铝粉煤灰亚熔盐法提铝工艺应用基础研究 [D]. 沈阳：东北大学，2016.

[28] Li D, Jiang K, Jiang X, et al. Improving the *A/S* ratio of pretreated coal fly ash by a two-stage roasting for Bayer alumina production [J]. Fuel, 2022（310）：122478.

[29] Nyarko-Appiah J E, Yu W, Wei P, et al. The alumina enrichment and Fe-Si alloy recovery from coal fly ash with the assistance of Na_2CO_3 [J]. Fuel, 2022（310）：122434.

[30] Cao P, Li G, Jiang H, et al. Extraction and value-added utilization of alumina from coal fly ash via one-step hydrothermal process followed by carbonation [J]. Journal of Cleaner Production, 2021（323）：129174.

[31] 丁国峰，吕振福. 镓——战略性矿产家族的新成员 [J]. 地球，2021（04）：62-67.

［32］崔保河. 氧化铝生产过程中金属镓回收现状及展望［J］. 轻金属，2020（12）：14-16，39.

［33］赵艺森. 拜耳法赤泥中镓的回收工艺研究［D］. 太原：中北大学，2019.

［34］赵汀，秦鹏珍，王安建，等. 镓矿资源需求趋势分析与中国镓产业发展思考［J］. 地球学报，2017，38（01）：77-84.

［35］Wen J，Zhang Y，Wen H，et al. Gallium isotope fractionation in the Xiaoshanba bauxite deposit，central Guizhou Province，southwestern China［J］. Ore Geology Reviews，2021（137）：104299.

［36］赵卓. 氧化铝生产流程中钒的提取研究［D］. 长沙：中南大学，2010.

［37］Agrawal S，Dhawan N. Evaluation of red mud as a polymetallic source—A review［J］. Minerals Engineering，2021，171：107084.

［38］Xiao L，Han Y X，He F Y，et al. Characteristic，hazard and iron recovery technology of red mud—A critical review［J］. Journal of Hazardous Materials，2021，420：126542.

［39］王璐，郝彦忠，郝增发. 赤泥中有价金属提取与综合利用进展［J］. 中国有色金属学报，2018，28（8）：1697-1709.

［40］李艳军，张浩，韩跃新，等. 赤泥资源化回收利用研究进展［J］. 金属矿山，2021（04）：1-19.

［41］Wang S，Jin H，Deng Y，et al. Comprehensive utilization status of red mud in China：A critical review［J］. Journal of Cleaner Production，2021，289：125136.

［42］Chao X，Zhang T，Lyu G，et al. Sustainable application of sodium removal from red mud：Cleaner production of silicon-potassium compound fertilizer［J］. Journal of Cleaner Production，2022，352：131601.

［43］Yang W，Ma W，Li P，et al. Alkali recovery of bauxite residue by calcification［J］. Minerals，2022，12：636.

［44］Chen W，Ding Y，Li B，et al. Pyrolysis characteristics and stage division of red mud waste from the alumina refining process for cyclic utilization［J］. Fuel，2022，326：125063.

［45］Pei J，Pan X，Qi Y，et al. Preparation of ultra-lightweight ceramsite from red mud and immobilization of hazardous elements［J］. Journal of Environmental Chemical Engineering，2022（10）：108157.

［46］Habibi H，Piruzian D，Shakibania S，et al. The effect of carbothermal reduction on the physical and chemical separation of the red mud components［J］. Minerals Engineering，2021（173）：107216.